数学应用系列

Optimization for Data Analysis

机器学习与数据科学中的优化算法

[美] 斯蒂芬·J. 赖特（Stephen J. Wright）
本杰明·雷希特（Benjamin Recht） 著
张璐 陈畅 译

机械工业出版社
CHINA MACHINE PRESS

图书在版编目（CIP）数据

机器学习与数据科学中的优化算法 /（美）斯蒂芬 · J. 赖特 (Stephen J. Wright),（美）本杰明 · 雷希特 (Benjamin Recht) 著 ; 张璐 , 陈畅译 . -- 北京 : 机械工业出版社 , 2025. 8. --（数学应用系列）. -- ISBN 978-7-111-78765-5

Ⅰ. TP181；O242.23

中国国家版本馆 CIP 数据核字第 2025JG7613 号

机械工业出版社（北京市百万庄大街 22 号　邮政编码 100037）
策划编辑：刘　锋　　　　责任编辑：刘　锋　章承林
责任校对：李荣青　王小童　景　飞　　责任印制：李　昂
涿州市京南印刷厂印刷
2025 年 8 月第 1 版第 1 次印刷
186mm×240mm · 14 印张 · 286 千字
标准书号：ISBN 978-7-111-78765-5
定价：79.00 元

电话服务
客服电话：010-88361066
　　　　　010-88379833
　　　　　010-68326294

网络服务
机　工　官　网：www.cmpbook.com
机　工　官　博：weibo.com/cmp1952
金　　书　　网：www.golden-book.com
机工教育服务网：www.cmpedu.com

译者序

在当今信息时代，数据分析的优化占据着举足轻重的地位，发挥着至关重要的作用．作为一门学科，它专注于研究并应用优化技术，以解决数据分析过程中面临的各类问题，是数据科学与应用统计学领域的重要分支．

随着大规模数据集呈现出爆发式增长，且其复杂性日益提升，数据分析的优化工作变得愈发关键．数据分析的优化的应用范围极为广泛，在互联网行业，可用于优化搜索引擎排名和广告投放策略；在制造业中，有助于优化生产流程与供应链管理体系；在金融领域，则能助力投资组合优化和风险管理工作等．

在机器学习和人工智能领域，数据分析的优化技术得到了广泛应用．借助优化算法，能够提升机器学习模型的准确性与效率，进而增强模型的预测和决策能力．

本书旨在为读者提供一本条理清晰、系统全面的优化技术指南，尤其聚焦于数据分析和机器学习领域的关键技术与实际应用．书中详细阐述了优化和统计学的基础知识，严谨推导了相关定理，并清晰介绍了重要算法，是机器学习领域不可多得的优秀参考资料．

本书的作者 Stephen J. Wright 任职于威斯康星大学麦迪逊分校，Benjamin Recht 则是加州大学伯克利分校的教授．本书内容最初源自威斯康星大学麦迪逊分校、加州大学伯克利分校以及加州大学洛杉矶分校开设的机器学习和优化相关课程，并经过多年的精心改进与知识更新，因而也是一本优秀的教材．在每一章的末尾，作者都精心设计了习题，供读者深入思考、推导和实践．

作为译者，我们对作者渊博的知识和卓越的贡献心怀敬意．他们的专业知识和研究成果为本书奠定了坚实的基础．我们身为 Airbnb 和 Meta 机器学习领域的工程师，非常荣幸能够承担本书的翻译工作．在翻译过程中，我们竭力确保原著内容的准确性和完整性，并尽力传达作者的意图．同时，我们对原文进行了适当的优化和调整，以使中文版更加符合中文语境，便于读者理解．由于这是我们首次从事翻译工作，难免会出现翻译不准确或有所疏漏的情况，若你在阅读过程中发现问题，欢迎向出版社反馈并予以指正．

再次感谢你选择阅读本书. 希望你在阅读过程中能够有所启发、有所收获，并将所学知识运用到实际工作和研究中，为数据分析和优化领域的发展贡献自己的力量.

张璐　陈畅

前言

优化公式和算法长期以来一直在数据分析和机器学习中发挥着核心作用．极大似然的概念可以追溯到 18 世纪后期高斯和拉普拉斯的研究，这类问题推动了 20 世纪下半叶无约束优化问题研究的发展．Mangasarian 在 20 世纪 60 年代发表的关于使用线性规划进行模式分离的论文，在机器学习这一学科诞生初期就明确了机器学习和优化之间的联系．在 20 世纪 90 年代，优化技术（尤其是二次规划和对偶）是支持向量机和核学习发展的关键．在 1997—2010 年间，正则化 / 稀疏优化、变量选择和压缩感知之间出现了许多协同效应．在当前深度学习时代，两种优化技术，即随机梯度和自动微分（又名反向传播）是十分重要的．

本书是对连续优化基础知识的介绍，着重讲解与数据分析和机器学习有关的技术．我们主要（但不完全）针对凸问题讨论了基本算法，并分析了它们的收敛性和复杂度．第 1 章概述了优化在现代数据分析中的应用．第 2～10 章讨论了梯度法，包括加速梯度法和随机梯度法、坐标下降法、简单约束问题的梯度法、具有凸非平滑项的优化问题的理论和算法，以及约束优化问题的对偶方法．第 11 章从多个角度探讨了深度学习和控制领域中出现的函数梯度计算方法．本书适合作为高年级本科生或低年级研究生一个季度或一个学期的课程教材．我们和同事已经在低年级研究生的课程中广泛使用了本书内容的初稿．

本书的写作可追溯至 2010 年左右，当时我们着手改革优化课程体系，试图在实用优化技术和对优化算法的非渐近性分析之间建立平衡．那时，优化算法分析的风格正在转变为更加强调最坏情况的复杂性．但人们更多的是根据算法的最坏情况界限来评估算法的优劣，而不是考虑它们在应用科学实践中的表现．本书介于分析和实践之间．

从威斯康星大学的 CS726 和 CS730 课程开始，我们着手撰写讲义、习题和本书初稿．Benjamin 2013 年到加州大学伯克利分校后，这些讲义成为 EECS227C 课程的核心内容．本书的内容很大程度上来自优化算法理论的前沿发展成果．例如，在文中的多个部分，我们利用了 Lieven Vandenberghe 多年来为加州大学洛杉矶分校 ECE236C 课程编写并经过多年完善的优秀课件．我们对加速法的介绍反映了将优化算法视为动态系统的趋势，并且深受与 Laurent Lessard 和 Andrew Packard 合作研究的影响．在选择本书要包含的内容时，我们尽量不被那些在实践中未广泛使用的方法所干扰，同时强调理论如何指导应用研究人员选择和设计算法 .

我们感谢许多其他同事，他们的意见优化了本书的内容 . 在我们于 2013 年秋季在西蒙斯研究所大数据计划的训练营中介绍了有关优化算法的综述后，Moritz Hardt 最初启发我们编写本书 . 他随后就本书初稿的呈现方式和组织结构提供了反馈 . Ashia Wilson 曾是 Benjamin 教授 EECS227C 课程的助教，她的意见和笔记在多个方面帮助我们厘清了教学信息 . 最近，Martin Wainwright 教授了 EECS227C 课程并提供了宝贵的反馈，Jelena Diakonikolas 在教授 CS726 课程后对前几章进行了校正 . André Wibisono 提供了关于加速梯度法的见解，Ching-pei Lee 提供了关于坐标下降法的有用建议 . 我们还要感谢在威斯康星大学选修 CS726 和 CS730 课程以及在加州大学伯克利分校学习 EECS227C 课程的众多学生，他们发现了书中的错别字，试做了课后习题，他们的支持让教授这门课程变得非常愉快 . 最后，我们要感谢西蒙斯研究所多次给予我们的支持，包括 2017 年秋季，我们两人共同参与了西蒙斯优化领域的研究项目 .

目录

译者序

前言

第 1 章　概述 …… 1

1.1　数据分析和优化 …… 1

1.2　最小二乘法 …… 3

1.3　矩阵因子分解问题 …… 4

1.4　支持向量机 …… 5

1.5　逻辑回归 …… 8

1.6　深度学习 …… 9

1.7　重点 …… 11

注释和参考 …… 12

第 2 章　平滑优化的基础 …… 13

2.1　优化问题的解的分类 …… 13

2.2　泰勒定理 …… 14

2.3　刻画平滑函数的最小值 …… 16

2.4　凸集和函数 …… 18

2.5　强凸函数 …… 20

注释和参考 …… 22

习题 …… 22

第 3 章　下降法 …… 24

3.1　下降方向 …… 24

3.2　最速下降法 …… 25

3.2.1　一般情况 …… 26

3.2.2　凸函数情况 …… 27

3.2.3　强凸函数情况 …… 28

3.2.4　收敛速率的比较 …… 30

3.3　下降法：收敛性 …… 31

3.4　线搜索法：方向选择 …… 33

3.5　线搜索法：步长选择 …… 35

3.6　收敛到近似的二阶必要点 …… 40

3.7　镜像下降 …… 42

3.8　KL 和 PL 属性 …… 47

注释和参考 …… 48

习题 …… 48

第 4 章　使用动量的梯度法 …… 51

4.1　来自微分方程的启发 …… 52

4.2　Nesterov 法：凸二次方程 …… 53

4.3　强凸函数的收敛性 …… 58

4.4　弱凸函数的收敛性 …… 61

4.5 共轭梯度法 …… 64
4.6 收敛速率的下界 …… 66
注释和参考 …… 67
习题 …… 68

第 5 章 随机梯度法 …… 71

5.1 示例与启发 …… 72
5.1.1 噪声梯度 …… 72
5.1.2 增量梯度法 …… 73
5.1.3 分类和感知器 …… 73
5.1.4 经验风险最小化 …… 74
5.2 随机性和步长：深入分析 …… 75
5.2.1 示例：计算均值 …… 76
5.2.2 随机 Kaczmarz 法 …… 77
5.3 收敛分析的关键假设 …… 80
5.3.1 案例 1：有界梯度 (L_g=0) …… 81
5.3.2 案例 2：随机 Kaczmarz (B=0, L_g=0) …… 81
5.3.3 案例 3：加性高斯噪声 …… 82
5.3.4 案例 4：增量梯度 …… 82
5.4 收敛分析 …… 83
5.4.1 案例 1：L_g=0 …… 84
5.4.2 案例 2：B=0 …… 86
5.4.3 案例 3：B 和 L_g 都非零 …… 87
5.5 实施方面的问题 …… 89
5.5.1 轮次 …… 89
5.5.2 迷你批量处理 …… 89
5.5.3 使用动量加速 …… 90
注释和参考 …… 90
习题 …… 91

第 6 章 坐标下降法 …… 95

6.1 机器学习中的坐标下降法 …… 96
6.2 平滑凸函数的坐标下降法 …… 98
6.2.1 利普希茨常数 …… 98
6.2.2 随机坐标下降法：有放回抽样 …… 99
6.2.3 循环坐标下降法 …… 105
6.2.4 随机排列坐标下降法：无放回抽样 …… 107
6.3 块坐标下降法 …… 107
注释和参考 …… 109
习题 …… 110

第 7 章 约束优化的一阶方法 …… 112

7.1 最优性条件 …… 112
7.2 欧几里得投影 …… 114
7.3 投影梯度算法 …… 116
7.3.1 一般情况：一种短步法 …… 117
7.3.2 一般情况：回溯法 …… 118
7.3.3 平滑强凸情形 …… 119
7.3.4 动量变体 …… 120
7.3.5 其他搜索方向 …… 120
7.4 条件梯度（Frank-Wolfe）法 …… 121
注释和参考 …… 123
习题 …… 124

第 8 章 非平滑函数和次梯度 …… 126

8.1 次梯度和次微分 …… 127
8.2 次微分和方向导数 …… 131
8.3 次微分运算 …… 134

8.4 凸集和凸约束优化 ……………… 137
8.5 复合非平滑函数的最优性条件 … 139
8.6 近端算子和莫罗包络 ……………… 141
注释和参考 ……………… 143
习题 ……………… 143

第 9 章 非平滑优化方法 ……………… 145

9.1 次梯度下降 ……………… 146
9.2 次梯度法 ……………… 148
9.3 正则化优化的近端梯度法 ……… 151
9.4 结构化非平滑函数的近端坐标下降法 ……………… 156
9.5 近端点法 ……………… 158
注释和参考 ……………… 159
习题 ……………… 159

第 10 章 对偶性和算法 ……………… 161

10.1 二次惩罚函数 ……………… 161
10.2 拉格朗日函数和对偶性 ……… 162
10.3 一阶最优性条件 ……………… 165
10.4 强对偶 ……………… 168
10.5 对偶算法 ……………… 170
10.5.1 对偶次梯度 ……………… 170
10.5.2 增广拉格朗日函数法 … 170
10.5.3 交替方向乘数法 ……… 172
10.6 对偶算法的一些应用 ……… 173
10.6.1 共识优化 ……………… 173
10.6.2 效用最大化 ……………… 175
10.6.3 线性和二次规划 ……… 176
注释和参考 ……………… 177
习题 ……………… 178

第 11 章 微分和伴随 ……………… 179

11.1 向量函数嵌套组合的链式法则… 179
11.2 伴随法 ……………… 181
11.3 深度学习中的伴随 ……………… 182
11.4 自动微分 ……………… 183
11.5 通过拉格朗日函数和隐函数定理推导 ……………… 185
11.5.1 渐进式函数的约束优化公式 ……………… 186
11.5.2 无约束和约束公式的一般观点 ……………… 187
11.5.3 扩展：控制 ……………… 188
注释和参考 ……………… 188
习题 ……………… 189

附 录 一些背景信息 ……………… 190

参考文献 ……………… 209

第 1 章

概述

这本书主要讲解求解连续优化问题的算法基础，其中包括对多个实值变量函数的最小化，这些变量的取值可能受到一定的约束．本书着重关注凸优化问题，但不仅限于此，而是根据数据科学的相关程度选择讨论的主题．换句话说，本书中讨论的公式和算法都对解决机器学习、统计学和数据分析中的问题有帮助．

为了为后续章节打下基础，本章剩余部分将概述一些来自数据科学的范例，并展示如何将它们表述为连续优化问题．在选择算法来解决这些问题时，我们需要特别注意它们的平滑特性和结构等特定属性．

1.1 数据分析和优化

在数据分析中，典型的优化问题是找到一个模型，该模型与收集到的数据集一致，同时又遵守某些结构约束，以反映我们对一个优秀模型的理解．一个典型的数据集分析问题由 m 个对象组成：

$$\mathcal{D} := \left\{(\boldsymbol{a}_j, y_j), j = 1,2,\cdots,m\right\} \tag{1.1}$$

其中，$\boldsymbol{a}_j$ 是一个特征向量（或特征矩阵），y_j 是观察值或标签．[我们可以假设数据已经被清洗，因此所有的 $(\boldsymbol{a}_j, y_j)(j=1,2,\cdots,m)$ 具有相同的大小和形状．] 数据分析的任务是找到一个函数 ϕ，使得对于大多数 $j=1,2,\cdots,m$，满足 $\phi(\boldsymbol{a}_j)\approx y_j$. 这个过程通常被称为“学习”或者“训练”，即寻找映射关系．

函数 ϕ 通常根据参数的向量或矩阵来定义，我们用 $\boldsymbol{x}$ 或者 $\boldsymbol{X}$ 表示（偶尔使用其他符号）. 通过参数化，寻找函数 ϕ 可以转化为一个传统的数据拟合问题：在某种最优意义下，找到定义 ϕ 的参数 $\boldsymbol{x}$，使得 $\phi(\boldsymbol{a}_j)\approx y_j$，$j=1,2,\cdots,m$. 一旦我们确定了“最优”的定义（可能还有对参数取值的限制），我们就有了一个优化问题．通常，这些优化问题的目标函数属于“有限项和”类型：

$$\mathcal{L}_{\mathcal{D}}(\boldsymbol{x}) := \frac{1}{m}\sum_{j=1}^{m}\ell(\boldsymbol{a}_j, y_j; \boldsymbol{x}) \tag{1.2}$$

这里的函数 $\ell(\boldsymbol{a},y;\boldsymbol{x})$ 表示由于预测 $\phi(\boldsymbol{a})$ 和真实值 $\boldsymbol{y}$ 不匹配而产生的误差．因此，当参数向量等于 $\boldsymbol{x}$ 时，目标是测量整个数据集的平均损失．

通过学习得到适当的参数向量 $\boldsymbol{x}$ 的值（以及 ϕ），还可以用于预测数据集 $\mathcal{D}$［见式（1.1）］之外的其他数据项．给定一个与 $\boldsymbol{a}_j(j=1,2,\cdots,m)$ 类型相同的未知数据项 $\hat{\boldsymbol{a}}$，我们可以预测与 $\hat{\boldsymbol{a}}$ 相关的标签 $\hat{\boldsymbol{y}}$ 为 $\phi(\hat{\boldsymbol{a}})$. 映射 ϕ 也可以展示数据集中的其他结构和特性．比如，它可能表明只需要 $\boldsymbol{a}_j$ 中的一小部分特征就可以可靠地预测标签 y_j（这被称为特征选择）. 当参数 $\boldsymbol{x}$ 是一个矩阵时，它可能揭示出一个包含大部分向量 $\boldsymbol{a}_j$ 的低维子空间，或者它可以揭示出一个具有特定结构（低秩，稀疏）的矩阵，这样由特征向量 $\boldsymbol{a}_j$ 引起的对 $\boldsymbol{X}$ 的观察会产生接近 y_j 的结果．

标签 y_j 的形式根据数据分析问题的性质而有所不同．

- 如果每个 y_j 都是实数，则通常是回归问题．
- 如果每个 y_j 是一个标签，即从集合 $\{1,2,\cdots,M\}$ 中抽取的一个整数，则表明当 $\boldsymbol{a}_j$ 属于 M 类中的一个时，这是一个分类问题．当 M=2 时，我们有一个二元分类问题，而 M>2 是多类分类问题．（在语音和图像识别方面的数据分析问题中，M 可能非常大，大约为数千或更大的数量级．）
- 标签 y_j 甚至可能不存在；数据集可能只包含特征向量 $\boldsymbol{a}_j$, $j=1,2,\cdots,m$. 在这种情况下，仍然存在一些相关的有趣的数据分析问题．例如，我们可能希望将 $\boldsymbol{a}_j$ 分组成簇（其中每个簇内的向量被认为在功能上相似）或识别一个近似包含 $\boldsymbol{a}_j$ 的低维子空间（或低维子空间的集合）．在这类问题中，我们基本上是在学习标签 y_j 和函数 ϕ. 例如，在聚类问题中，y_j 可以表示 $\boldsymbol{a}_j$ 被分配到的簇．

即使在数据清洗和预处理之后，前面的设定也可能包含许多复杂性，需要用严格的数学术语来表述问题．在一定数量的 $(\boldsymbol{a}_j, y_j)$ 中可能包含噪声或其他类型的缺失，我们希望映射 ϕ 对此类误差具有鲁棒性．数据可能存在缺失：部分向量 $\boldsymbol{a}_j$ 可能缺失，或者我们可能不知道所有标签 y_j. 数据可能以流的传输方式到达，而不是一次性全部可用．在这种情况下，我们将以在线方式学习 ϕ.

在考虑模型的时候，我们通常需要避免过度拟合式（1.1）中的数据集 $\mathcal{D}$. 通常情况下，我们所使用的特定数据集 $\mathcal{D}$ 只是从一个更大的（可能是无穷的）潜在数据集合中抽取的有限样本．因此，我们需要保证函数 ϕ 不仅能够在观察到的子集 $\mathcal{D}$ 上表现良好，还要在未观察到的数据点上表现良好．换句话说，我们需要保证 ϕ 对用于定义经验目标函数［例如式（1.2）］的特定样本 $\mathcal{D}$ 不太敏感．为了避免这个问题，我们可以通过添加约束条件或惩罚项来修改目标函数，以限制函数 ϕ 的“复杂度”．这个过程通常称为正

则化. 一个平衡拟合训练数据 $\mathcal{D}$、模型复杂度和模型结构的优化公式是

$$\min_{x\in\Omega} \mathcal{L}_{\mathcal{D}}(\boldsymbol{x})+\lambda \mathrm{pen}(\boldsymbol{x}) \tag{1.3}$$

其中，Ω 是 $\boldsymbol{x}$ 取值的集合，pen(·) 是正则化函数或正则化器，$\lambda \geqslant 0$ 是正则化参数. 正则化器通常会使参数 $\boldsymbol{x}$ 取较小的值，从而产生具有较低复杂度的函数 ϕ.（例如，ϕ 可能仅依赖于数据向量 $\boldsymbol{a}_j$ 中的少量特征，或者可能不大变化. ）可以通过“调整”参数 λ，以便在拟合数据和降低 ϕ 的复杂度之间取得适当的平衡：较小的 λ 值往往会产生更准确地拟合训练数据 $\mathcal{D}$ 的解，而较大的 λ 值可以导致较为简单的模型 ⊖.

式（1.3）中的约束集 Ω 可以被选定以排除与数据分析问题不相关或无用的 $\boldsymbol{x}$. 例如，对于一些应用场景，我们可能不希望考虑一个或多个分量为负的 $\boldsymbol{x}$，因此我们可以将 Ω 设定为所有分量均大于或等于 0 的向量集.

现在，让我们研究数据科学中的一些特殊问题，它们是我们主要问题［见式（1.3）］的特例. 我们将看到，许多问题可以使用通用的一般框架来表达，但是我们也将看到，这个框架内存在各种各样的结构，需要在选择算法来有效解决问题时加以考虑.

1.2　最小二乘法

最小二乘法可能是最古老和最著名的数据分析问题. 这里，数据点（$\boldsymbol{a}_j, y_j$）位于 $\mathbf{R}^n\times\mathbf{R}$ 中，我们解决

$$\min_{\boldsymbol{x}} \frac{1}{2m}\sum_{j=1}^{m}(\boldsymbol{a}_j^{\mathrm{T}}\boldsymbol{x}-y_j)^2=\frac{1}{2m}\|\boldsymbol{A}x-\boldsymbol{y}\|_2^2 \tag{1.4}$$

其中，$\boldsymbol{A}$ 为矩阵，它的行向量为 $\boldsymbol{a}_j^{\mathrm{T}}$，$j=1,2,\cdots,m$，$\boldsymbol{y}=(y_1,y_2,\cdots,y_m)^{\mathrm{T}}$. 在之前的术语中，函数 ϕ 被定义为 $\phi(\boldsymbol{a}):=\boldsymbol{a}^{\mathrm{T}}\boldsymbol{x}$.（我们可以通过引入一个额外的参数 $\beta\in\mathbf{R}$ 来添加一个非零截距，并且定义 $\phi(\boldsymbol{a}):=\boldsymbol{a}^{\mathrm{T}}\boldsymbol{x}+\beta$.）式（1.4）可以从统计学上得到启发，当观测值 y_j 几乎准确时，对于独立分布（i.i.d.）的高斯噪声，该式可以作为 $\boldsymbol{x}$ 的最大似然估计. 我们可以通过在这个基础最小二乘问题中添加各种惩罚项来对 $\boldsymbol{x}$ 和 ϕ 施加理想的结构. 比如，岭回归问题增加了一个平方 ℓ_2 范数惩罚项，结果是

$$\min_{\boldsymbol{x}} \frac{1}{2m}\|\boldsymbol{A}\boldsymbol{x}-\boldsymbol{y}\|_2^2+\lambda\|\boldsymbol{x}\|_2^2\text{，对于某个参数 }\lambda>0$$

⊖ 有趣的是，近年来，过度拟合的概念得到了重新审视，特别是在深度学习的背景下，有时观察到完全拟合训练数据的模型也能很好地对以前未见过的数据进行分类. 这种现象是目前机器学习界研究的一个热点主题.

这个正则化公式的解 $\boldsymbol{x}$ 对数据（$\boldsymbol{a}_j, y_j$）中的扰动的敏感性较低．LASSO 公式为

$$\min_{\boldsymbol{x}} \frac{1}{2m}\|\boldsymbol{A}\boldsymbol{x}-\boldsymbol{y}\|_2^2+\lambda\|\boldsymbol{x}\|_1 \tag{1.5}$$

式（1.5）往往容易产生稀疏解 $\boldsymbol{x}$，即包含相对较少的非零成分（Tibshirani，1996）．这个公式进行了特征选择：$\boldsymbol{x}$ 中的非零成分的位置揭示了哪些 $\boldsymbol{a}_j$ 分量有助于确定观测值 y_j 的成分组成．除了在统计学上的吸引力——依赖少数特征的预测器可能比依赖于许多特征的预测器更加简单和易于理解——特征选择在对未来数据进行预测时也具有实际吸引力．我们不需要收集新数据向量 $\hat{\boldsymbol{a}}$ 的所有分量，而只需要找到“被选择的”特征，因为只有这些特征才是预测所需要的．

LASSO 公式［见式（1.5）］是许多数据分析问题的重要原型，它包含一个正则化项 $\lambda\|\boldsymbol{x}\|_1$，它是非平滑和凸的，但具有相对简单的结构，因此有可能被算法有效利用．

1.3 矩阵因子分解问题

有各种各样的数据分析问题需要从一些稀疏的数据集合中估计出一个低秩矩阵．这些问题可以被表述为最小二乘法的自然扩展，其中，数据 $\boldsymbol{a}_j$ 被自然地表示成矩阵而不是向量．

稍微改变一下符号，我们假设每个 $\boldsymbol{A}_j$ 是一个 $n\times p$ 的矩阵，我们寻求另外一个 $n\times p$ 的矩阵 $\boldsymbol{X}$ 来求解

$$\min_{\boldsymbol{X}} \frac{1}{2m}\sum_{j=1}^{m}\left(\langle \boldsymbol{A}_j,\boldsymbol{X}\rangle - y_j\right)^2 \tag{1.6}$$

其中，$\langle \boldsymbol{A},\boldsymbol{B}\rangle := \mathrm{trace}(\boldsymbol{A}^{\mathrm{T}}\boldsymbol{B})$．这里我们可以将矩阵 $\boldsymbol{A}_j$ 视为对未知矩阵 $\boldsymbol{X}$ 的“观测”．通常情况下，我们考虑的观测类型是随机线性组合（其中，$\boldsymbol{A}_j$ 的元素是独立同分布的，是从某个分布中选择的），或者是单元素观测（其中，每个 $\boldsymbol{A}_j$ 在一个位置上为 1，其他位置为 0）．式（1.6）的正则化版本（解 $\boldsymbol{X}$ 为低秩矩阵）是

$$\min_{\boldsymbol{X}} \frac{1}{2m}\sum_{j=1}^{m}\left(\langle \boldsymbol{A}_j,\boldsymbol{X}\rangle - y_j\right)^2+\lambda\|\boldsymbol{X}\|_* \tag{1.7}$$

其中，$\|\boldsymbol{X}\|_*$ 是核范数，是 $\boldsymbol{X}$ 的奇异值之和（Recht et al.，2010）．核范数的作用类似于式（1.5）中的 ℓ_1 范数，ℓ_1 范数有利于稀疏向量，而核范数有利于低秩矩阵．虽然核范数是有些复杂的非平滑函数，但是至少它是凸函数，所以式（1.7）也是凸函数．当

真正的矩阵 $\boldsymbol{X}$ 是低秩的并且观测矩阵 $\boldsymbol{A}_j$ 满足“受限等距性”时，通常可以通过随机矩阵来实现，但一般不是只有一个非零成分，式（1.7）可以被证明能产生一个统计上有效的解．该表述在另一种情况下也是有效的，在这种情况下，真实的 $\boldsymbol{X}$ 是不连续的（大致上说，它没有几个元素比其他元素大得多），并且观测矩阵 $\boldsymbol{A}_j$ 是单元素的（Candès and Recht，2009）．

在另一种形式的正则化中，矩阵 $\boldsymbol{X}$ 被明确表示为两个“薄”矩阵（$\boldsymbol{L}$ 和 $\boldsymbol{R}$）的乘积，其中，$\boldsymbol{L}\in\mathbf{R}^{n\times r}$，$\boldsymbol{R}\in\mathbf{R}^{p\times r}$，$r\ll\min(n,p)$．在式（1.6）中，令 $\boldsymbol{X}=\boldsymbol{L}\boldsymbol{R}^{\mathrm{T}}$，有

$$\min_{\boldsymbol{L},\boldsymbol{R}}\frac{1}{2m}\sum_{j=1}^{m}\left(\left\langle \boldsymbol{A}_j,\boldsymbol{L}\boldsymbol{R}^{\mathrm{T}}\right\rangle-y_j\right)^2 \tag{1.8}$$

在式（1.8）中，秩 r 是“硬连接”在 $\boldsymbol{X}$ 的定义中的，所以不需要包括一个正则化项．式（1.8）通常比式（1.7）更简洁，$(\boldsymbol{L},\boldsymbol{R})$ 中元素的总数是 $(n+p)r$，远小于 np. 但是，当将该函数当成 $(\boldsymbol{L},\boldsymbol{R})$ 的联合函数时，它是非凸的．由 Burer 和 Monteiro（2003）率先进行的一项积极研究以及一些数据来源表明，非凸性在许多情况下是良性的．在对数据 $(\boldsymbol{A}_j,y_j)(j=1,2,\cdots,m)$ 的某些假设下，谨慎选择算法，可以从式（1.8）中获得良好的解．这种良好的行为线索是，尽管该式是非凸的，但在某种意义上，它是对可处理问题的近似：如果我们对 $\boldsymbol{X}$ 有一个完整的观察，则可以通过对 $\boldsymbol{X}$ 进行奇异值分解并使用 r 个左奇异向量和 r 个右奇异向量定义 $\boldsymbol{L}$ 和 $\boldsymbol{R}$，从而找到秩为 r 的近似．

计算机视觉、化学计量学和文档分类中的一些应用要求我们找到像式（1.8）中的因子 $\boldsymbol{L}$ 和 $\boldsymbol{R}$，其中所有元素都是非负的．如果观测的完整的矩阵 $\boldsymbol{Y}\in\mathbf{R}^{n\times p}$，这个问题有如下形式：

$$\min_{\boldsymbol{L},\boldsymbol{R}}\|\boldsymbol{L}\boldsymbol{R}^{\mathrm{T}}-\boldsymbol{Y}\|_F^2$$

$$\text{约束条件：}\boldsymbol{L}\geqslant 0，\boldsymbol{R}\geqslant 0$$

并被称为*非负矩阵分解*．

1.4　支持向量机

通过支持向量机（SVM）进行分类是机器学习领域的一个经典优化问题，其起源可追溯到 20 世纪 60 年代．给定的输入数据（$\boldsymbol{a}_j$, y_j），$\boldsymbol{a}_j\in\mathbf{R}^n$，$y_j\in\{-1,1\}$，SVM 寻求一个向量 $\boldsymbol{x}\in\mathbf{R}^n$，一个标量 $\beta\in\mathbf{R}$，使得

$$\boldsymbol{a}_j^{\mathrm{T}}\boldsymbol{x}-\beta\geqslant 1，\text{当 } y_j=+1 \text{ 时} \tag{1.9a}$$

$$\boldsymbol{a}_j^{\mathrm{T}}\boldsymbol{x}-\beta\leqslant -1，\text{当 } y_j=-1 \text{ 时} \tag{1.9b}$$

任何满足这些条件的一对（$\boldsymbol{x}$, β）在 $\mathbf{R}^n$ 中定义了一个分离超平面，它将值为“正”的数据$\{\boldsymbol{a}_j \mid y_j = +1\}$与值为“负”的数据$\{\boldsymbol{a}_j \mid y_j = -1\}$分开．在所有的分离超平面中，最小化$\|\boldsymbol{x}\|^2$的超平面是使两类之间的边际最大的超平面，也就是说，与两类中最近的点 $\boldsymbol{a}_j$ 的距离最大的超平面．

我们可以将寻找分离超平面的问题表述为一个优化问题，定义一个具有求和形式［见式（1.2）］的目标函数：

$$H(\boldsymbol{x},\beta) = \frac{1}{m}\sum_{j=1}^{m}\max\left(1 - y_j\left(\boldsymbol{a}_j^{\mathrm{T}}\boldsymbol{x} - \beta\right), 0\right) \tag{1.10}$$

请注意，如果条件［见式（1.9）］得到满足，那么这个和中的第 j 项为零，否则为正．即使不存在一对 $(\boldsymbol{x}, \beta)$ 满足 $H(\boldsymbol{x}, \beta)=0$，最小化式（1.2）的值也会在某种意义上尽可能接近于满足式（1.9）的一个解．通常函数［见式（1.10）］中还会加入一项$\lambda\|\boldsymbol{x}\|_2^2(\lambda>0)$，产生以下的正则化版本：

$$H(\boldsymbol{x},\beta) = \frac{1}{m}\sum_{j=1}^{m}\max\left(1 - y_j\left(\boldsymbol{a}_j^{\mathrm{T}}\boldsymbol{x} - \beta\right), 0\right) + \frac{1}{2}\lambda\|\boldsymbol{x}\|_2^2 \tag{1.11}$$

请注意，与迄今为止的例子相比，SVM 问题有一个非平滑的损失函数和一个平滑的正则器．

如果 λ 足够小，并且如果分离超平面存在，使得最小化式（1.11）的一对 $(\boldsymbol{x}, \beta)$ 就是最大边际分离超平面．最大边际属性与可概括性和鲁棒性的目标是一致的．例如，如果观测到的数据 $(\boldsymbol{a}_j, y_j)$ 是从正负两个数据集中采样得到的，那么最大边际解通常能合理地分离采样自同一数据集的其他实验数据样本，而如果分离超平面过于靠近某些观测到的数据点，则可能会导致分类效果不佳（见图 1.1）．

通常情况下，找到一个能很好分离正负数据的超平面来做分类器是很困难的．一个解决方案是通过一些非线性映射 ψ 和 j，将所有原始数据向量 $\boldsymbol{a}_j$ 转换为另一个空间中的向量 $\psi(\boldsymbol{a}_j)$, $j=1,2,\cdots,m$，然后在这个新的空间中对向量 $\psi(\boldsymbol{a}_j)$ 进行支持向量机分类．因此，条件［见式（1.9）］将被替换成

$$\psi(\boldsymbol{a}_j)^{\mathrm{T}}\boldsymbol{x} - \beta \geqslant 1，\text{当 } y_j=+1 \text{ 时} \tag{1.12a}$$

$$\psi(\boldsymbol{a}_j)^{\mathrm{T}}\boldsymbol{x} - \beta \leqslant -1，\text{当 } y_j=-1 \text{ 时} \tag{1.12b}$$

从而得到：

$$H(\boldsymbol{x},\beta) = \frac{1}{m}\sum_{j=1}^{m}\max\left(1 - y_j\left(\psi(\boldsymbol{a}_j)^{\mathrm{T}}\boldsymbol{x} - \beta\right), 0\right) + \frac{1}{2}\lambda\|\boldsymbol{x}\|_2^2 \tag{1.13}$$

当转换回 $\mathbf{R}^m$ 时，曲面 $\{\boldsymbol{a} \mid \psi(\boldsymbol{a})^{\mathrm{T}}\boldsymbol{x}-\beta=0\}$ 是非线性的并且可能不连续，通常是一个比式（1.11）得到的超平面更强大的分类器 .

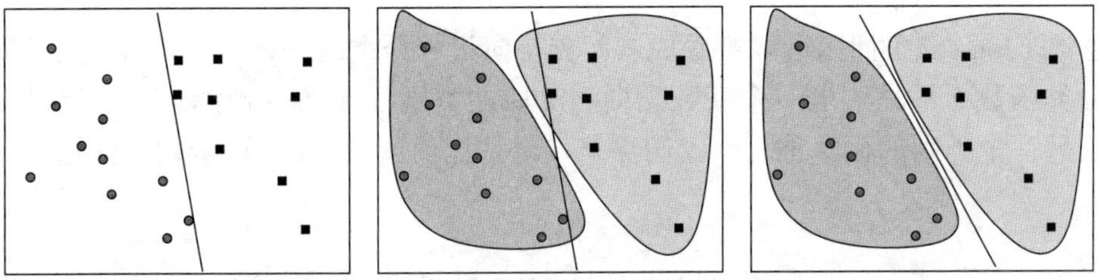

图 1.1 线性支持向量机分类，一个类别用圆圈表示，另一个用方块表示 . 左图显示了分离超平面的一种可能的选择 . 如果训练数据是从底层数据集中抽取的经验样本，那么这个平面就无法很好地分离两个数据集（中间图）. 最大边际分离超平面的效果较好（右图）

我们注意到 SVM 也可以自然地表达为一个凸集上的最小化问题 . 通过引入人工变量，问题［见式（1.11）和式（1.13）］可以被表述成一个凸二次方程，即一个具有凸二次方目标和线性约束的问题 . 通过取这个问题的对偶，我们可以得到另外一个凸二次方程，在 m 个变量中：

$$\min_{\boldsymbol{\alpha}\in\mathbf{R}^m} \frac{1}{2}\boldsymbol{\alpha}^{\mathrm{T}}\boldsymbol{Q}\boldsymbol{\alpha}-\mathbf{1}^{\mathrm{T}}\boldsymbol{\alpha}$$

$$\text{约束条件：} 0\leqslant\boldsymbol{\alpha}\leqslant\frac{1}{\lambda}\mathbf{1},\quad \boldsymbol{y}^{\mathrm{T}}\boldsymbol{\alpha}=0 \tag{1.14}$$

其中，

$$Q_{kl}=y_k y_l \psi(\boldsymbol{a}_k)^{\mathrm{T}}\psi(\boldsymbol{a}_l),\quad \boldsymbol{y}=(y_1,y_2,\cdots,y_m)^{\mathrm{T}},\quad \mathbf{1}=(1,1,\cdots,1)^{\mathrm{T}}$$

有趣的是，该问题［见式（1.14）］可以在不需要显式地知道或定义映射 ψ 的情况下进行解 . 我们只需要一种方法来定义 $\boldsymbol{Q}$ 的元素 . 这可以通过使用核函数 K：$\mathbf{R}^n\times\mathbf{R}^n\to\mathbf{R}$ 来完成，其中，$K(\boldsymbol{a}_k, \boldsymbol{a}_l)$ 替换成 $\psi(\boldsymbol{a}_k)^{\mathrm{T}}\psi(\boldsymbol{a}_l)$(Boser et al., 1992; Cortes and Vapnik, 1995). 这被称为核技巧 .（核函数 K 可以被用于从式（1.14）的解中构建一个分类函数 ϕ. 高斯核是一个特别受欢迎的核函数选择，它定义为

$$K\left(\boldsymbol{a}_k,\boldsymbol{a}_l\right):=\exp\left(-\frac{1}{2\sigma}\|\boldsymbol{a}_k-\boldsymbol{a}_l\|^2\right)$$

其中，σ 是一个正参数 .

1.5 逻辑回归

逻辑（logistic）回归可以被看成二元支持向量机分类的一种软化形式．在逻辑回归中，分类函数 ϕ 不是给出一个新数据向量 $\boldsymbol{a}$ 所在类别的无条件预测，而是提供 $\boldsymbol{a}$ 属于一个或另一个类别的概率估计．我们寻求一个“比值函数”p，该函数由向量 $\boldsymbol{x}\in\mathbf{R}^n$ 参数化．

$$p(\boldsymbol{a};\boldsymbol{x}) := \left(1+\exp(\boldsymbol{a}^{\mathrm{T}}\boldsymbol{x})\right)^{-1} \tag{1.15}$$

并意在选取参数 $\boldsymbol{x}$，使得

$$p(\boldsymbol{a}_j;\boldsymbol{x}) \approx 1，\text{当} y_j = +1 \text{时} \tag{1.16a}$$

$$p(\boldsymbol{a}_j;\boldsymbol{x}) \approx 0，\text{当} y_j = -1 \text{时} \tag{1.16b}$$

［请注意与式（1.9）的相似性］．而 $\boldsymbol{x}$ 的最优解可以通过最小化一个负对数似然函数来找到：

$$L(\boldsymbol{x}) := -\frac{1}{m}\left[\sum_{j:y_j=-1}\log\left(1-p(\boldsymbol{a}_j;\boldsymbol{x})\right)+\sum_{j:y_j=1}\log p(\boldsymbol{a}_j;\boldsymbol{x})\right] \tag{1.17}$$

请注意，定义式（1.15）确保对所有的 $\boldsymbol{a}$ 和 $\boldsymbol{x}$，都有 $p(\boldsymbol{a};\boldsymbol{x})\in(0,1)$. 因此，对于所有的 j 和所有的 $\boldsymbol{x}$，都有 $\log\left(1-p(\boldsymbol{a}_j;\boldsymbol{x})\right)<0$，$\log p(\boldsymbol{a}_j;\boldsymbol{x})<0$．当式（1.16）得到满足时，这些对数项只是稍微为负，因此满足式（1.17）的 $\boldsymbol{x}$ 将接近最优解．

我们可以通过引入一个正则项 $\lambda\|\boldsymbol{x}\|_1$，如 LASSO 技术中的最小二乘法［见式（1.5）］，用式（1.17）进行特征选择．

$$\min_{\boldsymbol{x}} -\frac{1}{m}\left[\sum_{j:y_j=-1}\log\left(1-p(\boldsymbol{a}_j;\boldsymbol{x})\right)+\sum_{j:y_j=1}\log p(\boldsymbol{a}_j;\boldsymbol{x})\right]+\lambda\|\boldsymbol{x}\|_1 \tag{1.18}$$

其中，$\lambda>0$ 是一个正则化参数．正如我们在后面所看到的，这个项的作用是产生一个解，其中 $\boldsymbol{x}$ 有很少的非零元素，这使得当只知道 $\boldsymbol{a}$ 中对应 $\boldsymbol{x}$ 的非零元素的分量时，就可以评估 $p(\boldsymbol{a};\boldsymbol{x})$.

这种技术的一个重要扩展是多类（或多项式）逻辑回归，其中数据向量 $\boldsymbol{a}_j$ 可以属于两个以上类别．在现代数据分析中，这种应用很常见．例如，在语音识别系统中，M 类可以分别代表语音的一个音素，即人类在几十毫秒内可能发出的数千种不同的基本声音之一．多项式逻辑回归问题需要为每一类 $k\in\{1,2,\cdots,M\}$ 提供一个不同的比值函数 p_k. 这些函数由向量 $\boldsymbol{x}_{[k]}\in\mathbf{R}^n(k=1,2,\cdots,M)$ 参数化，定义如下：

$$p_k(\boldsymbol{a};\boldsymbol{X}) := \frac{\exp\left(\boldsymbol{a}^{\mathrm{T}}\boldsymbol{x}_{[k]}\right)}{\sum_{l=1}^{M}\exp\left(\boldsymbol{a}^{\mathrm{T}}\boldsymbol{x}_{[l]}\right)}, \quad k=1,2,\cdots,M \tag{1.19}$$

其中，我们定义 $\boldsymbol{X} := \{\boldsymbol{x}_{[k]} \mid k=1,2,\cdots,M\}$. 与二进制情况一样，对于所有的 $\boldsymbol{a}$ 和所有的 k=1,2,⋯,M，我们都有 $p_k(\boldsymbol{a}) \in (0,1)$，此外还有 $\sum_{k=1}^{M} p_k(\boldsymbol{a}) = 1$. 式（1.19）对数据 $\left\{\boldsymbol{a}^{\mathrm{T}}\boldsymbol{x}_{[l]} \mid l=1,2,\cdots,M\right\}$ 进行了“softmax”处理.

在多类逻辑回归的设置中，标签 $\boldsymbol{y}_j$ 是在 $\mathbf{R}^M$ 中的向量，它的元素定义如下：

$$y_{jk} = \begin{cases} 1，当 \boldsymbol{a}_j 属于类别 k 时 \\ 0，其他 \end{cases} \tag{1.20}$$

与式（1.16）类似，我们寻求定义向量 $\boldsymbol{x}_{[k]}$，使得

$$p_k(\boldsymbol{a}_j;\boldsymbol{X}) \approx 1，当 y_{jk}=1 时 \tag{1.21a}$$

$$p_k(\boldsymbol{a}_j;\boldsymbol{X}) \approx 0，当 y_{jk}=0 时 \tag{1.21b}$$

寻找满足这些条件的 $\boldsymbol{x}_{[k]}$ 的值的问题可以再次被表述为一个最小化负对数似然函数的问题：

$$L(\boldsymbol{X}) := -\frac{1}{m}\sum_{j=1}^{m}\left[\sum_{\ell=1}^{M} y_{j\ell}\left(\boldsymbol{x}_{[\ell]}^{\mathrm{T}}\boldsymbol{a}_j\right) - \log\left(\sum_{\ell=1}^{M}\exp(\boldsymbol{x}_{[\ell]}^{\mathrm{T}}\boldsymbol{a}_j)\right)\right] \tag{1.22}$$

“组稀疏”正则项可以包含在这个公式中，以选择向量 $\boldsymbol{a}_j$ 中的一组特征，这些特征是每个类别所共有的，可以有效地区分不同的类别.

1.6 深度学习

深度神经网络通常被设计为执行与多类逻辑回归相同的任务——将一个数据向量 $\boldsymbol{a}$ 分类到 M 个可能的类中，通常 M 是较大的数. 它的主要创新在于，从数据向量到预测的映射 ϕ 是一个非线性函数，该函数由一系列结构化变换参数化.

图 1.2 展示了一个特殊的神经网络结构，该结构将数据向量 $\boldsymbol{a}_j$ 输入网络左端，每个方框（通常称为“层”）代表一个变换，该变换接受输入向量并对数据进行非线性变换，生成输出向量. 每个运算器的输出成为接下来一个或多个层的输入. 每一层都有自

己的一组参数，所有层的参数集合组成了我们的优化变量 . 不同阴影的方框表示各层之间的变换类型可能不同，但我们可以以任何适合我们的应用方式组合它们 .

一个典型的将 l–1 层的输出向量$\boldsymbol{a}_j^{l-1}$转换成 l 层的输出向量 $\boldsymbol{a}_j^l$ 的变换是

$$\boldsymbol{a}_j^l = \sigma(\boldsymbol{W}^l \boldsymbol{a}_j^{l-1} + \boldsymbol{g}^l) \tag{1.23}$$

其中，$\boldsymbol{W}^l$ 是一个大小为$\left|\boldsymbol{a}_j^l\right| \times \left|\boldsymbol{a}_j^{l-1}\right|$的矩阵，$\boldsymbol{g}^l$ 是一个长度为$\left|\boldsymbol{a}_j^l\right|$的向量 . 函数 σ 是一个逐分量非线性变换，通常称为*激活函数* . 激活函数 σ 最常见的形式是独立作用于其参数向量的每个分量，如下所示：

1）Sigmoid: $t \to 1/(1+\mathrm{e}^{-t})$.

2）修正线性单元（ReLU）：$t \to \max(t,0)$.

当方框 l 的输入来自前面两个或多个方框时（如图 1.2 中某些方框的情况），就需要进行其他变换 .

神经网络的最右层（输出层）通常有 M 个输出，每个输出代表输入数据（比如 $\boldsymbol{a}_j$）可能属于的一个类别 . 这些输出与式（1.20）定义的标签 y_{jk} 进行比较来表明 $\boldsymbol{a}_j$ 属于 M 类中的哪一类 . 通常正如我们所描述的，softmax 被用于最右层的输出上，得到一个类似于式（1.22）的损失函数 .

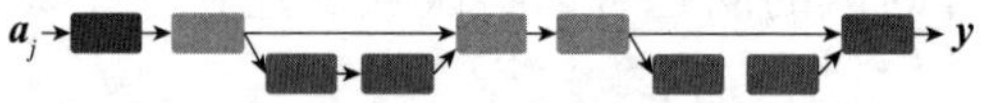

图 1.2　一个深度神经网络，显示了相邻层之间的连接，其中每一层都由一个阴影矩阵表示

考虑一种特殊（但并不常见）的情况，即神经网络结构是一个 D 层的线性图，其中，l−1 层的输出称为第 l 层的输入（对于 l=1,2,⋯,D），$\boldsymbol{a}_j$=$\boldsymbol{a}_j^0$，j=1,2,⋯,m，每个方框内的变换采用式（1.23）的形式 . 在最右层的输出上应用 softmax 以获得一组概率 . 这个神经网络中的参数是矩阵向量对 $(\boldsymbol{W}^l, \boldsymbol{g}^l)$，$l$=1,2,⋯,$D$，将输入向量 $\boldsymbol{a}_j$=$\boldsymbol{a}_j^0$ 转换成最终层的输出 $\boldsymbol{a}_j^D$. 我们的目标是对所有参数进行选择，使得网络可以很好地对训练数据进行正确分类 . 用 w 标注层与层之间的变换，也就是说，

$$w := \left(\boldsymbol{W}^1, \boldsymbol{g}^1, \boldsymbol{W}^2, \boldsymbol{g}^2, \cdots, \boldsymbol{W}^D, \boldsymbol{g}^D\right)$$

我们可以把深度学习的损失函数写成

$$L(w) = -\frac{1}{m}\sum_{j=1}^{m}\left[\sum_{\ell=1}^{M} y_{j\ell}\, a_{j,\ell}^D(w) - \log\left(\sum_{\ell=1}^{M}\exp a_{j,\ell}^D(w)\right)\right] \tag{1.24}$$

其中，$a_{j,\ell}^D(w) \in \mathbf{R}$ 是 D 层里对应输入向量 $\boldsymbol{a}_j^0$ 第 ℓ 个元素的的输出 .［这里 $a_{j,\ell}^D(w)$ 的写

法是用来强调其对变换 w 以及输入向量 $\boldsymbol{a}_j$ 都有依赖．］我们可以把多类逻辑回归看成 D=1 的深度学习的一个特例，所以 $a_{j,\ell}^1=\boldsymbol{W}_{\ell,\cdot}^1\boldsymbol{a}_j^0$，其中，$\boldsymbol{W}_{\ell,\cdot}^1$ 表示矩阵 $\boldsymbol{W}^1$ 的第 ℓ 行．

在特定应用中使用的神经网络（例如，图像识别和语音识别，已经取得了相当成功的成果）包括了许多基本设计的变体．其中一些变体包括对方框之间的限制性连接进行约束（相当于在矩阵 $\boldsymbol{W}^l$ 上强制执行稀疏结构，$l=1,2,\cdots,D$），以及共享参数（即强制 $\boldsymbol{W}^l$ 的元素子集取相同的值）．方框之间的排列可能相当复杂，它们的输出可能来自几层，非相邻层之间可能有连接，不同层的分量激活函数 σ 可能不同，等等．实际应用中的深度神经网络是高度工程化的对象．

式（1.24）的损失函数与其他许多应用共享相同的有限和形式［见式（1.2）］，但它具有几个特点，使其与之前讨论的其他应用有所不同．首先，也是最重要的，该函数是非凸的．其次，损失函数中参数 w 的数量非常庞大．深度学习分类器的有效训练通常需要大量的数据和强大的计算能力．因此，大量强大的计算机集群被专门用于这项任务中，通常使用多核处理器、GPU，甚至是特殊架构的处理单元．

1.7 重点

许多问题都可以通过式（1.3）表示，而它们的属性可能有很大的不同．它们可能是凸的或非凸的，平滑的或不平滑的．但它们都有一些重要的特征．

- 它们可以被表述为实变量的函数，我们通常将这些变量排列成一个长度为 n 的向量．
- 函数是连续的．当非平滑性在式中出现时，它会以一种结构化的方式出现，以便算法可以利用它．连续性允许算法根据以前访问过的附近点获得的知识，对函数的行为做出良好的推断．
- 目标函数通常是由许多项的总和构成的，其中每项都取决于单个数据元素．
- 目标函数通常是两个项的总和：一个“损失项”（有时来自某种统计模型的最大似然表达）和一个“正则项”，其目的是对恢复的模型施加结构和“可概括性”．

我们的处理办法侧重于解决不同类型的问题，并对这些算法的收敛特性进行分析．我们会注意到复杂度的限制，这是获得特定精度的解所需的计算工作量．这些界限通常取决于目标函数和用来定义它的数据的基本属性，包括数据集的维度和问题中变量的数量．这个重点与大部分优化文献形成鲜明对比，因为这些文献通常不涉及复杂度界限的全局收敛结果．［一个明显的例外是对内点方法的分析（见 Nesterov 和 Nemirovskii，1994；Wright，1997）．］

同时，我们尽可能地强调与解决这些问题相关的实际问题．在解决问题时，存在各种权衡，优化者必须评估哪些工具最适合使用．除了考虑问题的制定之外，还必须考虑到时间预算、计算机类型以及确保解决方案在实际应用中的可用性．最坏情况下的复杂度保证只是其中的一部分，了解各种参数和启发式方法对于建立可靠的解决方案至关重要，这些参数和启发式方法构成了所有实际算法策略的一部分．

注释和参考

在涉及多类的问题中，softmax 无处不在．给定实数 $z_1,z_2,\cdots,z_m$，我们定义 $p_j = \mathrm{e}^{z_j} / \sum_{i=1}^{M} \mathrm{e}^{z_i}$，其中，对于所有 j，$p_j \in (0,1)$，$\sum_{j=1}^{M} p_j = 1$．此外，如果对于某些 j，我们有 $z_j \gg \max_{i \neq j} z_i$，则 $p_j \approx 1$，而对于所有的 $i \neq j$，$p_i \approx 0$．

本章的例子改编自其中一位作者的文章（Wright，2018）．

第 2 章

平滑优化的基础

在这里，我们将概述后续章节中讨论的算法和理论的基础．我们将回顾一些基本的数学工具，例如，泰勒定理及其应用，这些工具构成了大多数平滑非线性优化问题的基础．我们还提供了对凸分析的元素的简要回顾，这些元素将在本书中广泛使用．

2.1 优化问题的解的分类

在开始设计算法前，我们必须确定解决优化问题意味着什么．假设f是一个将某个域$\mathcal{D}=\mathrm{dom}(f)\subset\mathbf{R}^n$映射到实线$\mathbf{R}$的函数．我们有如下定义：

- 如果存在一个$\boldsymbol{x}^*$的邻域$\mathcal{N}$，使得对于所有的$\boldsymbol{x}\in\mathcal{N}\cap\mathcal{D}$，都有$f(\boldsymbol{x})\geqslant f(\boldsymbol{x}^*)$，则$\boldsymbol{x}^*\in\mathcal{D}$是$f$的一个局部最小值点．
- 如果对于所有的$\boldsymbol{x}\in\mathcal{D}$，都有$f(\boldsymbol{x})\geqslant f(\boldsymbol{x}^*)$，则$\boldsymbol{x}^*\in\mathcal{D}$是$f$的一个全局最小值点．
- 如果$\boldsymbol{x}^*$对于其某个邻域$\mathcal{N}$是一个局部最小值点，并且，对于所有的$\boldsymbol{x}\in\mathcal{N}$以及$\boldsymbol{x}\neq\boldsymbol{x}^*$，都有$f(\boldsymbol{x})>f(\boldsymbol{x}^*)$，则$\boldsymbol{x}^*\in\mathcal{D}$是一个严格的局部最小值点．
- 如果存在一个$\boldsymbol{x}^*$的邻域$\mathcal{N}$，使得对于所有的$\boldsymbol{x}\in\mathcal{N}\cap\mathcal{D}$，都有$f(\boldsymbol{x})\geqslant f(\boldsymbol{x}^*)$，并且，$\mathcal{N}$不包含除了$\boldsymbol{x}^*$外的其他局部最小值点，则$\boldsymbol{x}^*$是孤立的局部最小值点．
- 如果$\boldsymbol{x}^*$是唯一的全局最小值点，则$\boldsymbol{x}^*$是唯一的最小值点．

对于有约束的优化问题

$$\min_{x\in\Omega} f(\boldsymbol{x}) \tag{2.1}$$

其中，$\Omega \subset \mathcal{D} \subset \mathbf{R}^n$是一个闭集，我们稍加修改术语，使用“解”一词而不是“最小值点”. 也就是说，我们有如下定义：

- 如果存在一个$\boldsymbol{x}^*$的邻域$\mathcal{N}$，使得对于所有的$\boldsymbol{x} \in \mathcal{N} \cap \Omega$，都有$f(\boldsymbol{x}) \geqslant f(\boldsymbol{x}^*)$，则$\boldsymbol{x}^* \in \Omega$是式（2.1）的一个局部解.
- 如果对于所有的$\boldsymbol{x} \in \Omega$，都有$f(\boldsymbol{x}) \geqslant f(\boldsymbol{x}^*)$，则$\boldsymbol{x}^* \in \Omega$是式（2.1）的一个全局解.

一个直接的挑战就是如何提供一种简单的方法来确定一个特定位置是局部解还是全局解. 为此，我们引入微积分中一个强大的工具：泰勒定理. 泰勒定理是所有连续优化问题中最重要的定理之一，我们接下来将对其进行回顾.

2.2　泰勒定理

泰勒定理展示了如何用由f的低阶导数组成的多项式来局部逼近平滑函数.

定理 2.1　给定一个连续可微函数$f: \mathbf{R}^n \to \mathbf{R}$，并且给定$\boldsymbol{x}$，$\boldsymbol{p} \in \mathbf{R}^n$，我们有

$$f(\boldsymbol{x}+\boldsymbol{p}) = f(\boldsymbol{x}) + \int_0^1 \nabla f(\boldsymbol{x}+\gamma \boldsymbol{p})^{\mathrm{T}} \boldsymbol{p} \mathrm{d}\gamma \tag{2.2}$$

$$f(\boldsymbol{x}+\boldsymbol{p}) = f(\boldsymbol{x}) + \nabla f(\boldsymbol{x}+\gamma \boldsymbol{p})^{\mathrm{T}} \boldsymbol{p}, \quad \gamma \in (0,1) \tag{2.3}$$

如果f是二次连续可微的，我们有

$$\nabla f(\boldsymbol{x}+\boldsymbol{p}) = \nabla f(\boldsymbol{x}) + \int_0^1 \nabla^2 f(\boldsymbol{x}+\gamma \boldsymbol{p}) \boldsymbol{p} \mathrm{d}\gamma \tag{2.4}$$

$$f(\boldsymbol{x}+\boldsymbol{p}) = f(\boldsymbol{x}) + \nabla f(\boldsymbol{x})^{\mathrm{T}} \boldsymbol{p} + \frac{1}{2} \boldsymbol{p}^{\mathrm{T}} \nabla^2 f(\boldsymbol{x}+\gamma \boldsymbol{p}) \boldsymbol{p}, \quad \gamma \in (0,1) \tag{2.5}$$

我们有时把式（2.2）称为泰勒定理的“积分形式”，式（2.3）称为“均值形式”. 式（2.3）的结果是对于在$\boldsymbol{x}$处连续可微的f，我们有[⊖]

$$f(\boldsymbol{x}+\boldsymbol{p}) = f(\boldsymbol{x}) + \nabla f(\boldsymbol{x})^{\mathrm{T}} \boldsymbol{p} + o(\|\boldsymbol{p}\|) \tag{2.6}$$

我们通过对式（2.3）进行以下操作可以证明式（2.6）：

⊖ 有关阶符号$O(\cdot)$和$o(\cdot)$的说明，请参见附录.

$$
\begin{aligned}
f(\boldsymbol{x}+\boldsymbol{p}) &= f(\boldsymbol{x})+\nabla f\left(\boldsymbol{x}+\gamma \boldsymbol{p}\right)^{\mathrm{T}} \boldsymbol{p} \\
&= f(\boldsymbol{x})+\nabla f(\boldsymbol{x})^{\mathrm{T}} \boldsymbol{p}+\left(\nabla f(\boldsymbol{x}+\gamma \boldsymbol{p})-\nabla f(\boldsymbol{x})\right)^{\mathrm{T}} \boldsymbol{p} \\
&= f(\boldsymbol{x})+\nabla f(\boldsymbol{x})^{\mathrm{T}} \boldsymbol{p}+O\left(\|\nabla f(\boldsymbol{x}+\gamma \boldsymbol{p})-\nabla f(\boldsymbol{x})\|\ \|\boldsymbol{p}\|\right) \\
&= f(\boldsymbol{x})+\nabla f(\boldsymbol{x})^{\mathrm{T}} \boldsymbol{p}+o\left(\|\boldsymbol{p}\|\right)
\end{aligned}
$$

其中，最后一步来自连续性：当$\boldsymbol{p} \to \boldsymbol{0}$时，对所有$\gamma \in (0,1)$，有$\nabla f(\boldsymbol{x}+\gamma \boldsymbol{p})-\nabla f(\boldsymbol{x}) \to 0$.

正如我们将在本文中看到的，优化中的一个关键量是f的梯度的利普希茨常数L，它被定义为满足下式：

$$
\|\nabla f(\boldsymbol{x})-\nabla f(\boldsymbol{y})\| \leqslant L\|\boldsymbol{x}-\boldsymbol{y}\|, \quad \boldsymbol{x}, \boldsymbol{y} \in \operatorname{dom}(f) \tag{2.7}
$$

我们说，具有这种性质的连续微分函数f是L平滑的，或具有L利普希茨的梯度．我们说f是L_0利普希茨的，当

$$
|f(\boldsymbol{x})-f(\boldsymbol{y})| \leqslant L_0\|\boldsymbol{x}-\boldsymbol{y}\|, \quad \boldsymbol{x}, \boldsymbol{y} \in \operatorname{dom}(f) \tag{2.8}
$$

由式（2.2），我们有

$$
\begin{aligned}
& f(\boldsymbol{y})-f(\boldsymbol{x})-\nabla f(\boldsymbol{x})^{\mathrm{T}}(\boldsymbol{y}-\boldsymbol{x}) \\
&\quad =\int_0^1\left[\nabla f\left(\boldsymbol{x}+\gamma(\boldsymbol{y}-\boldsymbol{x})\right)-\nabla f(\boldsymbol{x})\right]^{\mathrm{T}}(\boldsymbol{y}-\boldsymbol{x}) \mathrm{d} \gamma
\end{aligned}
$$

通过使用式（2.7），我们有

$$
\begin{aligned}
& \left[\nabla f(\boldsymbol{x}+\gamma(\boldsymbol{y}-\boldsymbol{x}))-\nabla f(\boldsymbol{x})\right]^{\mathrm{T}}(\boldsymbol{y}-\boldsymbol{x}) \\
&\quad \leqslant\|\nabla f\left(\boldsymbol{x}+\gamma(\boldsymbol{y}-\boldsymbol{x})\right)-\nabla f(\boldsymbol{x})\|\ \|\boldsymbol{y}-\boldsymbol{x}\| \leqslant L \gamma\|\boldsymbol{y}-\boldsymbol{x}\|^2
\end{aligned}
$$

通过将此界限代入式（2.2）中，我们可以得到以下结果．

引理 2.2　给定一个L平滑函数f，对于任意$\boldsymbol{x}, \boldsymbol{y} \in \operatorname{dom}(f)$，我们有

$$
f(\boldsymbol{y}) \leqslant f(\boldsymbol{x})+\nabla f(\boldsymbol{x})^{\mathrm{T}}(\boldsymbol{y}-\boldsymbol{x})+\frac{L}{2}\|\boldsymbol{y}-\boldsymbol{x}\|^2 \tag{2.9}
$$

引理 2.2 说明f可以以一个在$\boldsymbol{x}$处的值与$f(\boldsymbol{x})$相等的二次函数为上界．

当f二次连续可微时，我们可以用黑塞矩阵$\nabla^2 f(\boldsymbol{x})$的特征值来刻画常数$L$. 具体来说，对于所有的$\boldsymbol{x}$，我们有

$$
-L\boldsymbol{I} \preceq \nabla^2 f(\boldsymbol{x}) \preceq L\boldsymbol{I} \tag{2.10}
$$

以下结果可以证明．

引理 2.3　假设f在$\mathbf{R}^n$上二次连续可微．那么如果f是L平滑的，对于所有的$\boldsymbol{x}$，

我们有$\nabla^2 f(\boldsymbol{x}) \preceq L\boldsymbol{I}$. 相反，如果$-L\boldsymbol{I} \preceq \nabla^2 f(\boldsymbol{x}) \preceq L\boldsymbol{I}$，那么$f$是$L$平滑的.

证明 根据式（2.9），通过令$\boldsymbol{y} = \boldsymbol{x} + \alpha \boldsymbol{p}$，对于某个$\alpha > 0$，我们有

$$f(\boldsymbol{x}+\alpha \boldsymbol{p}) - f(\boldsymbol{x}) - \alpha \nabla f(\boldsymbol{x})^{\mathrm{T}} \boldsymbol{p} \leqslant \frac{L}{2}\alpha^2 \|\boldsymbol{p}\|^2$$

根据式（2.5），对于某个$\gamma \in (0,1)$，我们有

$$f(\boldsymbol{x}+\alpha \boldsymbol{p}) - f(\boldsymbol{x}) - \alpha \nabla f(\boldsymbol{x})^{\mathrm{T}} \boldsymbol{p} = \frac{1}{2}\alpha^2 \boldsymbol{p}^{\mathrm{T}} \nabla^2 f(\boldsymbol{x}+\gamma\alpha \boldsymbol{p}) \boldsymbol{p}$$

通过比较这两个表达式，我们得到

$$\boldsymbol{p}^{\mathrm{T}} \nabla^2 f(\boldsymbol{x}+\gamma\alpha \boldsymbol{p}) \boldsymbol{p} \leqslant L \|\boldsymbol{p}\|^2$$

通过令$\alpha \downarrow 0$，我们看到$\nabla^2 f(\boldsymbol{x})$的所有特征值都以$L$为界，所以$\nabla^2 f(\boldsymbol{x}) \preceq L\boldsymbol{I}$，得证.

假设现在对于所有的$\boldsymbol{x}$，有$-L\boldsymbol{I} \preceq \nabla^2 f(\boldsymbol{x}) \preceq L\boldsymbol{I}$，那么对于所有的$\boldsymbol{x}$，有$\|\nabla^2 f(\boldsymbol{x})\| \leqslant L$. 我们从式（2.4）得到

$$\begin{aligned}
\|\nabla f(\boldsymbol{y}) - \nabla f(\boldsymbol{x})\| &= \left\| \int_{t=0}^{1} \nabla^2 f(\boldsymbol{x}+t(\boldsymbol{y}-\boldsymbol{x}))(\boldsymbol{y}-\boldsymbol{x}) \mathrm{d}t \right\| \\
&\leqslant \int_{t=0}^{1} \|\nabla^2 f(\boldsymbol{x}+t(\boldsymbol{y}-\boldsymbol{x}))\| \, \|\boldsymbol{y}-\boldsymbol{x}\| \mathrm{d}t \\
&\leqslant \int_{t=0}^{1} L \|\boldsymbol{y}-\boldsymbol{x}\| \mathrm{d}t = L\|\boldsymbol{y}-\boldsymbol{x}\|
\end{aligned}$$

证毕. ■

2.3 刻画平滑函数的最小值

2.2 节的结果为我们提供了表征无约束优化问题的解所需的工具.

$$\min_{\boldsymbol{x} \in \mathbf{R}^n} f(\boldsymbol{x}) \tag{2.11}$$

其中，f是一个平滑函数.

我们从必要条件开始，这些条件给出了当$\boldsymbol{x}^*$是局部解时可以满足的f的导数的性质. 我们有以下结果.

定理 2.4（平滑无约束优化问题的必要条件）

（a）假设f是连续可微的. 如果$\boldsymbol{x}^*$是式（2.11）的一个局部最小值点，则$\nabla f(\boldsymbol{x}^*) = 0$.

（b）假设 f 是二次连续可微的．如果 $\boldsymbol{x}^*$ 是式（2.11）的一个局部最小值点，则 $\nabla f(\boldsymbol{x}^*)=0$ 且 $\nabla^2 f(\boldsymbol{x}^*)$ 是半正定的．

证明　我们先证明（a）．假设它不成立，即 $\nabla f(\boldsymbol{x}^*)\neq 0$，并考虑远离 $\boldsymbol{x}^*$ 一个步长 $-\alpha\nabla f(\boldsymbol{x}^*)$，其中，$\alpha$ 是一个小的正数．通过在式（2.3）中令 $\boldsymbol{p}=-\alpha\nabla f(\boldsymbol{x}^*)$，我们得到：对于某个 $\gamma\in(0,1)$，

$$f(\boldsymbol{x}^*-\alpha\nabla f(\boldsymbol{x}^*))=f(\boldsymbol{x}^*)-\alpha\nabla f(\boldsymbol{x}^*-\gamma\alpha\nabla f(\boldsymbol{x}^*))^{\mathrm{T}}\nabla f(\boldsymbol{x}^*) \tag{2.12}$$

由于 ∇f 是连续的，对于所有足够小的 α 和任意 $\gamma\in(0,1)$，我们有

$$\nabla f\left(\boldsymbol{x}^*-\gamma\alpha\nabla f(\boldsymbol{x}^*)\right)^{\mathrm{T}}\nabla f(\boldsymbol{x}^*)\geqslant\frac{1}{2}\|\nabla f(\boldsymbol{x}^*)\|^2$$

因此，通过代入式（2.12），对于所有足够小的正的 α，我们得到

$$f\left(\boldsymbol{x}^*-\alpha\nabla f(\boldsymbol{x}^*)\right)=f(\boldsymbol{x}^*)-\frac{1}{2}\alpha\|\nabla f(\boldsymbol{x}^*)\|^2<f(\boldsymbol{x}^*)$$

不管我们在定义局部最小值点时如何选择邻域 $\mathcal{N}$，对于足够小的 α，它都将包含形如 $\boldsymbol{x}^*-\alpha\nabla f(\boldsymbol{x}^*)$ 的点．因此，不可能找到 $\boldsymbol{x}^*$ 的一个邻域 $\mathcal{N}$，使得对于所有 $\boldsymbol{x}\in\mathcal{N}$，都有 $f(\boldsymbol{x})\geqslant f(\boldsymbol{x}^*)$，因此，$\boldsymbol{x}^*$ 不是局部最小值点．

我们现在来证明（b）．从（a）可以直接得出 $\nabla f(\boldsymbol{x}^*)=0$，所以我们仅需要证明 $\nabla^2 f(\boldsymbol{x}^*)$ 的半正定性．假设它不成立，即 $\nabla^2 f(\boldsymbol{x}^*)$ 有负的特征值，那就存在一个向量 $\boldsymbol{v}\in\mathbf{R}^n$ 和一个正标量 λ，使得 $\boldsymbol{v}^{\mathrm{T}}\nabla^2 f(\boldsymbol{x}^*)\boldsymbol{v}\leqslant-\lambda$．我们在式（2.5）中令 $\boldsymbol{x}=\boldsymbol{x}^*,\boldsymbol{p}=\alpha\boldsymbol{v}$，其中，$\alpha$ 是一个小的正常数，对于某个 $\gamma\in(0,1)$，我们有

$$f(\boldsymbol{x}^*+\alpha\boldsymbol{v})=f(\boldsymbol{x}^*)+\alpha\nabla f(\boldsymbol{x}^*)^{\mathrm{T}}\boldsymbol{v}+\frac{1}{2}\alpha^2\boldsymbol{v}^{\mathrm{T}}\nabla^2 f(\boldsymbol{x}^*+\gamma\alpha\boldsymbol{v})\boldsymbol{v} \tag{2.13}$$

对于所有足够小的 α 和之前定义的 λ，对于所有的 $\gamma\in(0,1)$，我们有 $\boldsymbol{v}^{\mathrm{T}}\nabla^2 f(\boldsymbol{x}^*+\gamma\alpha\boldsymbol{v})\boldsymbol{v}\leqslant -\lambda/2$．通过将这个界限连同 $\nabla f(\boldsymbol{x}^*)=0$ 代入式（2.13），对于所有足够小的正值 α，我们得到

$$f(\boldsymbol{x}^*+\alpha\boldsymbol{v})=f(\boldsymbol{x}^*)-\frac{1}{4}\alpha^2\lambda<f(\boldsymbol{x}^*)$$

因此，没有 $\boldsymbol{x}^*$ 的一个邻域 $\mathcal{N}$，使得对于所有 $\boldsymbol{x}\in\mathcal{N}$，都有 $f(\boldsymbol{x})\geqslant f(\boldsymbol{x}^*)$，所以 $\boldsymbol{x}^*$ 不

是局部最小值点. 因此，我们通过反证法证明了$\nabla^2 f(\boldsymbol{x}^*)$的半正定性. ■

定理 2.4 中的条件（a）称为一阶必要条件，因为它涉及f的一阶导数. 同样，条件（b）称为二阶必要条件.

我们称任何满足$\nabla f(\boldsymbol{x})=0$的点$\boldsymbol{x}$为驻点.

我们还具有以下二阶充分条件.

定理 2.5（平滑无约束优化问题的充分条件） 假设f是二次连续可微的，且对于某个$\boldsymbol{x}^*$，我们有$\nabla f(\boldsymbol{x}^*)=0$，$\nabla^2 f(\boldsymbol{x}^*)$是正定的. 那么$\boldsymbol{x}^*$是式（2.11）的一个严格局部最小值点.

证明 我们使用式（2.5）. 定义一个足够小的正的半径ρ，使得对于所有的$\boldsymbol{p}\in\mathbf{R}^n$，$\|\boldsymbol{p}\|\leqslant\rho$，以及所有的$\gamma\in(0,1)$，$\nabla^2 f(\boldsymbol{x}^*+\gamma\boldsymbol{p})$的特征值的下界为某个正数$\epsilon$.（因为$\nabla^2 f$在$\boldsymbol{x}^*$处是正定的且是连续的，同时一个矩阵的特征值是这个矩阵所有元素的连续函数，所以可以选择$\rho>0$和$\epsilon>0$，满足条件.）通过将$\boldsymbol{x}=\boldsymbol{x}^*$代入式（2.5），对于$\gamma\in(0,1)$，我们得到

$$
\begin{aligned}
f(\boldsymbol{x}^*+\boldsymbol{p}) &= f(\boldsymbol{x}^*)+\nabla f(\boldsymbol{x}^*)^{\mathrm{T}}\boldsymbol{p}+\frac{1}{2}\boldsymbol{p}^{\mathrm{T}}\nabla^2 f(\boldsymbol{x}^*+\gamma\boldsymbol{p})\boldsymbol{p} \\
&\geqslant f(\boldsymbol{x}^*)+\frac{1}{2}\epsilon\|\boldsymbol{p}\|^2,\ \text{对于所有的}\ \boldsymbol{p},\ \|\boldsymbol{p}\|\leqslant\rho
\end{aligned}
$$

因此，通过令$\mathcal{N}=\{\boldsymbol{x}^*+\boldsymbol{p}\mid\|\boldsymbol{p}\|<\rho\}$，我们找到了一个$\boldsymbol{x}^*$的邻域，对于所有的$\boldsymbol{x}\in\mathcal{N}$且$\boldsymbol{x}\neq\boldsymbol{x}^*$，都有$f(\boldsymbol{x})>f(\boldsymbol{x}^*)$，因此满足严格局部最小值点的条件. ■

定理 2.5 提供的仅是局部最优解的充分条件. 现在我们来考虑一类特殊但又广泛存在的函数和集合，针对这些函数和集合，我们可以使用低阶导数的信息提供必要且充分的优化保证. 这些函数和集合的特殊性质是凸性.

2.4 凸集和函数

凸函数在优化问题中扮演着核心的角色，这是因为它们具有一些重要的性质. 一方面，凸函数的最优解很容易验证；另一方面，可以保证在合理的计算量内找到这些最优解.

一个凸集$\Omega\subset\mathbf{R}^n$有如下属性：

$$
\boldsymbol{x},\boldsymbol{y}\in\Omega\Rightarrow(1-\alpha)\boldsymbol{x}+\alpha\boldsymbol{y}\in\Omega,\ \ \alpha\in[0,1] \tag{2.14}
$$

对于包含在 Ω 中的所有点对$(\boldsymbol{x},\boldsymbol{y})$，$\boldsymbol{x}$ 和 $\boldsymbol{y}$ 之间的线段也包含在 Ω 中．我们在本书中提到的凸集通常是闭集．

凸函数的定义性质是以下不等式：

$$f((1-\alpha)\boldsymbol{x}+\alpha\boldsymbol{y})\leqslant(1-\alpha)f(\boldsymbol{x})+\alpha f(\boldsymbol{y}),\quad \boldsymbol{x},\boldsymbol{y}\in\mathbf{R}^n,\alpha\in[0,1] \tag{2.15}$$

连接$(\boldsymbol{x},f(\boldsymbol{x}))$和$(\boldsymbol{y},f(\boldsymbol{y}))$的线段完全位于函数$f$的图的上方．换句话说，$f$的上图象（epigraph），定义为

$$\operatorname{epi} f:=\{(\boldsymbol{x},t)\in\mathbf{R}^n\times\mathbf{R}\mid t\geqslant f(\boldsymbol{x})\} \tag{2.16}$$

是一个凸集．我们有时称满足式（2.15）的函数为弱凸函数，以区别于被称为强凸函数的特殊类，在 2.5 节中定义．

凸目标函数和约束集情况下的“最小值点”和“解”的概念变得比在 2.1 节里的一般情况下更基本．特别是“局部”和“全局”解的区别不存在了．

定理 2.6　假设在一般约束优化问题［见式（2.1）］里，函数f是凸的，集合 Ω 是闭凸集．我们有以下结论：

（a）式（2.1）的任何局部解都是全局解．

（b）式（2.1）的全局解集是一个凸集．

证明　对于（a），使用反证法，假设$\boldsymbol{x}^*\in\Omega$是一个局部解但不是全局解，那么就会存在一个点$\bar{\boldsymbol{x}}\in\Omega$，使得$f(\bar{\boldsymbol{x}})<f(\boldsymbol{x}^*)$．然后通过凸性，对于任意$\alpha\in[0,1]$，我们得到

$$f\left(\boldsymbol{x}^*+\alpha(\bar{\boldsymbol{x}}-\boldsymbol{x}^*)\right)\leqslant(1-\alpha)f(\boldsymbol{x}^*)+\alpha f(\bar{\boldsymbol{x}})<f(\boldsymbol{x}^*)$$

但对于任意邻域$\mathcal{N}$，我们有足够小的$\alpha>0$，使得$\left(\boldsymbol{x}^*+\alpha(\bar{\boldsymbol{x}}-\boldsymbol{x}^*)\right)\in\mathcal{N}\cap\Omega$以及$f(\boldsymbol{x}^*+\alpha(\bar{\boldsymbol{x}}-\boldsymbol{x}^*))<f(\boldsymbol{x}^*)$，这和局部最小值点的定义不符．

对于（b），我们简单地将凸性的定义应用于两个集合和函数上．给定所有的全局解 $\boldsymbol{x}^*$ 和$\bar{\boldsymbol{x}}$，我们有$f(\bar{\boldsymbol{x}})=f(\boldsymbol{x}^*)$，所以对于任意$\alpha\in[0,1]$，我们有

$$f\left(\boldsymbol{x}^*+\alpha(\bar{\boldsymbol{x}}-\boldsymbol{x}^*)\right)\leqslant(1-\alpha)f(\boldsymbol{x}^*)+\alpha f(\bar{\boldsymbol{x}})=f(\boldsymbol{x}^*)$$

同时我们也有$f\left(\boldsymbol{x}^*+\alpha(\bar{\boldsymbol{x}}-\boldsymbol{x}^*)\right)\geqslant f(\boldsymbol{x}^*)$，因为$\left(\boldsymbol{x}^*+\alpha(\bar{\boldsymbol{x}}-\boldsymbol{x}^*)\right)\in\Omega$，并且 $\boldsymbol{x}^*$ 是全局最小值点．从这两个不等式可以得出$f\left(\boldsymbol{x}^*+\alpha(\bar{\boldsymbol{x}}-\boldsymbol{x}^*)\right)=f(\boldsymbol{x}^*)$，所以$\boldsymbol{x}^*+\alpha(\bar{\boldsymbol{x}}-\boldsymbol{x}^*)$也是一个全局最小值点．■

通过将泰勒定理［特别是式（2.6）］应用于式（2.15），我们得到

$$f\left(\boldsymbol{x}+\alpha(\boldsymbol{y}-\boldsymbol{x})\right)=f(\boldsymbol{x})+\alpha\nabla f(\boldsymbol{x})^{\mathrm{T}}(\boldsymbol{y}-\boldsymbol{x})+o(\alpha)\leqslant(1-\alpha)f(\boldsymbol{x})+\alpha f(\boldsymbol{y})$$

通过消去 $f(\boldsymbol{x})$ 项，重新整理并除以 α，我们得到

$$f(\boldsymbol{y})\geqslant f(\boldsymbol{x})+\nabla f(\boldsymbol{x})^{\mathrm{T}}(\boldsymbol{y}-\boldsymbol{x})+o(1)$$

当 $\alpha\downarrow 0$，$o(1)$项会消失，所以我们得到

$$f(\boldsymbol{y})\geqslant f(\boldsymbol{x})+\nabla f(\boldsymbol{x})^{\mathrm{T}}(\boldsymbol{y}-\boldsymbol{x}),\quad \forall \boldsymbol{x},\boldsymbol{y}\in\mathrm{dom}(f) \tag{2.17}$$

这是平滑函数凸性的基本表征 .

定理 2.4 为 ∇f 的消失和最小化 f 之间提供了必要连接，同时，一阶必要条件实际上是 f 为凸的一个充分条件 .

定理 2.7　假设 f 是连续可微并且是凸的 . 那么如果 $\nabla f(\boldsymbol{x}^*)=0$，则 $\boldsymbol{x}^*$ 是式（2.11）的一个全局最小值点 .

证明　如果我们令 $\boldsymbol{x}=\boldsymbol{x}^*$，第一部分的证明可以直接从式（2.17）得出 . 使用这个不等式和 $\nabla f(\boldsymbol{x}^*)=0$，对于任意 $\boldsymbol{y}$，我们得到

$$f(\boldsymbol{y})\geqslant f(\boldsymbol{x}^*)+\nabla f(\boldsymbol{x}^*)^{\mathrm{T}}(\boldsymbol{y}-\boldsymbol{x}^*)=f(\boldsymbol{x}^*)$$

因此，$\boldsymbol{x}^*$ 是一个全局最小值点 . ■

2.5　强凸函数

我们假设 f 是连续可微的并且是凸的 . 如果存在一个值 $m>0$，使得

$$f\left((1-\alpha)\boldsymbol{x}+\alpha\boldsymbol{y}\right)\leqslant(1-\alpha)f(\boldsymbol{x})+\alpha f(\boldsymbol{y})-\frac{1}{2}m\alpha(1-\alpha)\|\boldsymbol{x}-\boldsymbol{y}\|_2^2 \tag{2.18}$$

对于 f 域中所有的 $\boldsymbol{x}$ 和 $\boldsymbol{y}$，我们说 f 是强凸的，凸性模为 m. 当 f 可微时，我们有下面的等价定义，它是通过使用类似于得出式（2.17）的论证来处理式（2.18）得出的：

$$f(\boldsymbol{y})\geqslant f(\boldsymbol{x})+\nabla f(\boldsymbol{x})^{\mathrm{T}}(\boldsymbol{y}-\boldsymbol{x})+\frac{m}{2}\|\boldsymbol{y}-\boldsymbol{x}\|^2 \tag{2.19}$$

请注意，这个不等式补充了具有平滑梯度的函数所满足的不等式 . 当梯度平滑时，一个函数的上界可以是一个在 $\boldsymbol{x}$ 处取值为 $f(\boldsymbol{x})$ 的二次函数 . 当函数是强凸函数时，它的下界可以是一个在 $\boldsymbol{x}$ 处取值为 $f(\boldsymbol{x})$ 的二次函数 .

我们对定理 2.7 进行如下扩展，其证明马上能通过在式（2.19）里令 $\boldsymbol{x}=\boldsymbol{x}^*$ 来得到 .

定理 2.8　假设 f 是连续可微的且是强凸函数．如果 $\nabla f(\boldsymbol{x}^*)=0$，那么 $\boldsymbol{x}^*$ 是 f 的唯一全局最小值点．

这种用二次函数逼近凸 f 的方法是连续优化中的一个关键主题．

当 f 是强凸函数且二次连续可微时，若 $\boldsymbol{x}^*$ 是最小值点，则式（2.5）意味着以下情况：

$$f(\boldsymbol{x})-f(\boldsymbol{x}^*)=\frac{1}{2}(\boldsymbol{x}-\boldsymbol{x}^*)^{\mathrm{T}}\nabla^2 f(\boldsymbol{x}^*)(\boldsymbol{x}-\boldsymbol{x}^*)+o(\|\boldsymbol{x}-\boldsymbol{x}^*\|^2) \tag{2.20}$$

因此，f 在 $\boldsymbol{x}^*$ 的邻域中的行为类似于一个强凸二次函数．由此可见，仅仅通过研究凸二次函数，我们就可以学到许多关于算法局部收敛特性的知识．我们使用二次函数来指导我们的直觉和算法推导．

正如我们可以用黑塞矩阵的特征值来表征梯度的利普希茨常数一样，当 f 二次连续可微时，凸性模为黑塞矩阵的特征值提供了一个下界．

引理 2.9　假设 f 在 $\mathbf{R}^n$ 上是二次连续可微的．那么当且仅当对于所有的 $\boldsymbol{x}$，都有 $\nabla^2 f(\boldsymbol{x})\succeq m\boldsymbol{I}$ 时，f 的凸性模为 m.

证明　对于任意 $\boldsymbol{x}$，$\boldsymbol{u}\in\mathbf{R}^n$，$\alpha>0$，我们从泰勒定理得到

$$f(\boldsymbol{x}+\alpha\boldsymbol{u})=f(\boldsymbol{x})+\alpha\nabla f(\boldsymbol{x})^{\mathrm{T}}+\frac{1}{2}\alpha^2\boldsymbol{u}^{\mathrm{T}}\nabla^2 f(\boldsymbol{x}+\gamma\alpha\boldsymbol{u})\boldsymbol{u},\quad \gamma\in(0,1)$$

根据强凸性质，我们有

$$f(\boldsymbol{x}+\alpha\boldsymbol{u})\geqslant f(\boldsymbol{x})+\alpha\nabla f(\boldsymbol{x})^{\mathrm{T}}\boldsymbol{u}+\frac{m}{2}\alpha^2\|\boldsymbol{u}\|^2$$

通过比较这两个表达式，消除项，并除以 α^2，我们得到

$$\boldsymbol{u}^{\mathrm{T}}\nabla^2 f\left(\boldsymbol{x}+\gamma\alpha\boldsymbol{u}\right)\boldsymbol{u}\geqslant m\|\boldsymbol{u}\|^2$$

通过取 $\alpha\downarrow 0$，我们得到 $\boldsymbol{u}^{\mathrm{T}}\nabla^2 f(\boldsymbol{x})\boldsymbol{u}\geqslant m\|\boldsymbol{u}\|^2$，从而证明 $\nabla^2 f(\boldsymbol{x})\succeq m\boldsymbol{I}$．相反，假设对于所有的 $\boldsymbol{x}$，都有 $\nabla^2 f(\boldsymbol{x})\succeq m\boldsymbol{I}$．使用与之前相同的泰勒定理的形式，我们可以得到

$$\begin{aligned}f(\boldsymbol{z})=&f(\boldsymbol{x})+\nabla f(\boldsymbol{x})^{\mathrm{T}}(\boldsymbol{z}-\boldsymbol{x})+\\&\frac{1}{2}(\boldsymbol{z}-\boldsymbol{x})^{\mathrm{T}}\nabla^2 f\left(\boldsymbol{x}+\gamma(\boldsymbol{z}-\boldsymbol{x})\right)(\boldsymbol{z}-\boldsymbol{x}),\quad \gamma\in(0,1)\end{aligned}$$

当我们将最后一项限制为如下形式时，我们得到强凸性表达式：

$$(\boldsymbol{z}-\boldsymbol{x})^{\mathrm{T}}\nabla^2 f\left(\boldsymbol{x}+\gamma(\boldsymbol{z}-\boldsymbol{x})\right)(\boldsymbol{z}-\boldsymbol{x})\geqslant m\|\boldsymbol{z}-\boldsymbol{x}\|^2$$

■

以下推论是引理 2.3 的直接结果 .

推论 2.10　假设引理 2.3 的条件成立，并且 f 是凸的 . 那么当且仅当 f 是 L 平滑时，$0 \preceq \nabla^2 f(\boldsymbol{x}) \preceq L\boldsymbol{I}$.

注明　我们用 $\|\cdot\|$ 表示 $\mathbf{R}^n$ 中向量的欧几里得范数 $\|\cdot\|_2$. 其他范数，例如 $\|\cdot\|_1$ 和 $\|\cdot\|_\infty$，将被另外明确标注 .

注释和参考

Rockafellar（1970）是一本关于凸分析基础和应用的重要著作，至今仍然非常有价值，有许多基础结果 . Boyd 和 Vandenberghe（2003）包含了大量关于凸优化的信息，尤其是关于凸优化的公式和应用 .

习题

1. 证明：一个凸函数 f 的有效域（即指点 $\boldsymbol{x} \in \mathbf{R}^N$，使得 $f(\boldsymbol{x}) < \infty$）是一个凸集 .
2. 证明：对于任意凸函数 f，$\operatorname{epi} f$ 是一个在 $\mathbf{R}^n \times \mathbf{R}$ 上的凸子集 .
3. 假设 $f: \mathbf{R}^n \to \mathbf{R}$ 是凸凹的 . 证明：f 必须是仿射函数 .
4. 假设 $f: \mathbf{R}^n \to \mathbf{R}$ 是凸的并有上界 . 证明：f 必须是一个常数函数 .
5. 假设 $f: \mathbf{R}^n \to \mathbf{R}$ 是强凸的且是利普希茨的 . 证明：这样的 f 不存在 .
6. 严格说明当 f 连续可微时，式（2.19）是如何从式（2.18）推导出来的 .
7. 假设 $f: \mathbf{R}^n \to \mathbf{R}$ 是一个具有 L 利普希茨梯度的凸函数，最小值点 $\boldsymbol{x}^*$ 的函数值为 $f^* = f(\boldsymbol{x}^*)$.

（a）通过关于 $\boldsymbol{y}$ 最小化式（2.9）的两边，证明：对于任意 $\boldsymbol{x} \in \mathbf{R}^n$，我们有

$$f(\boldsymbol{x}) - f^* \geqslant \frac{1}{2L} \|\nabla f(\boldsymbol{x})\|^2$$

（b）证明以下共轭性：对于任意 $\boldsymbol{x}, \boldsymbol{y} \in \mathbf{R}^n$，我们有

$$[\nabla f(\boldsymbol{x}) - \nabla f(\boldsymbol{y})]^{\mathrm{T}} (\boldsymbol{x} - \boldsymbol{y}) \geqslant \frac{1}{L} \|\nabla f(\boldsymbol{x}) - \nabla f(\boldsymbol{y})\|^2$$

提示：将（a）部分应用于

$$h_{\boldsymbol{x}}(\boldsymbol{z}) := f(\boldsymbol{z}) - \nabla f(\boldsymbol{x})^{\mathrm{T}} \boldsymbol{z}, \quad h_{\boldsymbol{y}}(\boldsymbol{z}) := f(\boldsymbol{z}) - \nabla f(\boldsymbol{y})^{\mathrm{T}} \boldsymbol{z}$$

8. 假设f：$\mathbf{R}^n \to \mathbf{R}$是一个 m 强凸函数，具有 L 利普希茨梯度，并且（唯一的）最小值点 $\boldsymbol{x}^*$ 的函数值为$f^* = f(\boldsymbol{x}^*)$.

（a）证明：函数$q(\boldsymbol{x}) := f(\boldsymbol{x}) - \frac{m}{2}\|\boldsymbol{x}\|^2$是凸的，且有 $L-m$ 利普希茨连续梯度 .

（b）通过将前一个问题的共轭性应用于函数 q 上，证明下列不等式成立：

$$\begin{aligned}&[\nabla f(\boldsymbol{x}) - \nabla f(\boldsymbol{y})]^{\mathrm{T}} (\boldsymbol{x} - \boldsymbol{y}) \\ &\geqslant \frac{mL}{m+L}\|\boldsymbol{x} - \boldsymbol{y}\|^2 + \frac{1}{m+L}\|\nabla f(\boldsymbol{x}) - \nabla f(\boldsymbol{y})\|^2\end{aligned} \tag{2.21}$$

第 3 章

下降法

在每次迭代中，使用梯度信息来获得目标函数下降的方法，构成了本书所有研究内容的基础．我们将介绍几种相关基础方法，并分析它们的收敛性和复杂度．读者既可以将本章视为对基于目标梯度的基本方法的介绍，也可以将其作为用于理解优化算法的基本分析工具的导读．

在本章中，我们考虑以下平滑凸函数的无约束最小化：

$$\min_{\boldsymbol{x}\in\mathbf{R}^n} f(\boldsymbol{x}) \tag{3.1}$$

本章所讲的算法原则上适用于 f 及其梯度 ∇f 能在任意点 $\boldsymbol{x}$ 准确取值的情况．考虑到这种情形可能不适用于很多数据分析问题，所以我们将专注于那些可以扩展到更一般优化情形的基本算法．这些一般情形包括：

- 目标函数包含一个平滑凸项和一个非凸的正则化项．
- 在简单约束集上最小化平滑函数，例如，$\boldsymbol{x}$ 在一些分量 $\boldsymbol{x}_i$ 上有界．
- 函数 f 或 ∇f 无法在不完全扫描整个数据集的情况下准确取值，但可以轻松获取 ∇f 的无偏估计．
- 获得 ∇f 的单个分量或是子向量的取值的成本远低于获得完整梯度向量取值的情况．
- 目标函数 f 平滑但非凸．

我们将在后续章节中讨论把本章中的基本方法扩展到这些更一般的情形．

3.1 下降方向

本书所关注的大多数算法都会生成一个迭代序列 $\{\boldsymbol{x}^k\}$，其函数值在每次迭代中都会减小．也就是说，对于每个 $k=0,1,2,\cdots$，都有 $f(\boldsymbol{x}^{k+1})<f(\boldsymbol{x}^k)$．线搜索算法会对每个 $\boldsymbol{x}$

找到一个方向 $\boldsymbol{d}$，使得 f 随着我们向方向 $\boldsymbol{d}$ 移动而减小．这个描述可以用如下数学语言定义：

定义 3.1　当 $t>0$ 且足够小时，如果 $f(\boldsymbol{x}+t\boldsymbol{d})<f(\boldsymbol{x})$，则 $\boldsymbol{d}$ 是函数 f 在 $\boldsymbol{x}$ 处的下降方向向量．

以下命题给出了下降方向的一个简单且充分的特征．

命题 3.2　若 f 在 $\boldsymbol{x}$ 的一个邻域里连续可微，那么任意使得 $\boldsymbol{d}^{\mathrm{T}}\nabla f(\boldsymbol{x})<0$ 的 $\boldsymbol{d}$ 都是 f 在 $\boldsymbol{x}$ 处的下降方向．

证明　我们使用泰勒定理，即定理 2.1. 由于 ∇f 的连续性，我们可以找到 $\bar{t}>0$，使得 $\nabla f(\boldsymbol{x}+t\boldsymbol{d})^{\mathrm{T}}\boldsymbol{d}<0$ 对于所有 $t\in[0,\bar{t}]$ 成立．因此，由式（2.3），我们可以得出：对于任意 $t\in(0,\bar{t}]$，有

$$f(\boldsymbol{x}+t\boldsymbol{d})=f(\boldsymbol{x})+t\nabla f(\boldsymbol{x}+\gamma t\boldsymbol{d})^{\mathrm{T}}\boldsymbol{d},\ \gamma\in(0,1)$$

由此可以得出 $f(\boldsymbol{x}+t\boldsymbol{d})<f(\boldsymbol{x})$．■

注意，在所有范数为 1 的方向向量 $\boldsymbol{d}$ 中，使得 $\boldsymbol{d}^{\mathrm{T}}\nabla f(\boldsymbol{x})$ 最小的是 $\boldsymbol{d}=-\nabla f(\boldsymbol{x})/\|\nabla f(\boldsymbol{x})\|$．因此，我们称 $-\nabla f(\boldsymbol{x})$ 为最速下降方向．也许优化平滑函数最简单的方法就是利用这个最速下降方向，我们定义它的迭代如下：

$$\boldsymbol{x}^{k+1}=\boldsymbol{x}^{k}-\alpha_k\nabla f(\boldsymbol{x}^{k}),\ k=0,1,2,\cdots \tag{3.2}$$

其中，步长 $\alpha_k>0$．在每次迭代中，我们都确保存在某个非负步长 α，使得函数值减小，除非 $\nabla f(\boldsymbol{x}^{k})=0$．但请注意，当 $\nabla f(\boldsymbol{x})=0$（即 $\boldsymbol{x}$ 是驻点）时，我们已经找到了一个满足局部最优解一阶必要条件的点．如果 f 也是凸函数，那么这个点将成为 f 的全局最小值点．由式（3.2）定义的算法称为梯度下降法或最速下降法，我们在本章中采用后一个术语．在下一节中，我们将讨论步长 α_k 的选择并分析需要多少次迭代才能找到梯度近乎消失的点．

3.2　最速下降法

我们首先关注为最速下降法［见式（3.2）］选择步长 α_k 的问题．一方面，如果 α_k 太大，我们会面临在这一步上增加函数值的风险．另一方面，如果 α_k 太小，我们就有进展太慢的风险，这样就需要太多次迭代才能找到一个解．

最简单的步长方法是最速下降法的短步变体，这可以在f是L平滑［见式（2.7）］时实现，参数L是一个已知值．通过将α_k设定为一个固定的常数α，式（3.2）变为

$$\boldsymbol{x}^{k+1} = \boldsymbol{x}^k - \alpha \nabla f(\boldsymbol{x}^k),\ k = 0,1,2,\cdots \tag{3.3}$$

为了估计该方法在每次迭代中获得的f的减少量，我们使用引理 2.2，这也是泰勒定理（定理 2.1）的结果，我们有

$$f(\boldsymbol{x}+\alpha \boldsymbol{d}) \leqslant f(\boldsymbol{x}) + \alpha \nabla f(\boldsymbol{x})^{\mathrm{T}} \boldsymbol{d} + \alpha^2 \frac{L}{2} \| \boldsymbol{d} \|^2 \tag{3.4}$$

对于$\boldsymbol{d} = -\nabla f(\boldsymbol{x})$，使得右侧表达式最小的$\alpha$的值是$\alpha = 1/L$．将该值代入式（3.4），并令$\boldsymbol{x} = \boldsymbol{x}^k$，我们得到

$$f(\boldsymbol{x}^{k+1}) = f\left(\boldsymbol{x}^k - (1/L) \nabla f(\boldsymbol{x}^k)\right) \leqslant f(\boldsymbol{x}^k) - \frac{1}{2L} \| \nabla f(\boldsymbol{x}^k) \|^2 \tag{3.5}$$

这个表达式是一个分析优化方法的基础不等式．它将我们可以从函数f获得的减少量量化为两个关键量：在当前迭代中梯度$\nabla f(\boldsymbol{x}^k)$的范数，以及梯度的利普希茨常数$L$. 根据关于函数$f$的其他假设，我们可以基于这个基础不等式推导出各种不同的收敛速率，正如我们现在所展示的．

3.2.1　一般情况

仅根据式（3.5），如果我们假设函数f有一个全局下界，那么我们已经得到了一些关于最速下降法收敛速率的结论．也就是说，我们假设有一个值$\bar{f}$满足

$$f(\boldsymbol{x}) \geqslant \bar{f}，\text{对于所有的}\boldsymbol{x} \tag{3.6}$$

在函数f有一个全局最小值点$\boldsymbol{x}^*$的情况下，$\bar{f}$可以是任何使得$\bar{f} \leqslant f(\boldsymbol{x}^*)$的值．通过对式（3.5）在$k = 0,1,\cdots,T-1$上求和，并消项，我们发现：

$$f(\boldsymbol{x}^T) \leqslant f(\boldsymbol{x}^0) - \frac{1}{2L} \sum_{k=0}^{T-1} \| \nabla f(\boldsymbol{x}^k) \|^2$$

由于$\bar{f} \leqslant f(\boldsymbol{x}^T)$，我们有

$$\sum_{k=0}^{T-1} \| \nabla f(\boldsymbol{x}^k) \|^2 \leqslant 2L\left[f(\boldsymbol{x}^0) - \bar{f} \right]$$

这意味着$\lim\limits_{T\to\infty}\|\nabla f(\boldsymbol{x}^T)\|=0$．此外，我们有

$$\min_{0\leqslant k\leqslant T-1}\|\nabla f(\boldsymbol{x}^k)\|^2\leqslant\frac{1}{T}\sum_{k=0}^{T-1}\|\nabla f(\boldsymbol{x}^k)\|^2\leqslant\frac{2L\left[f(\boldsymbol{x}^0)-\bar{f}\right]}{T}$$

因此，我们已经证明，经过 T 步最速下降后，我们可以找到一个点满足

$$\min_{0\leqslant k\leqslant T-1}\|\nabla f(\boldsymbol{x}^k)\|\leqslant\sqrt{\frac{2L\left[f(\boldsymbol{x}^0)-\bar{f}\right]}{T}} \tag{3.7}$$

注意，这个收敛速率很慢，它只是告诉我们会找到一个近似驻点$\boldsymbol{x}^k$．我们需要假设 f 的更强的属性，以此来保证更快的收敛和全局最优性．

3.2.2　凸函数情况

当 f 也是凸函数时，对于最速下降法，我们有以下更强的结论．

定理 3.3　假设 f 是凸函数且是 L 平滑的，同时假设式（3.1）有一个解$\boldsymbol{x}^*$．定义$f^*:=f(\boldsymbol{x}^*)$．那么，步长为$\alpha_k\equiv 1/L$的最速下降法所生成的序列$\{\boldsymbol{x}^k\}_{k=0}^{\infty}$满足

$$f(\boldsymbol{x}^T)-f^*\leqslant\frac{L}{2T}\|\boldsymbol{x}^0-\boldsymbol{x}^*\|^2,\ T=1,2,\cdots \tag{3.8}$$

证明　根据 f 的凸函数性质，我们有$f(\boldsymbol{x}^*)\geqslant f(\boldsymbol{x}^k)+\nabla f(\boldsymbol{x}^k)^{\mathrm{T}}(\boldsymbol{x}^*-\boldsymbol{x}^k)$，所以将其代入式（3.5），对于$k=0,1,2,\cdots$，我们有

$$\begin{aligned}f(\boldsymbol{x}^{k+1})&\leqslant f(\boldsymbol{x}^*)+\nabla f(\boldsymbol{x}^k)^{\mathrm{T}}\left(\boldsymbol{x}^k-\boldsymbol{x}^*\right)-\frac{1}{2L}\|\nabla f(\boldsymbol{x}^k)\|^2\\&=f(\boldsymbol{x}^*)+\frac{L}{2}\left(\|\boldsymbol{x}^k-\boldsymbol{x}^*\|^2-\|\boldsymbol{x}^k-\boldsymbol{x}^*-\frac{1}{L}\nabla f(\boldsymbol{x}^k)\|^2\right)\\&=f(\boldsymbol{x}^*)+\frac{L}{2}\left(\|\boldsymbol{x}^k-\boldsymbol{x}^*\|^2-\|\boldsymbol{x}^{k+1}-\boldsymbol{x}^*\|^2\right)\end{aligned}$$

通过对$k-0,1,2,\cdots,T-1$求和可得

$$\begin{aligned}\sum_{k=0}^{T-1}\left(f\left(\boldsymbol{x}^{k+1}\right)-f^*\right)&\leqslant\frac{L}{2}\sum_{k=0}^{T-1}\left(\|\boldsymbol{x}^k-\boldsymbol{x}^*\|^2-\|\boldsymbol{x}^{k+1}-\boldsymbol{x}^*\|^2\right)\\&=\frac{L}{2}\left(\|\boldsymbol{x}^0-\boldsymbol{x}^*\|^2-\|\boldsymbol{x}^T-\boldsymbol{x}^*\|^2\right)\\&\leqslant\frac{L}{2}\|\boldsymbol{x}^0-\boldsymbol{x}^*\|^2\end{aligned}$$

因为$\{f(\boldsymbol{x}^k)\}$是一个单调不增序列，所以有

$$f(\boldsymbol{x}^T)-f^* \leqslant \frac{1}{T}\sum_{k=0}^{T-1}\left(f\left(\boldsymbol{x}^{k+1}\right)-f^*\right) \leqslant \frac{L}{2T}\|\boldsymbol{x}^0-\boldsymbol{x}^*\|^2 \qquad \blacksquare$$

3.2.3 强凸函数情况

回顾式（2.19），如果存在一个标量$m>0$，使得

$$f(\boldsymbol{z}) \geqslant f(\boldsymbol{x})+\nabla f(\boldsymbol{x})^{\mathrm{T}}(\boldsymbol{z}-\boldsymbol{x})+\frac{m}{2}\|\boldsymbol{z}-\boldsymbol{x}\|^2 \tag{3.9}$$

那么平滑函数$f:\mathbf{R}^n \to \mathbf{R}$是具有模数 m 的强凸函数．强凸性表明f有二次函数下界，这些函数只在线性项中发生变化．它还告诉我们，函数的曲率远离零点．注意，如果f是强凸的且是L平滑的，那么f的上下边界都是简单的二次函数［见式（2.9）和式（2.19）］．这种“夹心”效应能帮助我们证明最速下降法的线性收敛性．

最简单的强凸函数是平方欧几里得范数$\|\boldsymbol{x}\|^2$．任何凸函数都可以通过添加一个小正数倍的平方欧几里得范数来形成强凸函数．事实上，如果f是任意L平滑函数，那么

$$f_\mu(\boldsymbol{x})=f(\boldsymbol{x})+\mu\|\boldsymbol{x}\|^2$$

对于μ足够大的情况，函数f_μ是强凸的．（练习：请证明这一点！）

另一个典型的例子，请注意二次函数$f(\boldsymbol{x})=\frac{1}{2}\boldsymbol{x}^{\mathrm{T}}\boldsymbol{Q}\boldsymbol{x}$是强凸的，当且仅当$\boldsymbol{Q}$最小的特征值是严格大于 0 的．由定理 2.8 可知，强凸函数f有唯一的最小值点，我们用$\boldsymbol{x}^*$来表示．

强凸函数本质上来说是可以使用一阶方法进行优化的简单函数．首先，梯度的范数提供了有关我们距离最优解有多远的有用信息．假设我们对式（3.9）两边的函数关于$\boldsymbol{z}$进行最小化．左侧的最小值点显然是$\boldsymbol{z}=\boldsymbol{x}^*$，而对于不等式右侧，最小值点在$\boldsymbol{z}=\boldsymbol{x}-\nabla f(\boldsymbol{x})/m$处取得．通过将这些代入式（3.9），我们得到

$$\begin{aligned} f(\boldsymbol{x}^*) &\geqslant f(\boldsymbol{x})-\nabla f(\boldsymbol{x})^{\mathrm{T}}\left(\frac{1}{m}\nabla f(\boldsymbol{x})\right)+\frac{m}{2}\left\|\frac{1}{m}\nabla f(\boldsymbol{x})\right\|^2 \\ &= f(\boldsymbol{x})-\frac{1}{2m}\|\nabla f(\boldsymbol{x})\|^2 \end{aligned}$$

通过整理可得

$$\|\nabla f(\boldsymbol{x})\|^2 \geqslant 2m\left[f(\boldsymbol{x})-f(\boldsymbol{x}^*)\right] \tag{3.10}$$

如果$\|\nabla f(\boldsymbol{x})\|<\delta$，我们有

$$f(\boldsymbol{x})-f(\boldsymbol{x}^*) \leqslant \frac{\|\nabla f(\boldsymbol{x})\|^2}{2m} \leqslant \frac{\delta^2}{2m}$$

因此，对于强凸函数，当梯度很小时，我们就很容易找到一个函数的最小值点 .

我们可以利用式（3.9）以及柯西 – 施瓦茨（Cauchy-Schwarz）不等式推导出一个对于 $\boldsymbol{x}$ 距离最优解$\boldsymbol{x}^*$的估计 . 我们有

$$\begin{aligned} f(\boldsymbol{x}^*) &\geqslant f(\boldsymbol{x})+\nabla f(\boldsymbol{x})^{\mathrm{T}}(\boldsymbol{x}^*-\boldsymbol{x})+\frac{m}{2}\|\boldsymbol{x}-\boldsymbol{x}^*\|^2 \\ &\geqslant f(\boldsymbol{x})-\|\nabla f(\boldsymbol{x})\|\,\|\boldsymbol{x}^*-\boldsymbol{x}\|+\frac{m}{2}\|\boldsymbol{x}-\boldsymbol{x}^*\|^2 \end{aligned}$$

通过移项整理，我们可得

$$\|\boldsymbol{x}-\boldsymbol{x}^*\| \leqslant \frac{2}{m}\|\nabla f(\boldsymbol{x})\| \tag{3.11}$$

我们在下述引理中总结了这个结论 .

引理 3.4　令 f 是一个模数为 m 的连续可微强凸函数，那么我们有

$$f(\boldsymbol{x})-f(\boldsymbol{x}^*) \leqslant \frac{\|\nabla f(\boldsymbol{x})\|^2}{2m} \tag{3.12}$$

$$\|\boldsymbol{x}-\boldsymbol{x}^*\| \leqslant \frac{2}{m}\|\nabla f(\boldsymbol{x})\| \tag{3.13}$$

我们现在可以分析最速下降法在强凸函数上的收敛性 . 通过将式（3.12）代入式（3.5），我们可得

$$\begin{aligned} f(\boldsymbol{x}^{k+1}) = f\left(\boldsymbol{x}^k-\frac{1}{L}\nabla f(\boldsymbol{x}^k)\right) &\leqslant f(\boldsymbol{x}^k)-\frac{1}{2L}\|\nabla f(\boldsymbol{x}^k)\|^2 \\ &\leqslant f(\boldsymbol{x}^k)-\frac{m}{L}\left(f(\boldsymbol{x}^k)-f^*\right) \end{aligned}$$

其中，正如前面定义的：$f^* := f(\boldsymbol{x}^*)$. 在不等式两边同时减去f^*就得到了如下递归结果：

$$f(\boldsymbol{x}^{k+1})-f^* \leqslant \left(1-\frac{m}{L}\right)\left(f(\boldsymbol{x}^k)-f^*\right) \tag{3.14}$$

由此可得，函数值序列线性收敛到最优值 . 经过 T 步后，我们有

$$f(\boldsymbol{x}^T)-f^* \leqslant \left(1-\frac{m}{L}\right)^T \left(f(\boldsymbol{x}^0)-f^*\right) \tag{3.15}$$

3.2.4 收敛速率的比较

使用附录 A.2 中的技巧可以直接将收敛表达式转化为复杂度形式．通过式（3.7），我们知道可以找到一个迭代 k，使得对于某个$k \leqslant T$，有$\|\nabla f(\boldsymbol{x}^k)\| \leqslant \epsilon$，其中

$$T \geqslant \frac{2L\left(f(\boldsymbol{x}^0)-f^*\right)}{\epsilon^2}$$

对于一般凸函数的情况，通过式（3.8），若

$$k \geqslant \frac{L\|\boldsymbol{x}^0-\boldsymbol{x}^*\|^2}{2\epsilon} \tag{3.16}$$

则我们可得$f(\boldsymbol{x}^k)-f^* \leqslant \epsilon$. 对于强凸函数的情况，由式（3.15）可知，$f(\boldsymbol{x}^k)-f^* \leqslant \epsilon$，其中所有的 k，满足

$$k \geqslant \frac{L}{m}\log\left(\left(f(\boldsymbol{x}^0)-f^*\right)/\epsilon\right) \tag{3.17}$$

注意，在这三种情况下，都可以通过以下不等式得到的界是关于初始点到最优点的距离$\|\boldsymbol{x}^0-\boldsymbol{x}^*\|$，而不是关于初始值到最优值的差距$f(\boldsymbol{x}^0)-f^*$：

$$f(\boldsymbol{x}^0)-f^* \leqslant \frac{L}{2}\|\boldsymbol{x}^0-\boldsymbol{x}^*\|^2$$

式（3.17）中的线性速率只取决于ϵ的对数，而式（3.16）中的次线性速率取决于$1/\epsilon$或$1/\epsilon^2$．当ϵ很小（例如，$\epsilon=10^{-6}$）时，线性速率会显得非常快，并且事实上，通常情况都是这样．唯一的例外就是当 m 非常小，使得 m/L 和ϵ在同一数量级时．在这种极端情况下，式（3.17）中的线性速率和式（3.16）中的次线性速率之间的区别就不大了．

所有这些限制都取决于对于 L 的了解．当我们不知道 L 时，会发生什么情况？即使我们知道 L，那步长$\alpha_k \equiv 1/L$在实践中是否足够好？我们有理由来怀疑这一点，因为它所依据的不等式［见式（3.5）］是基于保守的全局曲率上界 L 的．根据当前迭代$\boldsymbol{x}^k$的邻域内的曲率，可以得到一个更紧的上界．在本章的其余部分中，我们将扩展视野，涵盖更一般的搜索方向和步长选取．

3.3　下降法：收敛性

在 3.2 节中，我们讨论了短步最速下降法，该方法沿着负梯度方向移动，步长为 $1/L$，它由梯度的全局利普希茨常数决定．在本章中，我们将证明更一般的下降法的收敛结果．

假设每一步有以下形式：

$$\boldsymbol{x}^{k+1} = \boldsymbol{x}^k + \alpha_k \boldsymbol{d}^k, \quad k = 0,1,2,\cdots \tag{3.18}$$

其中，$\boldsymbol{d}^k$是一个下降方向，α_k是一个正的步长．我们要用什么来保证函数以特定速率收敛到一个驻点？我们要用什么来确保迭代结果本身的收敛性？

在前面章节中，我们对固定步长最速下降算法的分析是基于式（3.5）的，该不等式表明在第 k 步迭代时，f 的减少量至少为$\|\nabla f(\boldsymbol{x}^k)\|^2$的倍数．在接下来的讨论中，我们将表明，除了不同的常数以外，只要$\boldsymbol{d}^k$和α_k满足某些直观的属性，我们就可以使用许多形如式（3.18）的线搜索法来获得相同的函数值减少的估计．具体来说，我们将证明下列不等式成立：

$$f(\boldsymbol{x}^{k+1}) \leqslant f(\boldsymbol{x}^k) - C\|\nabla f(\boldsymbol{x}^k)\|^2, \quad C > 0 \tag{3.19}$$

在 3.2 节中，余下的分析用到了与算法无关的函数 f 自身的属性，包括平滑性、凸性和强凸性．对于一般的下降法，我们可以提供基于式（3.19）的类似分析．

对于一个确保式（3.19）成立的方法所生成的迭代序列$\{\boldsymbol{x}^k\}$，以下基础定理显示出了一个基本性质．

定理 3.5　*假设函数 f 有下界，且梯度是利普希茨连续的．那么由某种满足式（3.19）的方法所产生的序列 $\{\boldsymbol{x}^k\}$ 的聚点$\bar{\boldsymbol{x}}$是驻点．也就是说，$\nabla f(\bar{\boldsymbol{x}}) = 0$．此外，如果 f 是凸函数，每个这样的$\bar{\boldsymbol{x}}$就是式（3.1）的解．*

证明　首先由式（3.19）可知，

$$\|\nabla f(\boldsymbol{x}^k)\|^2 \leqslant \left[f(\boldsymbol{x}^k) - f(\boldsymbol{x}^{k+1})\right]/C, \ k = 0,1,2,\cdots$$

由于$\left\{f(\boldsymbol{x}^k)\right\}$是一个递减序列且有下界，因此$\lim_{k\to\infty} f(\boldsymbol{x}^k) - f(\boldsymbol{x}^{k+1}) = 0$．如果$\bar{\boldsymbol{x}}$是聚点，那么存在一个序列 S，满足 $\lim_{k\in S, k\to\infty} \boldsymbol{x}^k = \bar{\boldsymbol{x}}$．根据$\nabla f$的连续性，可以得到$\nabla f(\bar{\boldsymbol{x}}) = \lim_{k\in S, k\to\infty} \nabla f(\boldsymbol{x}^k) = 0$．如果 f 是凸函数，那么每个这样的$\bar{\boldsymbol{x}}$都满足成为式（3.1）的解的一阶充分条件．■

序列$\{\boldsymbol{x}^k\}$也可能是无界的且没有聚点．例如，一些应用到标量函数$f(x)=\mathrm{e}^{-x}$的下降法将产生发散到∞的迭代结果．这个函数是凸的且有下界，但是它无法达到最小值．

我们能用与3.2节中几乎相同的方法来证明满足式（3.19）的算法［见式（3.18）］的其他关于收敛速率的结果．例如，对于f有某个数值下界$\bar{f}$的情况，我们可以用3.2.1节中的方法来证明

$$\min_{0\leqslant k\leqslant T-1}\|\nabla f(\boldsymbol{x}^k)\|\leqslant\sqrt{\frac{f(\boldsymbol{x}^0)-\bar{f}}{CT}}$$

对于f是有模数m的强凸函数（以及唯一解$\boldsymbol{x}^*$）的情况，我们可以用式（3.12）和式（3.19）推导出

$$\begin{aligned}f(\boldsymbol{x}^{k+1})-f(\boldsymbol{x}^*)&\leqslant f(\boldsymbol{x}^k)-f(\boldsymbol{x}^*)-C\|\nabla f(\boldsymbol{x}^k)\|^2\\&\leqslant(1-2mC)\left[f(\boldsymbol{x}^k)-f(\boldsymbol{x}^*)\right]\end{aligned}$$

这表明了其线性收敛速率为$(1-2mC)$．

3.2.2节中关于非强凸的凸函数情况下收敛速率的论证不能推广到式（3.19）这样的设置中，但是在一个额外的假设下，我们可以通过另外的方法得到类似的结果．具体如下所述．

定理3.6　假设f是平滑凸函数，其∇f有利普希茨常数L，且式（3.1）有一个解$\boldsymbol{x}^*$．此外，假设由$\boldsymbol{x}^0$所定义的水平集是有界的，即$R_0<\infty$，其中

$$R_0:=\max\left\{\|\boldsymbol{x}-\boldsymbol{x}^*\|\mid f(\boldsymbol{x})\leqslant f(\boldsymbol{x}^0)\right\}$$

那么满足式（3.19）的下降法会产生一个序列$\{\boldsymbol{x}^k\}_{k=0}^{\infty}$，该序列满足

$$f(\boldsymbol{x}^T)-f^*\leqslant\frac{R_0^2}{CT},\quad T=1,2,\cdots\tag{3.20}$$

证明　定义$\Delta_k:=f(\boldsymbol{x}^k)-f(\boldsymbol{x}^*)$，我们有

$$\Delta_k=f(\boldsymbol{x}^k)-f(\boldsymbol{x}^*)\leqslant\nabla f(\boldsymbol{x}^k)^{\mathrm{T}}(\boldsymbol{x}^k-\boldsymbol{x}^*)\leqslant R_0\|\nabla f(\boldsymbol{x}^k)\|$$

将此不等式代入式（3.19），我们得到

$$f(\boldsymbol{x}^{k+1})\leqslant f(\boldsymbol{x}^k)-\frac{C}{R_0^2}\Delta_k^2$$

在两边同时减去$f(\boldsymbol{x}^*)$，并使用Δ_k，整理得

$$\Delta_{k+1} \leqslant \Delta_k - \frac{C}{R_0^2}\Delta_k^2 = \Delta_k\left(1 - \frac{C}{R_0^2}\Delta_k\right) \tag{3.21}$$

两边取倒数，我们得到

$$\frac{1}{\Delta_{k+1}} \geqslant \frac{1}{\Delta_k}\frac{1}{1-\frac{C}{R_0^2}\Delta_k}$$

由于$\Delta_{k+1} \geqslant 0$，由式（3.21）可知，$\frac{C}{R_0^2}\Delta_k \in [0,1]$，所以利用$\frac{1}{1-\epsilon} \geqslant 1+\epsilon$对于所有$\epsilon \in [0,1]$成立，我们得到

$$\frac{1}{\Delta_{k+1}} \geqslant \frac{1}{\Delta_k}\left(1 + \frac{C}{R_0^2}\Delta_k\right) = \frac{1}{\Delta_k} + \frac{C}{R_0^2}$$

通过递归地使用这个不等式，我们得到对于任意$T \geqslant 1$，有

$$\frac{1}{\Delta_T} \geqslant \frac{1}{\Delta_0} + \frac{TC}{R_0^2} \geqslant \frac{TC}{R_0^2}$$

我们通过对不等式两边取倒数并代入$\Delta_T = f(\boldsymbol{x}^T) - f(\boldsymbol{x}^*)$来得到所需要的证明． ■

3.4　线搜索法：方向选择

在本节中，我们将分析线搜索（也称为行搜索）下降方向的一般方法，它采用形如式（3.18）的步骤，其中，$\alpha_k > 0$且$\boldsymbol{d}^k$是一个满足以下性质的搜索方向：对于正常数$\bar{\epsilon}$，γ_1，γ_2，

$$0 < \bar{\epsilon} \leqslant \frac{-(\boldsymbol{d}^k)^{\mathrm{T}}\nabla f(\boldsymbol{x}^k)}{\|\nabla f(\boldsymbol{x}^k)\|\|\boldsymbol{d}^k\|} \tag{3.22a}$$

$$0 < \gamma_1 \leqslant \frac{\|\boldsymbol{d}^k\|}{\|\nabla f(\boldsymbol{x}^k)\|} \leqslant \gamma_2 \tag{3.22b}$$

式（3.22a）说明$-\nabla f(\boldsymbol{x}^k)$和$\boldsymbol{d}^k$之间的夹角是锐角，并且对于所有的$k$，该夹角严格小于$\pi/2$．而式（3.22b）确保$\boldsymbol{d}^k$和$-\nabla f(\boldsymbol{x}^k)$之间没有太大的长度差异．如果$\boldsymbol{x}^k$是一个驻点，则$\nabla f(\boldsymbol{x}^k) = 0$，因此，我们的算法设$\boldsymbol{d}^k = \boldsymbol{0}$并且终止．

对于负梯度（最速下降）搜索方向，我们有$\boldsymbol{d}^k = -\nabla f(\boldsymbol{x}^k)$，式（3.22）显然成立，其中，$\bar{\epsilon} = \gamma_1 = \gamma_2 = 1$.

当我们在当前迭代$\boldsymbol{x}^k$，沿着$\boldsymbol{d}^k$方向前进时，我们可以使用泰勒定理来确定函数f变化的界．通过在式（3.4）中令$\boldsymbol{x} = \boldsymbol{x}^k$，$\boldsymbol{d} = \boldsymbol{d}^k$，可得

$$\begin{aligned} f(\boldsymbol{x}^{k+1}) &= f(\boldsymbol{x}^k + \alpha \boldsymbol{d}^k) \\ &\leqslant f(\boldsymbol{x}^k) + \alpha \nabla f(\boldsymbol{x}^k)^{\mathrm{T}} \boldsymbol{d}^k + \alpha^2 \frac{L}{2} \| \boldsymbol{d}^k \|^2 \\ &\leqslant f(\boldsymbol{x}^k) - \alpha \bar{\epsilon} \| \nabla f(\boldsymbol{x}^k) \| \| \boldsymbol{d}^k \| + \alpha^2 \frac{L}{2} \| \boldsymbol{d}^k \|^2 \\ &\leqslant f(\boldsymbol{x}^k) - \alpha \left(\bar{\epsilon} - \alpha \frac{L}{2} \gamma_2 \right) \| \nabla f(\boldsymbol{x}^k) \| \| \boldsymbol{d}^k \| \end{aligned} \tag{3.23}$$

其中，我们在最后两个不等式中用到了式（3.22）．从这个表达式可以清楚地看到，对于所有足够小的α，更准确地说，对于$\alpha \in \left(0, 2\bar{\epsilon} / (L\gamma_2)\right)$，我们有$f(\boldsymbol{x}^{k+1}) < f(\boldsymbol{x}^k)$．当然，$\boldsymbol{x}^k$是驻点时例外．

下面我们将列举除了负梯度方向$-\nabla f(\boldsymbol{x}^k)$以外的几种方向$\boldsymbol{d}^k$的选择．

变换负梯度法

该方法选择$\boldsymbol{d}^k = -\boldsymbol{S}^k \nabla f(\boldsymbol{x}^k)$，其中，$\boldsymbol{S}^k$是一个对称正定矩阵，其特征值在$[\gamma_1, \gamma_2]$范围内，$\gamma_1$和$\gamma_2$都是正数，正如式（3.22）中所示的．根据$\boldsymbol{S}^k$的定义，式（3.22a）和式（3.22b）均成立，且$\bar{\epsilon} = \gamma_1 / \gamma_2$，因为

$$\begin{aligned} -(\boldsymbol{d}^k)^{\mathrm{T}} \nabla f(\boldsymbol{x}^k) &= \nabla f(\boldsymbol{x}^k)^{\mathrm{T}} \boldsymbol{S}^k \nabla f(\boldsymbol{x}^k) \\ &\geqslant \gamma_1 \| \nabla f(\boldsymbol{x}^k) \|^2 \\ &\geqslant (\gamma_1 / \gamma_2) \| \nabla f(\boldsymbol{x}^k) \| \| \boldsymbol{d}^k \| \end{aligned}$$

根据牛顿法，选择$\boldsymbol{S}^k = \nabla^2 f(\boldsymbol{x}^k)^{-1}$，对于所有$\boldsymbol{x}$，只要黑塞矩阵$\nabla^2 f(\boldsymbol{x})$所有的特征值都在$[1/\gamma_2, 1/\gamma_1]$之间，此$\boldsymbol{S}^k$就满足上述条件．

坐标下降的 Gauss-Southwell 变体

该方法选择$\boldsymbol{d}^k = -\left[\nabla f(\boldsymbol{x}^k)\right]_{i_k} \boldsymbol{e}_{i_k}$，其中，$i_k = \arg\max\limits_{i=1,2,\cdots,n} \left| \left[\nabla f(\boldsymbol{x}^k)\right]_i \right|$，$\boldsymbol{e}_{i_k}$是除了在坐标维度 i_k 为 1 其余位置皆为 0 的向量．[我们留给大家在练习中去证明：该$\boldsymbol{d}^k$满足式（3.22）中的条件．] 我们似乎没有一个明显的理由来使用这样的搜索方向，因为既然它是根据全梯度$\nabla f(\boldsymbol{x}^k)$来定义的，为什么不直接使用$\boldsymbol{d}^k = -\nabla f(\boldsymbol{x}^k)$呢？答案是（我们将在第 6 章

中进一步讨论），对于一些重要的函数 f，如果 $\boldsymbol{x}^{k+1}$ 和 $\boldsymbol{x}^k$ 只在一个坐标位置上有差异，那么 $\nabla f(\boldsymbol{x}^{k+1})$ 就能通过有效地更新梯度 $\nabla f(\boldsymbol{x}^k)$ 来获得．这种成本节省使得坐标下降法能够达到与全梯度下降法相同的效果，同时往往比全梯度下降法更快．

随机坐标下降法

一些算法会对 $\boldsymbol{d}^k$ 进行一定的随机选择，这使得式（3.22）在期望而不是确定性意义上成立．在随机坐标下降法中，我们选取 $\boldsymbol{d}^k=-\left[\nabla f(\boldsymbol{x}^k)\right]_{i_k}$，其中，对于每个 k，都从 $\{1,2,\cdots,n\}$ 中均匀随机选取 i_k．关于 i_k 求期望，得到

$$
\begin{aligned}
E_{i_k}\left((-\boldsymbol{d}^k)^{\mathrm{T}}\nabla f(\boldsymbol{x}^k)\right)=\frac{1}{n}\sum_{i=1}^{n}\left[\nabla f(\boldsymbol{x}^k)\right]_i^2&=\frac{1}{n}\|\nabla f(\boldsymbol{x}^k)\|^2\\
&\geqslant\frac{1}{n}\|\nabla f(\boldsymbol{x}^k)\|\|\boldsymbol{d}^k\|
\end{aligned}
$$

其中，最后一个不等式由 $\|\boldsymbol{d}^k\|\leqslant\|\nabla f(\boldsymbol{x}^k)\|$ 可得，因此式（3.22a）在期望意义上成立．由于 $E\left(\|\boldsymbol{d}^k\|^2\right)=\frac{1}{n}\|\nabla f(\boldsymbol{x}^k)\|_2^2$，范数 $\|\boldsymbol{d}^k\|$ 和 $\|\nabla f(\boldsymbol{x}^k)\|$ 在一个比例系数内相近，因此式（3.22b）在期望意义上也成立．我们将在第 6 章中给出对这些方法的严格分析．

随机梯度法

另一类重要的方法是我们将在第 5 章中讨论的随机梯度法．作为精确梯度 $\nabla f(\boldsymbol{x}^k)$ 的替代，这些方法通常可以获得一个向量 $\boldsymbol{g}(\boldsymbol{x}^k,\xi_k)$，其中，$\xi_k$ 是一个随机变量，使得 $E_{\xi_k}\boldsymbol{g}(\boldsymbol{x}^k,\xi_k)=\nabla f(\boldsymbol{x}^k)$．也就是说，$\boldsymbol{g}(\boldsymbol{x}^k,\xi_k)$ 是真实梯度 $\nabla f(\boldsymbol{x}^k)$ 的一个无偏估计（但它通常存在很大噪声）．同样，如果我们令 $\boldsymbol{d}^k=-\boldsymbol{g}(\boldsymbol{x}^k,\xi_k)$，那么式（3.22）在期望意义下成立，尽管为了使 $E\left(\|\boldsymbol{d}^k\|\right)\leqslant\gamma_2\|\nabla f(\boldsymbol{x}^k)\|$ 成立，我们需要对 ξ_k 的函数 $\boldsymbol{g}(\boldsymbol{x}^k,\xi_k)$ 的分布增加一些额外条件．

3.5　线搜索法：步长选择

假设式（3.18）中的搜索方向向量 $\boldsymbol{d}^k$ 满足式（3.22），我们将讨论步长 α_k 的选择．步长选择通常使用精心设计的程序．我们将介绍一些利用式（2.7）中的利普希茨常数 L 的方法，以及其他一些不需要事先知道 L 但仍然能保证像式（3.19）一样在每步中充分减少函数值 f 的方法．

固定步长

正如我们在 3.2 节中看到的，固定步长可以产生有效的收敛结果．固定步长方法的

一个缺点是需要一些先验信息来选择合适的步长．

选择固定步长的第一种方法（这是机器学习中常用的方法，其步长通常被称作“学习率”）是反复实验和试错．基于将梯度（或随机梯度）算法应用于某类问题的丰富经验，我们可能会发现某个特定步长是可靠且有效的．通常情况下，一个合理的启发式方法是选择尽可能大的α，同时确保算法不发散．在某种意义上，这种方法是通过反复试错来估计函数f的梯度的利普希茨常数L. 对此稍微加强的变体也可能存在．例如，α_k可以在许多连续迭代中保持不变，然后周期性地减小．由于这些方法高度依赖于应用和问题，我们就不在这里过多描述了．

第二种方法，是基于对函数f的全局属性，特别是梯度的利普希茨常数L［见式（2.7）］或凸性模m［见式（2.18）］的了解来选择α_k．我们已经在3.2节中研究了它的一种特殊情况．例如，给定表达式［见式（3.23）］，并假设我们有对其所有常数$\bar{\epsilon}$、γ_1、γ_2和L的估计，我们可以选择α，使得最后一项的系数最大．设$\alpha = \bar{\epsilon} / (L\gamma_2)$，通过式（3.23）和式（3.22）可得

$$f(\boldsymbol{x}^{k+1}) \leqslant f(\boldsymbol{x}^k) - \frac{\bar{\epsilon}^2}{2L\gamma_2} \|\nabla f(\boldsymbol{x}^k)\| \|\boldsymbol{d}^k\| \geqslant f(\boldsymbol{x}^k) - \frac{\bar{\epsilon}^2 \gamma_1}{2L\gamma_2} \|\nabla f(\boldsymbol{x}^k)\|^2 \tag{3.24}$$

精确线搜索

第二种步长选择的方法是沿着方向$\boldsymbol{d}^k$进行一维线搜索，以找到在该方向上使得函数值最小的α．其可以表达为

$$\min_{\alpha>0} f(\boldsymbol{x}^k + \alpha \boldsymbol{d}^k) \tag{3.25}$$

这种方法需要对于任意正值α，我们能经济有效地计算$f(\boldsymbol{x}^k + \alpha \boldsymbol{d}^k)$的值［也可能是其关于$\alpha$的导数，也就是$(\boldsymbol{d}^k)^{\mathrm{T}} \nabla f(\boldsymbol{x}^k + \alpha \boldsymbol{d}^k)$］．在许多情况下，这样的线搜索可以以很低的成本进行计算．例如，f是一个多变量多项式，则线搜索相当于最小化一个单变量多项式．这种最小化可以通过沿着搜索方向找到梯度的根，然后检验每个根来找到最小值．在其他情况下，例如，第6章中将讲到的坐标下降法，只要$\boldsymbol{d}^k$是一个坐标方向，就可以对于某个函数f低成本地计算$f(\boldsymbol{x}^k + \alpha \boldsymbol{d}^k)$．精确线搜索法的收敛分析与前述短步法相一致．由于使得$f(\boldsymbol{x}^k + \alpha \boldsymbol{d}^k)$的精确最小解将至少实现与式（3.24）中使用的选择$\alpha = \bar{\epsilon} / (L\gamma_2)$相同程度的函数值减少量，因此该界对精确线搜索同样成立．

近似线搜索

一般来说，精确线搜索是昂贵且不必要的．近似线搜索能实现更好的实践性能．在20世纪70年代和20世纪80年代，人们提出了许多线搜索法，用于寻找近似线搜索

应满足的条件以保证良好的收敛性，并确认出能经济地找到这种近似解的线搜索程序．（我们所说的“经济”是指平均需要对 f 进行 3 次及更少的计算）．近似最小值点 $\alpha = \alpha_k$ 需要满足的一对常见条件称为弱 Wolfe 条件，定义如下：

$$f(\boldsymbol{x}^k + \alpha \boldsymbol{d}^k) \leqslant f(\boldsymbol{x}^k) + c_1 \alpha \nabla f(\boldsymbol{x}^k)^{\mathrm{T}} \boldsymbol{d}^k \tag{3.26a}$$

$$\nabla f(\boldsymbol{x}^k + \alpha \boldsymbol{d}^k)^{\mathrm{T}} \boldsymbol{d}^k \geqslant c_2 \nabla f(\boldsymbol{x}^k)^{\mathrm{T}} \boldsymbol{d}^k \tag{3.26b}$$

其中，c_1和c_2是满足$0 < c_1 < c_2 < 1$的常数．式（3.26a）通常被称为“充分下降条件”，因为它确保 f 的实际减少量至少是其泰勒展开一阶项的c_1倍．式（3.26b）被称为“梯度条件”，它确保α_k不会过小，它保证我们沿$\boldsymbol{d}^k$方向移动足够远，以使 f 沿$\boldsymbol{d}^k$的方向导数比其在$\alpha = 0$处的值的负性显著降低，或者变为零，甚至为正．这些条件如图 3.1 所示．

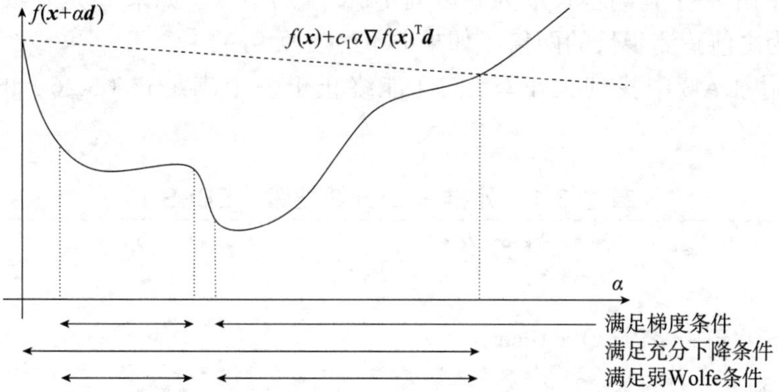

图 3.1　当式（3.26a）和式（3.26b）同时成立时，弱 Wolfe 条件得到满足

可以证明，存在同时满足这两个弱 Wolfe 条件的α_k值．为了证明这些条件意味着 f 的减小与$\|\nabla f(\boldsymbol{x}^k)\|^2$［见式（3.24）］有关，我们进行如下论证：首先，根据式（3.26b）和∇f的利普希茨性质，我们有

$$-(1-c_2)\nabla f(\boldsymbol{x}^k)^{\mathrm{T}} \boldsymbol{d}^k \leqslant \left[\nabla f\left(\boldsymbol{x}^k + \alpha_k \boldsymbol{d}^k\right) - \nabla f(\boldsymbol{x}^k)\right]^{\mathrm{T}} \boldsymbol{d}^k \leqslant L\alpha_k \|\boldsymbol{d}^k\|^2$$

因此，

$$\alpha_k \geqslant -\frac{(1-c_2)}{L} \frac{\nabla f(\boldsymbol{x}^k)^{\mathrm{T}} \boldsymbol{d}^k}{\|\boldsymbol{d}^k\|^2}$$

通过代入式（3.26b），并使用式（3.22a），我们得到

$$
\begin{aligned}
f(\boldsymbol{x}^{k+1}) = f\left(\boldsymbol{x}^k + \alpha_k \boldsymbol{d}^k\right) &\leqslant f(\boldsymbol{x}^k) + c_1 \alpha_k \nabla f(\boldsymbol{x}^k)^{\mathrm{T}} \boldsymbol{d}^k \\
&\leqslant f(\boldsymbol{x}^k) - \frac{c_1(1-c_2)}{L} \frac{\left(\nabla f(\boldsymbol{x}^k)^{\mathrm{T}} \boldsymbol{d}^k\right)^2}{\| \boldsymbol{d}^k \|^2} \\
&\leqslant f(\boldsymbol{x}^k) - \frac{c_1(1-c_2)}{L} \bar{\epsilon}^{-2} \| \nabla f(\boldsymbol{x}^k) \|^2
\end{aligned}
$$

算法 3.1（出自 Burke 和 Engle，2018）描述了一种将外推法与二分法相结合以找到满足式（3.26）的步长α的方法．此方法维持了正实数线的一个子区间［L,U］（最初$L=0,U=\infty$），该区间包含一个满足式（3.26）的点，以及这个点的当前猜测步长$\alpha \in (L,U)$．如果α不满足式（3.26a），那么当前的猜测步长就太长了，因而上界U就被赋值为α，而新的猜测步长为新区间［L,U］的中点．如果充分下降条件成立，但违反了式（3.26b）的梯度条件，则当前的猜测步长太短．在这种情况下，我们将下界上移至α，并将α的下一个猜测步长取为新区间［L,U］的中点（如果U是有限的），或者取新猜测步长为之前猜测步长的两倍（如果U仍然是无穷的）．

可以在附录 A.3 中找到关于算法 3.1 能终止于一个满足式（3.26）的α值的严格证明．

算法 3.1　外推 - 二分线搜索（EBLS）

给定 $0 < c_1 < c_2 < 1$，令 $L \leftarrow 0, U \leftarrow +\infty, \alpha \leftarrow 1$;

repeat

　if $f(\boldsymbol{x}+\alpha\boldsymbol{d}) > f(\boldsymbol{x}) + c_1\alpha\nabla f(\boldsymbol{x})^{\mathrm{T}}\boldsymbol{d}$ **then**

　　令 $U \leftarrow \alpha$ 和 $\alpha \leftarrow (U+L)/2$;

　else if $\nabla f(\boldsymbol{x}+\alpha\boldsymbol{d})^{\mathrm{T}}\boldsymbol{d} < c_2\nabla f(\boldsymbol{x})^{\mathrm{T}}\boldsymbol{d}$ **then**

　　令 $L \leftarrow \alpha$;

　　if $U = +\infty$ **then**

　　　令 $\alpha \leftarrow 2L$;

　　else

　　　令 $\alpha \leftarrow (L+U)/2$;

　　end if

　else

　　停止（成功找到值！）

　end if

until 一直循环

回溯线搜索

另一种确定α_k适当值的流行方法称为“回溯法”. 它被广泛应用于对函数f的计算，是经济实用的，但对其梯度∇f的计算是相对困难的情况 . 该方法很容易实现（例如，不需要对利普希茨常数 L 进行估计），且仍然能获得相当快的收敛速率 .

在其最简单的变体中，我们首先尝试一个值$\bar{\alpha} > 0$作为初始的猜测步长，同时我们选择一个常数$\beta \in (0,1)$. 构造一个序列$\bar{\alpha}, \beta\bar{\alpha}, \beta^2\bar{\alpha}, \beta^3\bar{\alpha}, \cdots$其满足式（3.26a）的充分下降条件，我们设步长$\alpha_k$为该序列第一个值 . 注意，回溯法并不要求检查类似式（3.26b）的条件 . 这种条件的目的是确保α_k不会太小，但这在回溯法中不是一个问题，因为我们知道α_k要么是固定值$\bar{\alpha}$，要么是一个过长步长的β^m倍 .

在前面的假设下，我们可以用数学归纳法再次证明，在迭代 k 时，f 的减小量跟$\|\nabla f(\boldsymbol{x}^k)\|^2$的正数倍有关 . 当不需要进行回溯时，即$\alpha_k = \bar{\alpha}$，由式（3.22）可知，

$$f\left(\boldsymbol{x}^{k+1}\right) \leqslant f(\boldsymbol{x}^k) + c_1\bar{\alpha}\, \nabla f(\boldsymbol{x}^k)^{\mathrm{T}} \boldsymbol{d}^k \leqslant f(\boldsymbol{x}^k) - c_1\bar{\alpha}\bar{\epsilon}\gamma_1 \|\nabla f(\boldsymbol{x}^k)\|^2 \tag{3.27}$$

当需要进行回溯时，根据已经尝试过的值$\alpha = \beta^{-1}\alpha_k$不满足检验式（3.26a）的事实可知，

$$f(\boldsymbol{x}^k + \beta^{-1}\alpha_k \boldsymbol{d}^k) > f(\boldsymbol{x}^k) + c_1\beta^{-1}\alpha_k \nabla f(\boldsymbol{x}^k)^{\mathrm{T}} \boldsymbol{d}^k$$

通过类似式（3.23）中的泰勒级数的论证，我们有

$$f\left(\boldsymbol{x}^k + \beta^{-1}\alpha_k \boldsymbol{d}^k\right) \leqslant f(\boldsymbol{x}^k) + \beta^{-1}\alpha_k \nabla f(\boldsymbol{x}^k)^{\mathrm{T}} \boldsymbol{d}^k + \frac{L}{2}\left(\beta^{-1}\alpha_k\right)^2 \|\boldsymbol{d}^k\|^2$$

通过最后这两个不等式和一些基本的变换，我们可以得到

$$\alpha_k \geqslant -\frac{2}{L}\beta(1-c_1)\frac{\nabla f(\boldsymbol{x}^k)^{\mathrm{T}} \boldsymbol{d}^k}{\|\boldsymbol{d}^k\|^2}$$

通过将$\alpha = \alpha_k$代入式（3.26a）（注意该条件对于当前的α满足）并使用式（3.22），我们可以得到

$$\begin{aligned} f\left(\boldsymbol{x}^{k+1}\right) &\leqslant f(\boldsymbol{x}^k) + c_1\alpha_k \nabla f(\boldsymbol{x}^k)^{\mathrm{T}} \boldsymbol{d}^k \\ &\leqslant f(\boldsymbol{x}^k) - \frac{2}{L}\beta(1-c_1)c_1 \frac{\left(\nabla f(\boldsymbol{x}^k)^{\mathrm{T}} \boldsymbol{d}^k\right)^2}{\|\boldsymbol{d}^k\|^2} \\ &\leqslant f(\boldsymbol{x}^k) - \frac{2}{L}\beta c_1(1-c_1)\bar{\epsilon}^{-2} \|\nabla f(\boldsymbol{x}^k)\|^2 \end{aligned} \tag{3.28}$$

3.6　收敛到近似的二阶必要点

到目前为止，我们在本章中描述的线搜索法渐近地满足具有一定复杂度保证的一阶最优性条件．我们现在描述一种基本方法，该方法旨在找到满足平滑、可能非凸函数f的二阶必要条件的点，也就是说，

$$\nabla f(\boldsymbol{x}^*)=0,\ \nabla^2 f(\boldsymbol{x}^*)\text{是半正定的} \tag{3.29}$$

（见定理2.4）．除了梯度函数∇f的利普希茨连续性以外，假设黑塞矩阵$\nabla^2 f$利普希茨连续．也就是说，我们假设存在一个常数M，使得

$$\|\nabla^2 f(\boldsymbol{x})-\nabla^2 f(\boldsymbol{y})\|\leqslant M\|\boldsymbol{x}-\boldsymbol{y}\|,\ \boldsymbol{x},\boldsymbol{y}\in\mathrm{dom}(f) \tag{3.30}$$

通过将泰勒定理（定理2.1）扩展到三阶项并使用M的定义，我们得到f的以下三次上界：

$$f(\boldsymbol{x}+\boldsymbol{p})\leqslant f(\boldsymbol{x})+\nabla f(\boldsymbol{x})^{\mathrm{T}}\boldsymbol{p}+\frac{1}{2}\boldsymbol{p}^{\mathrm{T}}\nabla^2 f(\boldsymbol{x})\boldsymbol{p}+\frac{1}{6}M\|\boldsymbol{p}\|^3 \tag{3.31}$$

与3.2节一样，我们额外假设f有下界$\bar{f}$．

我们将介绍一个利用式（3.31）以及3.2节中的最速下降理论的基本算法．该算法旨在找到一个近似满足二阶必要条件［见式（3.29）］的点，也就是说，

$$\|\nabla f(\boldsymbol{x})\|\leqslant\epsilon_g,\ \lambda_{\min}\left(\nabla^2 f(\boldsymbol{x})\right)\geqslant-\epsilon_H \tag{3.32}$$

其中，ϵ_g和ϵ_H是两个小常数．

我们的算法采用两种类型的步骤：一种是最速下降步骤，如3.2节中所述；另一种是在$\nabla^2 f$的负曲率方向上的一步．迭代k的过程如下：

1. 如果$\|\nabla f(\boldsymbol{x}^k)\|>\epsilon_g$，那么采用步长$\alpha_k=1/L$的最速下降步骤［见式（3.2）］．

2. 否则，定义λ_k为$\nabla^2 f(\boldsymbol{x}^k)$的最小特征值，即$\lambda_k:=\lambda_{\min}\left(\nabla^2 f(\boldsymbol{x}^k)\right)$．如果$\lambda_k<-\epsilon_H$，则选择$\boldsymbol{p}^k$为$\nabla^2 f(\boldsymbol{x}^k)$最小（负）特征值所对应的特征向量．选择$\boldsymbol{p}^k$的范数大小和符号，使得$\|\boldsymbol{p}^k\|=1$，且$(\boldsymbol{p}^k)^{\mathrm{T}}\nabla f(\boldsymbol{x}^k)\leqslant 0$，并设

$$\boldsymbol{x}^{k+1}=\boldsymbol{x}^k+\alpha_k\boldsymbol{p}^k,\ \text{其中，}\ \alpha_k=\frac{2|\lambda_k|}{M} \tag{3.33}$$

如果这两个条件都不成立，那么$\boldsymbol{x}^k$满足必要条件［见式（3.32）］，从而它是一个近似二阶必要点．

对于最速下降步骤 1，我们从式（3.5）可得

$$f\left(\boldsymbol{x}^{k+1}\right) \leqslant f(\boldsymbol{x}^k) - \frac{1}{2L}\|\nabla f(\boldsymbol{x}^k)\|^2 \leqslant f(\boldsymbol{x}^k) - \frac{\epsilon_g^2}{2L} \tag{3.34}$$

对于步骤 2，由式（3.31）可得

$$\begin{aligned} f\left(\boldsymbol{x}^{k+1}\right) &\leqslant f(\boldsymbol{x}^k) + \alpha_k \nabla f(\boldsymbol{x}^k)^{\mathrm{T}} \boldsymbol{p}^k + \frac{1}{2}\alpha_k^2 (\boldsymbol{p}^k)^{\mathrm{T}} \nabla^2 f(\boldsymbol{x}^k) \boldsymbol{p}^k + \frac{1}{6} M \alpha_k^3 \|\boldsymbol{p}^k\|^3 \\ &\leqslant f(\boldsymbol{x}^k) - \frac{1}{2}\left(\frac{2|\lambda_k|}{M}\right)^2 |\lambda_k| + \frac{1}{6} M \left(\frac{2|\lambda_k|}{M}\right)^3 \\ &= f(\boldsymbol{x}^k) - \frac{2}{3}\frac{|\lambda_k|^3}{M^2} \\ &\leqslant f(\boldsymbol{x}^k) - \frac{2}{3}\frac{\epsilon_H^3}{M^2} \end{aligned} \tag{3.35}$$

通过结合式（3.34）和式（3.35），我们可以得出在不满足式（3.32）的每个$\boldsymbol{x}^k$处，我们可以使目标函数下降量最小值为

$$\min\left(\frac{\epsilon_g^2}{2L}, \frac{2}{3}\frac{\epsilon_H^3}{M^2}\right)$$

利用目标函数f的下界$\bar{f}$，我们可以看到，满足式（3.32）所需的迭代次数K必须满足以下条件

$$K\min\left(\frac{\epsilon_g^2}{2L}, \frac{2}{3}\frac{\epsilon_H^3}{M^2}\right) \leqslant f(\boldsymbol{x}^0) - \bar{f}$$

由此我们得出结论

$$K \leqslant \max\left(2L\epsilon_g^{-2}, \frac{3}{2}M^2\epsilon_H^{-3}\right)\left(f(\boldsymbol{x}^0) - \bar{f}\right)$$

注意，找到一个仅仅满足近似稳定条件$\|\nabla f(\boldsymbol{x}^k)\| \leqslant \epsilon_g$的点的最大迭代次数为$2L\epsilon_g^{-2}\left(f(\boldsymbol{x}^0) - \bar{f}\right)$.（我们可以直接省略算法二阶部分来获得此结果．）还要注意的是，我们不难设计出以上算法具有类似复杂度的近似版本．例如，步骤 2 中的负曲率方向$\boldsymbol{p}^k$，可以被替换为通过随机初始化的 Lanczos 迭代所得到的近似最负曲率方向．

3.7　镜像下降

最速下降法［见式（3.2）］的步骤也可以从简单二次问题的解中得到：

$$x^{k+1}=\arg\min f(x^k)+\nabla f(x^k)^{\mathrm{T}}(x-x^k)+\frac{1}{2\alpha_k}\|x-x^k\|^2 \tag{3.36}$$

因此，我们可以认为新的迭代是由一个一阶泰勒级数模型得到的．该模型包含一个基于欧几里得范数的二次惩罚项，其用于惩罚新的迭代点远离当前点的动作．此外，随着α_k减小，惩罚会变得更加严厉，所以步长也就变得更短．（这个观点在后面章节中考虑约束和正则化问题时很有用．）

在这一节中，我们考虑一个类似于式（3.36）的框架，但其最后一项由被称为 Bregman 散度的一类一般距离度量所取代，该散度用$D_h(\cdot,\cdot)$来表示．其步骤有以下形式

$$x^{k+1}=\arg\min f(x^k)+\nabla f(x^k)^{\mathrm{T}}(x-x^k)+\frac{1}{\alpha_k}D_h(x,x^k) \tag{3.37}$$

下标 h 代表一个在某种范数下平滑且强凸的函数．也就是说，对于 $m>0$，它满足式（2.19），但是其最后一项$(m/2)\|y-x\|^2$在此定义下可以是任何范数，而不一定是我们在本书其他地方使用的欧几里得范数．该函数 h 通过下式产生 Bregman 散度$D_h(\cdot,\cdot)$：

$$D_h(x,z):=h(x)-h(z)-\nabla h(z)^{\mathrm{T}}(x-z) \tag{3.38}$$

这是 $h(x)$ 与 h 在 z 处的一阶泰勒级数近似在 x 处取值的差，如图 3.2 所示．

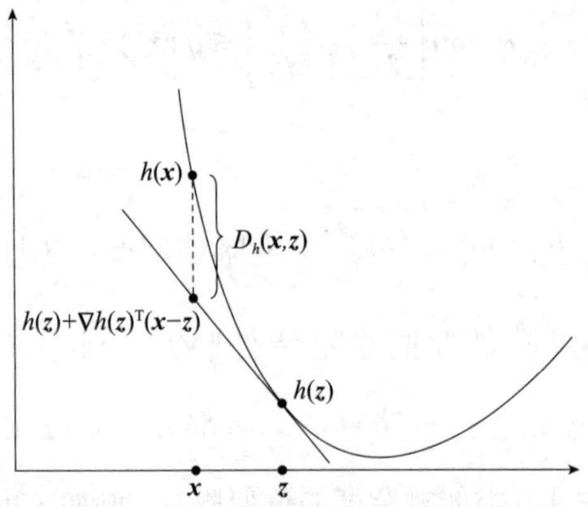

图 3.2　关于如何计算 Bregman 散度$D_h(x,z)$的图示

因为 h 是强凸的，所以$D_h(\boldsymbol{x},\boldsymbol{z})$首先是非负且强凸的．它可能不满足我们熟悉的平方范数的其他属性，但它的确满足一个“三点属性”．该属性对于平方欧几里得范数成立，其被称为“余弦定律”．对于$\mathbf{R}^n$中任意三点 $\boldsymbol{x}$、$\boldsymbol{y}$、$\boldsymbol{z}$，我们有

$$\begin{aligned}\|\boldsymbol{x}-\boldsymbol{y}\|^2 &= \|\boldsymbol{x}-\boldsymbol{z}\|^2+\|\boldsymbol{z}-\boldsymbol{y}\|^2-2(\boldsymbol{x}-\boldsymbol{z})^{\mathrm{T}}(\boldsymbol{y}-\boldsymbol{z})\\ &= \|\boldsymbol{x}-\boldsymbol{z}\|^2+\|\boldsymbol{z}-\boldsymbol{y}\|^2-2\|\boldsymbol{x}-\boldsymbol{z}\|\|\boldsymbol{y}-\boldsymbol{z}\|\cos\gamma\end{aligned}$$

其中，γ是向量$(\boldsymbol{x}-\boldsymbol{z})$和向量$(\boldsymbol{y}-\boldsymbol{z})$在 $\boldsymbol{z}$ 点处形成的角度．当$\gamma=\pi/2$时，点 $\boldsymbol{x}$、$\boldsymbol{y}$、$\boldsymbol{z}$ 构成直角三角形，该定律退化为勾股定理．

Bregman 散度也具有类似的“三点属性”．我们可以证明

$$D_h(\boldsymbol{x},\boldsymbol{y})=D_h(\boldsymbol{x},\boldsymbol{z})-(\boldsymbol{x}-\boldsymbol{z})^{\mathrm{T}}\left(\nabla h(\boldsymbol{y})-\nabla h(\boldsymbol{z})\right)+D_h(\boldsymbol{z},\boldsymbol{y}) \tag{3.39}$$

该证明只需要一些代数变换（见习题）．值得注意的是，有了这个属性则万事俱备，就可以“镜像”复刻我们对最速下降法标准收敛性证明的分析．

例 3.7（平方欧几里得范数）　对于$h(\boldsymbol{x})=\frac{1}{2}\|\boldsymbol{x}\|^2$，我们有

$$D_h(\boldsymbol{x},\boldsymbol{z})=\frac{1}{2}\|\boldsymbol{x}\|^2-\frac{1}{2}\|\boldsymbol{z}\|^2-\boldsymbol{z}^{\mathrm{T}}(\boldsymbol{x}-\boldsymbol{z})=\frac{1}{2}\|\boldsymbol{x}-\boldsymbol{z}\|^2$$

所以，当生成函数是平方欧几里得范数时，式（3.36）是式（3.37）的一个特例．

例 3.8（负熵）　考虑 n 单纯形概率分布，其定义为$\Delta_n:=\left\{\boldsymbol{p}\in\mathbf{R}^n \mid \boldsymbol{p}\geqslant\boldsymbol{0},\sum_{i=1}^n p_i=0\right\}$．以$h(\boldsymbol{p})=\sum_{i=1}^n p_i\log p_i$作为分布 $\boldsymbol{p}$ 的负熵．这个函数是凸的，并且对于任意$\boldsymbol{p},\boldsymbol{q}\in\Delta_n$，我们有

$$\begin{aligned}D_h(\boldsymbol{p},\boldsymbol{q}) &= \sum_{i=1}^n p_i\log p_i-\sum_{i=1}^n q_i\log q_i-\sum_{i=1}^n(\log q_i-1)(p_i-q_i)\\ &= \sum_{i=1}^n p_i\log p_i-\sum_{i=1}^n p_i\log q_i+\sum_{i=1}^n(p_i-q_i)\\ &= \sum_{i=1}^n p_i\log\left(\frac{p_i}{q_i}\right)\end{aligned}$$

这个度量是 $\boldsymbol{p}$ 和 $\boldsymbol{q}$ 间的 Kullback-Leibler 散度，或 KL 散度．这里的函数 h 是在模数为 1 的Δ_n内部关于范数$\|\cdot\|_1$强凸的．也就是说，我们有

$$h(\boldsymbol{p})\geqslant h(\boldsymbol{q})+\nabla h(\boldsymbol{q})^{\mathrm{T}}(\boldsymbol{p}-\boldsymbol{q})+\frac{1}{2}\|\boldsymbol{p}-\boldsymbol{q}\|_1^2,\ \text{对所有的}\boldsymbol{p},\boldsymbol{q}\in\operatorname{int}\Delta_n$$

这个界称为平斯克不等式（Pinsker’s inequality）．

我们现在考察式（3.37）中所定义的镜像下降算法．通过式（3.38），我们可知

$$\nabla_x D_h(\boldsymbol{x},\boldsymbol{z})=\nabla h(\boldsymbol{x})-\nabla h(\boldsymbol{z})$$

式（3.37）的最优性条件是

$$\nabla f(\boldsymbol{x}^k)+\frac{1}{\alpha_k}\nabla h(\boldsymbol{x}^{k+1})-\frac{1}{\alpha_k}\nabla h(\boldsymbol{x}^k)=0$$

我们可以将下一个迭代点$\boldsymbol{x}^{k+1}$明确地写作

$$\boldsymbol{x}^{k+1}=(\nabla h)^{-1}\left\{\nabla h(\boldsymbol{x}^k)-\alpha_k\nabla f(\boldsymbol{x}^k)\right\}$$

其中，$(\nabla h)^{-1}$是 h 的反函数．事实上，这个反函数很少是可计算的．但是对于例 3.7 和例 3.8 这样的特殊情况，这个反函数是可以准确计算的．对于$h(\boldsymbol{x})=\frac{1}{2}\|\boldsymbol{x}\|^2$，我们有$(\nabla h)^{-1}(\boldsymbol{v})=\boldsymbol{v}$．而对于$h(\boldsymbol{p})=\sum_{i=1}^{n}p_i\log p_i$，我们可以证明

$$(\nabla h)^{-1}(\boldsymbol{v})_i=\frac{\boldsymbol{e}^{v_i}}{\sum_{j=1}^{n}\boldsymbol{e}^{v_j}},\quad i=1,2,\cdots,n$$

例 3.7 和例 3.8 几乎涵盖了镜像下降法的全部应用范围．没有多少其他的强凸函数的梯度图有简单的反函数．但是原则上，任何这样的函数 h 都可以定义它自己的 Bregman 散度，进而可以定义它自己的镜像下降算法．

镜像下降法分析

因为镜像下降法的一个关键应用（例 3.8）将结果限制在$\mathbf{R}^n$的一个子集上，所以我们会更加谨慎地设置和分析这类在非全空间$\mathbf{R}^n$上的方法．

令$\mathcal{X}\subseteq\mathcal{D}\subseteq\mathbf{R}^n$是一个凸集，假设$h:\mathcal{X}\to\mathbf{R}$是连续可微的．设$\|\cdot\|$是某个任意范数（不一定是欧几里得范数），并假设 h 是基于该范数模数为 m 的强凸函数．也就是说，

$$h(\boldsymbol{x})\geqslant h(\boldsymbol{z})+\langle\nabla h(\boldsymbol{z}),\boldsymbol{x}-\boldsymbol{z}\rangle+\frac{m}{2}\|\boldsymbol{x}-\boldsymbol{z}\|^2,\ \boldsymbol{x},\boldsymbol{z}\in\mathcal{X}$$

函数 f 关于$\|\cdot\|$是 L 利普希茨的，当且仅当$\|\boldsymbol{g}\|_*\leqslant L$对所有$\boldsymbol{g}\in\partial f(\boldsymbol{x})$成立，其中，$\|\cdot\|_*$表示$\|\cdot\|$的对偶范数．

考虑式（3.37），我们稍作修改，将其迭代限制在集合$\mathcal{X}$上：

$$\boldsymbol{x}^{k+1}=\arg\min_{\boldsymbol{x}\in\mathcal{X}} f(\boldsymbol{x}^k)+\nabla f(\boldsymbol{x}^k)^{\mathrm{T}}(\boldsymbol{x}-\boldsymbol{x}^k)+\frac{1}{\alpha_k}D_h(\boldsymbol{x},\boldsymbol{x}^k),\ k=0,1,2,\cdots$$

由定理 7.2 以及法锥的定义可知，这个子问题的最优性条件是

$$\left[\nabla f(\boldsymbol{x}^k)+\frac{1}{\alpha_k}\nabla h(\boldsymbol{x}^{k+1})-\frac{1}{\alpha_k}\nabla h(\boldsymbol{x}^k)\right]^{\mathrm{T}}(\boldsymbol{x}-\boldsymbol{x}^{k+1})\geqslant 0,\ \boldsymbol{x}\in\mathcal{X} \tag{3.40}$$

这里（以及在后面的算法中），我们分析迭代的加权平均而不是迭代 $\boldsymbol{x}^k$ 本身．我们定义

$$\lambda_k=\sum_{j=0}^{k}\alpha_j,\ \bar{\boldsymbol{x}}^k=\lambda_k^{-1}\sum_{j=0}^{k}\alpha_j\boldsymbol{x}^j \tag{3.41}$$

我们有以下结论，其证明出自 Beck 和 Teboulle（2003）．

定理 3.9　设 $\|\cdot\|$ 是在集合 $\mathcal{X}$ 上的任意范数，并假设 h 是在集合 $\mathcal{X}$ 上基于该范数的强凸函数．假设凸函数 f 关于 $\|\cdot\|$ 是 L 利普希茨的，且问题 $\min\limits_{x\in\mathcal{X}} f(\boldsymbol{x})$ 的解 $\boldsymbol{x}^*$ 存在，最优目标值 $f^*=f(\boldsymbol{x}^*)$．那么对于任何整数 $T\geqslant 1$，我们有

$$f(\bar{\boldsymbol{x}}^T)-f^*\leqslant\frac{D_h(\boldsymbol{x}^*,\boldsymbol{x}^0)+\dfrac{L^2}{2m}\sum\limits_{t=0}^{T}\alpha_t^2}{\sum\limits_{t=0}^{T}\alpha_t}$$

其中，$\bar{\boldsymbol{x}}^T$ 由式（3.41）定义．

证明　通过加减项，我们有

$$\begin{aligned}&\alpha_k\nabla f(\boldsymbol{x}^k)^{\mathrm{T}}(\boldsymbol{x}^k-\boldsymbol{x}^*)\\&=\left(-\alpha_k\nabla f(\boldsymbol{x}^k)-\nabla h(\boldsymbol{x}^{k+1})+\nabla h(\boldsymbol{x}^k)\right)^{\mathrm{T}}(\boldsymbol{x}^*-\boldsymbol{x}^{k+1})+\\&\quad\left(\nabla h(\boldsymbol{x}^{k+1})-\nabla h(\boldsymbol{x}^k)\right)^{\mathrm{T}}(\boldsymbol{x}^*-\boldsymbol{x}^{k+1})+\left(\alpha_k\nabla f(\boldsymbol{x}^k)\right)^{\mathrm{T}}(\boldsymbol{x}^k-\boldsymbol{x}^{k+1})\end{aligned}$$

由于式（3.40），以上等式右边第一项是非正的．其第二项可以用式（3.39）重写如下：

$$\begin{aligned}&\left(\nabla h(\boldsymbol{x}^{k+1})-\nabla h(\boldsymbol{x}^k)\right)^{\mathrm{T}}(\boldsymbol{x}^*-\boldsymbol{x}^{k+1})\\&=-D_h(\boldsymbol{x}^*,\boldsymbol{x}^{k+1})-D_h(\boldsymbol{x}^{k+1},\boldsymbol{x}^k)+D_h(\boldsymbol{x}^*,\boldsymbol{x}^k)\end{aligned}$$

最后一项可以有如下上界：

$$\begin{aligned}\alpha_k\nabla f(\boldsymbol{x}^k)^{\mathrm{T}}(\boldsymbol{x}^k-\boldsymbol{x}^{k+1})&\leqslant\alpha_k\|\nabla f(\boldsymbol{x}^k)\|_*\|\boldsymbol{x}^k-\boldsymbol{x}^{k+1}\|\\&\leqslant\frac{\alpha_k^2}{2m}\|\nabla f(\boldsymbol{x}^k)\|_*^2+\frac{m}{2}\|\boldsymbol{x}^k-\boldsymbol{x}^{k+1}\|^2\end{aligned}$$

其中，我们使用了对于任意标量都成立的均值不等式 $ab\leqslant\frac{1}{2}a^2+\frac{1}{2}b^2$．注意，由于 h 是模数为 m 的强凸函数，我们有

$$
\begin{aligned}
&-D_h(\boldsymbol{x}^{k+1},\boldsymbol{x}^k)+\frac{m}{2}\|\boldsymbol{x}^k-\boldsymbol{x}^{k+1}\|^2\\
&=-h(\boldsymbol{x}^{k+1})+h(\boldsymbol{x}^k)+\nabla h(\boldsymbol{x}^k)^{\mathrm{T}}(\boldsymbol{x}^{k+1}-\boldsymbol{x}^k)+\frac{m}{2}\|\boldsymbol{x}^k-\boldsymbol{x}^{k+1}\|^2\leqslant 0
\end{aligned}
$$

通过组合所有这些不等式并将其代入原表达式，我们得到

$$
\alpha_k\nabla f(\boldsymbol{x}^k)^{\mathrm{T}}(\boldsymbol{x}^k-\boldsymbol{x}^*)\leqslant -D_h(\boldsymbol{x}^*,\boldsymbol{x}^{k+1})+D_h(\boldsymbol{x}^*,\boldsymbol{x}^k)+\frac{\alpha_k^2}{2m}\|\nabla f(\boldsymbol{x}^k)\|_\star^2 \tag{3.42}
$$

下面我们来处理这个求和．首先我们利用f的凸性，然后代入式（3.42），可得

$$
\begin{aligned}
f(\bar{\boldsymbol{x}}^T)-f^* &\leqslant \lambda_T^{-1}\sum_{k=0}^{T}\alpha_k\left(f(\boldsymbol{x}^k)-f(\boldsymbol{x}^*)\right)\\
&\leqslant \lambda_T^{-1}\sum_{k=0}^{T}\alpha_k\nabla f(\boldsymbol{x}^k)^{\mathrm{T}}(\boldsymbol{x}^k-\boldsymbol{x}^*)\\
&\leqslant \lambda_T^{-1}\sum_{k=0}^{T}\left\{D_h(\boldsymbol{x}^*,\boldsymbol{x}^k)-D_h(\boldsymbol{x}^*,\boldsymbol{x}^{k+1})+\frac{\alpha_k^2}{2m}\|\nabla f(\boldsymbol{x}^k)\|_\star^2\right\}\\
&\leqslant \frac{D_h(\boldsymbol{x}^*,\boldsymbol{x}^0)+\dfrac{1}{2m}\displaystyle\sum_{k=0}^{T}\alpha_k^2\|\nabla f(\boldsymbol{x}^k)\|_\star^2}{\lambda_T}
\end{aligned}
$$

其中，我们在最后一个不等式中使用了$D_h(\boldsymbol{x}^*,\boldsymbol{x}^{T+1})\geqslant 0$．由于假设中有$\|\nabla f(\boldsymbol{x}^k)\|_\star\leqslant L$，证毕． ■

我们可以使用这个结论对步长α_k做出多种选择．假设我们有一个关于$D_h(\boldsymbol{x}^*,\boldsymbol{x}^0)$的界$R$（如果集合$\mathcal{X}$是紧致的，那么这个界很容易得到），并且我们知道与$f$相关的常数$L$以及和$h$相关的常数$m$. 如果我们先选择了迭代次数$T$，那么根据定理3.9，“最优”固定步长$\alpha$的选择可以通过最小化以下关于$\alpha$的函数获得：

$$
\frac{R+\dfrac{L^2}{2m}\displaystyle\sum_{k=0}^{T}\alpha^2}{\displaystyle\sum_{k=0}^{T}\alpha}=\frac{R+\dfrac{L^2(T+1)}{2m}\alpha^2}{(T+1)\alpha}
$$

通过简短的计算，我们可知最小值解是

$$
\alpha=\frac{\sqrt{2mR}}{L}\frac{1}{\sqrt{T+1}} \tag{3.43}
$$

这产生了以下估计：

$$
f(\bar{\boldsymbol{x}}^T)-f^*\leqslant\frac{L\sqrt{2R}}{\sqrt{m}}\frac{1}{\sqrt{T+1}} \tag{3.44}
$$

注意，这里的下降速率$1/\sqrt{T}$是逐渐慢于 3.2.2 节中凸函数情形下所取得的下降速率$1/T$的 . 然而，我们注意到以下两点：

其一，镜像下降对于步长的变化不是特别敏感 . 例如，如果式（3.43）中选择的固定步长被一个常数$\theta > 0$所缩放（这可能因为我们错误地估计了常数 L 和 R），这对式（3.44）的影响不大 . 这是因为该表达式的右边尽管增大了，但也只是增大了一个与θ和θ^{-1}有关的系数 . 通过对迭代取平均，导致收敛速率较慢，但是对于步长的选择则具有了更强的鲁棒性 .（如果 3.2.2 节中的常规最速下降法中的步长过长，则该算法可能根本不收敛 .）

其二，在选择某种 Bregman 散度和范数时，常数 L、R 和 m 可能比常规的欧几里得范数更小 . 回到例 3.8，其中，$\mathcal{X}$是单纯形Δ_n，通过选择初始点$\boldsymbol{x}^0$为单纯形中点$(1/n)\mathbf{1}$，我们有

$$R = \sup_{p\in\Delta_n} D_h\left(\boldsymbol{p}, \frac{1}{n}\mathbf{1}\right) \leqslant \sup_{p\in\Delta_n} \sum_{i=1}^{n} \left(p_i \log p_i - p_i \log 1/n\right) \leqslant \log n$$

我们已经注意到，在例 3.8 中，h 是关于范数$\|\cdot\|_1$模数$m=1$的强凸函数 . 此外，使用对偶范数$\|\cdot\|_\infty$，常数 L 限制的是$\|\nabla f(\boldsymbol{x})\|_\infty$的上确界，而不是$\|\nabla f(\boldsymbol{x})\|_2$，后者可能比前者大了 n 倍 . 我们可以在实践中体会到这种设置的优点 . 基于 KL 散度的镜像下降法，通常比基于欧几里得范数的镜像下降法，在针对单纯形上的函数进行优化时快得多，尤其是当梯度函数$\nabla f(\boldsymbol{x})$是稠密向量时 .

3.8 KL 和 PL 属性

一些非强凸的凸函数有一个特性，其收敛结果可以证明有类似强凸函数的收敛速率 . 例如，Polyak-Łojasiewicz（PL）条件（Polyak，1963；Karimi 等人，2016）成立是指存在$m>0$，使得式（3.10）成立，也就是说，

$$\|\nabla f(\boldsymbol{x})\|^2 \geqslant 2m\left[f(\boldsymbol{x}) - f(\boldsymbol{x}^*)\right] \tag{3.45}$$

其中，$\boldsymbol{x}^*$是函数f的任意最小值点 . 这个条件可以和每次迭代里形如式（3.19）的界结合起来，得到形如式（3.15）的线性收敛速率 .

一个满足 PL 条件但不满足强凸性的函数例子是二次函数$f(\boldsymbol{x}) = \frac{1}{2}\boldsymbol{x}^{\mathrm{T}}\boldsymbol{A}\boldsymbol{x}$，其中，$\boldsymbol{A}\succeq 0$，但 $\boldsymbol{A}$ 是奇异的 . 那么$f^*=0$且式（3.45）成立，其中，m 是 $\boldsymbol{A}$ 最小的非零特征值

（证明参见附录 A.7）.

PL 条件是 Kurdyka-Łojasiewicz 条件（Łojasiewicz，1963；Kurdyka，1998）的一个特例．它要求在 $\boldsymbol{x}$ 远离解集时，$\|\nabla f(\boldsymbol{x})\|$的增长速率取决于$f(\boldsymbol{x})-f(\boldsymbol{x}^*)$．这种增长速率的性质以及产生$\{\boldsymbol{x}^k\}$算法的特性，可以证明$\{f(\boldsymbol{x}^k)\}$以相应的速率局部收敛到$f(\boldsymbol{x}^*)$.

注释和参考

定理 3.3 的证明出自 L. Vandenberghe 的笔记，定理 3.6 出自 Nesterov（2004，定理 2.1.14）.

关于线搜索算法的更多内容，可以参考 Necedal 和 Wright（2006，第 3 章）.

习题

1. 证明：如果函数f二次连续可微，且存在某个 $m>0$，使得黑塞矩阵满足$m\boldsymbol{I}\preceq\nabla^2 f(\boldsymbol{x})$对于所有$\boldsymbol{x}\in\mathrm{dom}(f)$成立，那么式（2.18）的强凸条件成立.
2. 证明定理 3.5 的一个推论：如果该定理中所描述的序列$\{\boldsymbol{x}^k\}$是有界的，且f是一个强凸函数，那么我们有$\lim\limits_{k\to\infty}\boldsymbol{x}^k=\boldsymbol{x}^*$.
3. 如果我们采用比 $1/L$ 更短的常数步长，即$\alpha\in(0,1/L)$，那么 3.2 节中的分析会受到什么样的影响？证明：我们仍然可以获得一个关于$\{f(\boldsymbol{x}^k)\}$的“$1/k$”次线性收敛速率，但该收敛速率涉及一个取决于α的选择的常数.
4. 找到正值$\bar{\epsilon}$、γ_1和γ_2，使得按 Gauss-Southwell 选择的下降方向$\boldsymbol{d}^k=-\left[\nabla f(\boldsymbol{x}^k)\right]_{i_k}\boldsymbol{e}_{i_k}$满足式（3.22），其中，$i_k=\arg\min\limits_{i=1,2,\cdots,n}\left|\left[\nabla f(\boldsymbol{x}^k)\right]_i\right|$，$\boldsymbol{e}_{i_k}$是除了在位置 i_k 是 1 其余位置都是 0 的单位向量.
5. 假设$f:\mathbf{R}^n\to\mathbf{R}$是强凸函数，其模数为 m，该函数具有 L 利普希茨梯度，且有一个唯一的最小值点$\boldsymbol{x}^*$，令$f^*=f(\boldsymbol{x}^*)$．利用式（2.21）的共轭性以及$\nabla f(\boldsymbol{x}^*)=0$的事实，证明：应用于$f$的最速下降法的第 k 次迭代（其步长$\alpha=\dfrac{2}{m+L}$）满足

$$\|\boldsymbol{x}^k-\boldsymbol{x}^*\|\leqslant\left(\frac{\kappa-1}{\kappa+1}\right)^k\|\boldsymbol{x}^0-\boldsymbol{x}^*\|$$

其中，$\kappa = L/m$.

6. 令 f 是一个具有 L 利普希茨梯度的凸函数．假设我们已知其最小值点位于一个圆心在原点、半径为 R 的球中．在此题中，我们将证明对其附近的一个强凸函数进行最小化将得到一个 f 的近似最小值点，且该方法复杂度良好．考虑在以下强凸函数上使用最速下降法：

$$f_\epsilon(\boldsymbol{x}) = f(\boldsymbol{x}) + \frac{\epsilon}{2R^2}\|\boldsymbol{x}\|^2$$

其中，$0 \ll \epsilon \ll L$，初始点 $\boldsymbol{x}^0$ 满足 $\|\boldsymbol{x}^0\| \leqslant R$．令 $\boldsymbol{x}_\epsilon^*$ 表示 f_ϵ 的（唯一）最小值点．

（a）证明：对于任意 $\boldsymbol{z}$，满足 $\|\boldsymbol{z}\| \leqslant R$，则有 $f(\boldsymbol{z}) - f(\boldsymbol{x}^*) \leqslant f_\epsilon(\boldsymbol{z}) - f_\epsilon(\boldsymbol{x}_\epsilon^*) + \frac{\epsilon}{2}$．

（b）证明：对于一个适当的步长，在 f_ϵ 上使用最速下降法可以找到一个解，使得

$$f_\epsilon(\boldsymbol{z}) - f_\epsilon(\boldsymbol{x}_\epsilon^*) \leqslant \frac{\epsilon}{2}$$

其迭代次数最多约为

$$\frac{R^2 L}{\epsilon}\log\left(\frac{8R^2 L}{\epsilon}\right)$$

找到这一收敛速率的精确估计，并写出产生该收敛速率的固定步长．

7. 令 $\boldsymbol{A}$ 是一个 $N \times d$ 的矩阵，$N < d$，$\operatorname{rank}(\boldsymbol{A}) = N$，并考虑一下最小二乘优化问题

$$\min_{\boldsymbol{x}} f(\boldsymbol{x}) := \frac{1}{N}\|\boldsymbol{A}\boldsymbol{x} - \boldsymbol{b}\|^2 \tag{3.46}$$

（a）假设存在一个 $\boldsymbol{z}$，使得 $\boldsymbol{A}\boldsymbol{z} = \boldsymbol{b}$，请表示 $\boldsymbol{A}\boldsymbol{x} = \boldsymbol{b}$ 解空间的特征．

（b）写出式（3.46）的梯度的利普希茨常数关于 $\boldsymbol{A}$ 的表达式．

（c）如果在式（3.46）上使用最速下降法，且初始值为 $\boldsymbol{x}^0 = \boldsymbol{0}$，在步长选择合理的情况下，需要多少次迭代才能找到一个解，使得 $\frac{1}{n}\|\boldsymbol{A}\boldsymbol{x} - \boldsymbol{b}\|^2 \leqslant \epsilon$？

（d）对于 $\mu > 0$，考虑如下正则化优化问题：

$$\min f_\mu(\boldsymbol{x}) := \frac{1}{n}\|\boldsymbol{A}\boldsymbol{x} - \boldsymbol{b}\|^2 + \mu\|\boldsymbol{x}\|^2 \tag{3.47}$$

以闭型表示式（3.47）的解 $\boldsymbol{x}_\mu$．

（e）如果在式（3.47）上使用最速下降法，且初始值为 $\boldsymbol{x}^0 = \boldsymbol{0}$，在步长选择合理的情况下，需要多少次迭代才能找到一个解，使得 $f_\mu(\boldsymbol{x}) - f_\mu(\boldsymbol{x}_\mu) \leqslant \epsilon$？

（f）假设 $\hat{\boldsymbol{x}}$ 满足 $f_\mu(\hat{\boldsymbol{x}})-f_\mu(\boldsymbol{x}_\mu)\leqslant\epsilon$. 求 $f(\hat{\boldsymbol{x}})$ 的上确界 .

（g）从 3.8 节，对于式（3.46）中定义的 f，找到以 $\boldsymbol{A}^{\mathrm{T}}\boldsymbol{A}$ 的最小特征值（和其他可能的量）表示的 m，使其满足式（3.45）.

（h）参考 3.2.3 节，定义关于式（3.46）使用最速下降法的适当步长选择，并写出所得方法的线性收敛表达式 .

8. 修改外推二分线搜索算法（见算法 3.1），使其终止于一个满足强 Wolfe 条件的点，即

$$f(\boldsymbol{x}^k+\alpha\boldsymbol{d}^k)\leqslant f(\boldsymbol{x}^k)+c_1\alpha\nabla f(\boldsymbol{x}^k)^{\mathrm{T}}\boldsymbol{d}^k \tag{3.48a}$$

$$\left|\nabla f(\boldsymbol{x}^k+\alpha\boldsymbol{d}^k)^{\mathrm{T}}\boldsymbol{d}^k\right|\leqslant c_2\left|\nabla f(\boldsymbol{x}^k)^{\mathrm{T}}\boldsymbol{d}^k\right| \tag{3.48b}$$

其中，常数 c_1 和 c_2 满足 $0<c_1<c_2<1$. 强 Wolfe 条件和弱 Wolfe 条件［见式（3.26）］之间的区别在于，在强 Wolfe 条件中，方向导数 $\nabla f(\boldsymbol{x}^k+\alpha\boldsymbol{d}^k)^{\mathrm{T}}\boldsymbol{d}^k$ 的上界和下界都被 $c_2\left|\nabla f(\boldsymbol{x}^k)^{\mathrm{T}}\boldsymbol{d}^k\right|$ 所限制，也就是说，它既不能正得太多也不能负得太多 . 提示：你应该分别检验违反式（3.48b）的两种情况，即 $\nabla f(\boldsymbol{x}^k+\alpha\boldsymbol{d}^k)^{\mathrm{T}}\boldsymbol{d}^k<-c_2\left|\nabla f(\boldsymbol{x}^k)^{\mathrm{T}}\boldsymbol{d}^k\right|$ 和 $\nabla f(\boldsymbol{x}^k+\alpha\boldsymbol{d}^k)^{\mathrm{T}}\boldsymbol{d}^k>c_2\left|\nabla f(\boldsymbol{x}^k)^{\mathrm{T}}\boldsymbol{d}^k\right|$. 在这两种不同情况下，需要对 L、α 和 U 进行调整 .

9. 考虑以下函数 $f:\mathbf{R}^n\to\mathbf{R}$：

$$f(\boldsymbol{x})=\frac{1}{4}\sum_{l=1}^{n-1}\cos(\boldsymbol{x}_l-\boldsymbol{x}_{l+1})+\sum_{l=1}^{n}l\boldsymbol{x}_l^2$$

（a）计算一个保证最速下降法收敛的固定步长 .

（b）确定驻点 $\boldsymbol{x}$（即 $\boldsymbol{x}$ 使得 $\nabla f(\boldsymbol{x})=0$）的特征 . 对于每个这样的点，确定它是局部最小值点还是局部最大值点，抑或是全局最小值点 .

（c）考虑具有在（a）中所计算步长的最速下降法，以及其初始点 $\boldsymbol{x}_0=[1,1,1,\cdots,1]^{\mathrm{T}}$. 确定该算法收敛到哪一个驻点，并解释原因 .

10. 证明 Bregman 散度的“三点属性”，即式（3.39）.

11. 假设镜像下降算法中的固定步长 α 的选择［见式（3.43）］是由正常数 θ 进行缩放的 . 证明：步长的改变如何改变其对应的界［见式（3.44）］.

第 4 章

使用动量的梯度法

第 3 章中描述的最速下降法总是沿负梯度方向前进，这与当前迭代中 f 的水平集的边界正交 . 每次迭代这个方向都可能和上一次的方向发生巨大变化 . 例如，当 f 的轮廓是狭窄细长的，连续迭代的搜索方向可能指向完全相反的方向，并且可能几乎与最小值点所在的方向正交 . 因此，该方法可能会在每次迭代时取小步长，从而只会缓慢地收敛到最终解 .

最速下降法是一种“贪婪”的方法，因为它只朝着在当前迭代中显然最有效的方向前进，而没有明确地使用在之前迭代中获得的关于函数 f 的信息 . 在本章中，我们研究了多种方法来编码函数知识，并在选择搜索方向和步长时利用这些知识 . 其中一类方法利用了动量，它会倾向于沿着之前使用的方向继续搜索，但同时也会增加一个来自 f 的负梯度的小分量，以在当前点或附近点进行评估 . 因此，每个搜索方向都是搜索过程中迄今为止遇到过的所有梯度的组合，是对搜索历史的紧凑编码 . 动量法包括重球法、共轭梯度法和 Nesterov 加速梯度法 .

动量法的分析往往比较困难，且不是很直观 . 但这些方法相比最速下降法来说，通常能在实践中取得显著改进，因此值得进一步获得理论理解 . 已经有学者提出了几种分析方法 . 在这里，我们从严格凸二次函数（见 4.2 节）开始讨论，并介绍使用线性代数工具的 Nesterov 加速梯度法的收敛性分析 . 我们将这种分析方法与李雅普诺夫函数的概念联系起来，然后，我们将其用作分析第一个强凸函数（见 4.3 节）和弱凸函数（见 4.4 节）的工具 . 我们在 4.5 节对共轭梯度法做一些评论，然后在 4.6 节讨论全局收敛速率的下界 .（我们将某一类方法的下界定义为“速度限制”，实现这些限制的方法称为“最优方法”.）

激发动量法是一种将动量与微分方程技术相结合的方法 . 我们接下来会讲到 .

4.1 来自微分方程的启发

为动量法建立直觉的一种方法是将优化算法视为一个动态系统．当步长趋于零时，算法的连续极限通常会追踪出一个微分方程的求解路径．例如，梯度法类似于在一个势阱中移动，其中的动态是由以下 f 的梯度驱动的：

$$\frac{\mathrm{d}\boldsymbol{x}}{\mathrm{d}t} = -\nabla f(\boldsymbol{x}) \tag{4.1}$$

当 $\nabla f(\boldsymbol{x}) = 0$ 时，这个微分方程具有精确的不动点，也就是凸平滑函数 f 的极小值点．式（4.1）并不是唯一一个其不动点恰好出现在 $\nabla f(\boldsymbol{x}) = 0$ 时的微分方程．我们可以考虑一个二阶微分方程，该方程支配一个在由以下 f 的梯度定义的势中运动的粒子：

$$\mu \frac{\mathrm{d}^2 \boldsymbol{x}}{\mathrm{d}t^2} = -\nabla f(\boldsymbol{x}) - b\frac{\mathrm{d}\boldsymbol{x}}{\mathrm{d}t} \tag{4.2}$$

其中，$\mu \geqslant 0$ 控制粒子的质量，$b \geqslant 0$ 控制系统演化过程中消散的摩擦力．如前所述，使得 $\nabla f(\boldsymbol{x}) = 0$ 的点 $\boldsymbol{x}$ 是此常微分方程的不动点．在质量 $\mu \to 0$ 的极限下，我们可以恢复式（4.1）的缩放版本．对于 $\mu>0$，由式（4.2）支配的轨迹显示出动量的痕迹，它们的方向逐渐向 $-\nabla f(\boldsymbol{x})$ 所指示的方向改变．

对式（4.2）进行简单的有限差分近似得出

$$\mu \frac{\boldsymbol{x}(t+\Delta t) - 2\boldsymbol{x}(t) + \boldsymbol{x}(t-\Delta t)}{(\Delta t)^2} \approx -\nabla f(\boldsymbol{x}(t)) - b\frac{\boldsymbol{x}(t+\Delta t) - \boldsymbol{x}(t)}{\Delta t} \tag{4.3}$$

通过重新排列项并适当地定义 α 和 β（参见习题），我们得到

$$\boldsymbol{x}(t+\Delta t) = \boldsymbol{x}(t) - \alpha\nabla f(\boldsymbol{x}(t)) + \beta(\boldsymbol{x}(t) - \boldsymbol{x}(t-\Delta t)) \tag{4.4}$$

通过使用这个公式生成向量 $\boldsymbol{x}$ 沿着式（4.2）定义的轨迹的估计序列 $\{\boldsymbol{x}^k\}$，我们得到

$$\boldsymbol{x}^{k+1} = \boldsymbol{x}^k - \alpha\nabla f(\boldsymbol{x}^k) + \beta(\boldsymbol{x}^k - \boldsymbol{x}^{k-1}) \tag{4.5}$$

其中，$\boldsymbol{x}^{-1} := \boldsymbol{x}^0$．式（4.5）定义的算法是重球法，由 Polyak（1964）描述．稍作修改后，我们就得到了一种称为 Nesterov 最优法的相关方法，稍后将讨论到．当将重球法应用于凸二次函数 f 时，形如式（4.5）的方法（可能带有在迭代之间变化的 α 和 β 的自适应选择）被称为切比雪夫迭代法．

Nesterov 最优法［也称为 Nesterov 加速梯度法（Nesterov，1983）］由以下公式定义：

$$\boldsymbol{x}^{k+1}=\boldsymbol{x}^{k}-\alpha\nabla f(\boldsymbol{x}^{k}+\beta(\boldsymbol{x}^{k}-\boldsymbol{x}^{k-1}))+\beta(\boldsymbol{x}^{k}-\boldsymbol{x}^{k-1}) \tag{4.6}$$

与式（4.5）的唯一区别是梯度∇f是在$\boldsymbol{x}^{k}+\beta(\boldsymbol{x}^{k}-\boldsymbol{x}^{k-1})$处而不是$\boldsymbol{x}^{k}$处计算的．通过引入一个中间序列$\{\boldsymbol{y}^{k}\}$，并允许$\alpha$和$\beta$在每次迭代中可能具有不同的值，这种方法可以被重写成如下形式：

$$\boldsymbol{y}^{k}=\boldsymbol{x}^{k}+\beta_{k}(\boldsymbol{x}^{k}-\boldsymbol{x}^{k-1}) \tag{4.7a}$$

$$\boldsymbol{x}^{k+1}=\boldsymbol{y}^{k}-\alpha_{k}\nabla f(\boldsymbol{y}^{k}) \tag{4.7b}$$

其中，我们像之前一样定义$\boldsymbol{x}^{-1}=\boldsymbol{x}^{0}$，因此，$\boldsymbol{y}^{0}=\boldsymbol{x}^{0}$．请注意，我们通过基于最后两次$\boldsymbol{x}$迭代的纯动量步骤获得$\boldsymbol{y}^{k}$，而我们通过$\boldsymbol{y}^{k}$采取纯梯度步骤获得$\boldsymbol{x}^{k+1}$．从这个意义上说，动量步骤和梯度步骤是分开的，而不是合并在一个步骤中．

请注意，这些方法都有一个不动点$\boldsymbol{x}^{k}=\boldsymbol{x}^{*}$，其中，$\boldsymbol{x}^{*}$是$f$的一个极小值点．（对于 Nesterov 法，我们还需要$\boldsymbol{y}^{*}=\boldsymbol{x}^{*}$．）本章剩余部分致力于寻找在何条件下，这些加速算法能以可证明的全局速率收敛到$\boldsymbol{x}^{*}$．正如我们将看到的，通过正确设置参数，这些方法比最速下降法收敛得更快．

4.2　Nesterov 法：凸二次方程

我们现在分析 Nesterov 最优法［见式（4.6）］用于凸二次目标函数f时的收敛行为，并为其参数α和β推导出合适的值．我们认为

$$f(\boldsymbol{x})=\frac{1}{2}\boldsymbol{x}^{\mathrm{T}}\boldsymbol{Q}\boldsymbol{x}-\boldsymbol{b}^{\mathrm{T}}\boldsymbol{x}+c \tag{4.8}$$

具有正定黑塞矩阵$\boldsymbol{Q}$和特征值

$$0<m=\lambda_{n}\leqslant\lambda_{n-1}\leqslant\cdots\leqslant\lambda_{2}\leqslant\lambda_{1}=L \tag{4.9}$$

因此，$\boldsymbol{Q}$的条件数为

$$\kappa:=L/m \tag{4.10}$$

请注意，$\boldsymbol{x}^{*}=\boldsymbol{Q}^{-1}\boldsymbol{b}$是$f$的极小值点，并且$\nabla f(\boldsymbol{x})=\boldsymbol{Q}\boldsymbol{x}-\boldsymbol{b}=\boldsymbol{Q}(\boldsymbol{x}-\boldsymbol{x}^{*})$．

通过将式（4.6）应用到式（4.8）并在该表达式的几个点上加减$\boldsymbol{x}^*$，我们得到

$$\begin{aligned}&\boldsymbol{x}^{k+1}-\boldsymbol{x}^*\\&=(\boldsymbol{x}^k-\boldsymbol{x}^*)-\alpha\boldsymbol{Q}\left(\boldsymbol{x}^k+\beta(\boldsymbol{x}^k-\boldsymbol{x}^{k-1})-\boldsymbol{x}^*\right)+\beta\left((\boldsymbol{x}^k-\boldsymbol{x}^*)-(\boldsymbol{x}^{k-1}-\boldsymbol{x}^*)\right)\end{aligned}$$

通过在两个连续步骤中连接误差向量（$\boldsymbol{x}^k-\boldsymbol{x}^*$），我们可以将这个表达式重述为矩阵形式，如下所示：

$$\begin{bmatrix}\boldsymbol{x}^{k+1}-\boldsymbol{x}^*\\\boldsymbol{x}^k-\boldsymbol{x}^*\end{bmatrix}=\begin{bmatrix}(1+\beta)(\boldsymbol{I}-\alpha\boldsymbol{Q}) & -\beta(\boldsymbol{I}-\alpha\boldsymbol{Q})\\\boldsymbol{I} & 0\end{bmatrix}\begin{bmatrix}\boldsymbol{x}^k-\boldsymbol{x}^*\\\boldsymbol{x}^{k-1}-\boldsymbol{x}^*\end{bmatrix}\tag{4.11}$$

通过定义

$$\boldsymbol{w}^k:=\begin{bmatrix}\boldsymbol{x}^{k+1}-\boldsymbol{x}^*\\\boldsymbol{x}^k-\boldsymbol{x}^*\end{bmatrix},\boldsymbol{T}:=\begin{bmatrix}(1+\beta)(\boldsymbol{I}-\alpha\boldsymbol{Q}) & -\beta(\boldsymbol{I}-\alpha\boldsymbol{Q})\\\boldsymbol{I} & 0\end{bmatrix}\tag{4.12}$$

我们可以把式（4.11）改写成

$$\boldsymbol{w}^k=\boldsymbol{T}\boldsymbol{w}^{k-1},\quad k=1,2,\cdots\tag{4.13}$$

为供之后参考，我们定义$\boldsymbol{x}^{-1}=\boldsymbol{x}^0$，所以

$$\boldsymbol{w}^0=\begin{bmatrix}\boldsymbol{x}^0-\boldsymbol{x}^*\\\boldsymbol{x}^0-\boldsymbol{x}^*\end{bmatrix}\tag{4.14}$$

在说明适用于式（4.8）的 Nesterov 法的收敛结果之前，我们回顾一下矩阵 $\boldsymbol{T}$ 的谱半径，它的定义如下：

$$\rho(\boldsymbol{T}):=\max\{|\lambda|:\lambda\text{ 是 }\boldsymbol{T}\text{ 的一个特征值}\}\tag{4.15}$$

为找到式（4.6）中合适的α 和β，我们有$\rho(\boldsymbol{T})<1$，这意味着序列$\{\boldsymbol{w}^k\}$会收敛到零．我们在余下的章节中继续构建这个理论．

定理 4.1　考虑将 Nesterov 最优法［见式（4.6）］应用于具有满足式（4.9）的黑塞矩阵的特征值的凸二次方程［见式（4.8）］中．如果我们令

$$\alpha:=\frac{1}{L},\beta:=\frac{\sqrt{L}-\sqrt{m}}{\sqrt{L}+\sqrt{m}}=\frac{\sqrt{\kappa}-1}{\sqrt{\kappa}+1}\tag{4.16}$$

式（4.12）定义的矩阵 $\boldsymbol{T}$ 有复杂的特征值

$$v_{i,1}=\frac{1}{2}\left[(1+\beta)(1-\alpha\lambda_i)+i\sqrt{4\beta(1-\alpha\lambda_i)-(1+\beta)^2(1-\alpha\lambda_i)^2}\right]\tag{4.17a}$$

$$v_{i,2}=\frac{1}{2}\left[(1+\beta)(1-\alpha\lambda_i)-i\sqrt{4\beta(1-\alpha\lambda_i)-(1+\beta)^2(1-\alpha\lambda_i)^2}\right]\tag{4.17b}$$

此外，$\rho(\boldsymbol{T}) \leqslant 1-1/\sqrt{\kappa}$.

证明 我们把 $\boldsymbol{Q}$ 的特征值分解写成$\boldsymbol{Q}=\boldsymbol{U\Lambda U}^{\mathrm{T}}$，其中，$\boldsymbol{\Lambda}=\operatorname{diag}(\lambda_1,\lambda_2,\cdots,\lambda_n)$. 通过定义扰动矩阵$\boldsymbol{\Pi}$为

$$\Pi_{ij}=\begin{cases}1, & i \text{ 为奇数}，j=(i+1)/2\\ 1, & i \text{ 为偶数}，j=n+(i/2)\\ 0, & \text{其他}\end{cases}$$

通过对矩阵 $\boldsymbol{T}$ 进行相似性变换，我们可以得到

$$\begin{aligned}&\boldsymbol{\Pi}\begin{bmatrix}\boldsymbol{U} & 0\\ 0 & \boldsymbol{U}\end{bmatrix}^{\mathrm{T}}\begin{bmatrix}(1+\beta)(\boldsymbol{I}-\alpha\boldsymbol{Q}) & -\beta(\boldsymbol{I}-\alpha\boldsymbol{Q})\\ \boldsymbol{I} & 0\end{bmatrix}\begin{bmatrix}\boldsymbol{U} & 0\\ 0 & \boldsymbol{U}\end{bmatrix}\boldsymbol{\Pi}^{\mathrm{T}}\\ &=\boldsymbol{\Pi}\begin{bmatrix}(1+\beta)(\boldsymbol{I}-\alpha\boldsymbol{\Lambda}) & -\beta(\boldsymbol{I}-\alpha\boldsymbol{\Lambda})\\ \boldsymbol{I} & 0\end{bmatrix}\boldsymbol{\Pi}^{\mathrm{T}}\\ &=\begin{bmatrix}\boldsymbol{T}_1 & & & \\ & \boldsymbol{T}_2 & & \\ & & \ddots & \\ & & & \boldsymbol{T}_n\end{bmatrix}\end{aligned}$$

其中，

$$\boldsymbol{T}_i=\begin{bmatrix}(1+\beta)(1-\alpha\lambda_i) & -\beta(1-\alpha\lambda_i)\\ 1 & 0\end{bmatrix},\quad i=1,2,\cdots,n$$

$\boldsymbol{T}$ 的特征值是 $\boldsymbol{T}_i$，i=1,2,$\cdots$,n，它们是以下二次方程的根：

$$u^2-(1+\beta)(1-\alpha\lambda_i)u+\beta(1-\alpha\lambda_i)=0$$

由式（4.17）给出 . 首先请注意，对于$i=1$，我们从$\alpha=1/L$和$\lambda_1=L$得到$v_{1,1}=v_{1,2}=0$. 否则，当$1-\alpha\lambda_i$>0并且$(1+\beta)^2(1-\alpha\lambda_i)<4\beta$时，式（4.17）的根是不同的复数 . 可以证明，当α 和β 由式（4.16）所定义，并且$\lambda_i\in(m,L)$时，这些不等式成立 . 因此，对于$i=2,3,\cdots,n$，$v_{i,1}$和$v_{i,2}$的大小为

$$\begin{aligned}&\frac{1}{2}\sqrt{(1+\beta)^2(1-\alpha\lambda_i)^2+4\beta(1-\alpha\lambda_i)-(1+\beta)^2(1-\alpha\lambda_i)^2}\\ &=\frac{1}{2}\sqrt{4\beta(1-\alpha\lambda_i)}=\sqrt{\beta}\sqrt{1-(\lambda_i/L)}\end{aligned}$$

因此，对于$\lambda_i \geqslant m$，我们有

$$\begin{aligned}\sqrt{\beta}\sqrt{1-(\lambda_i/L)} &\leqslant \sqrt{\beta}\sqrt{1-(m/L)} \\ &= \left(\frac{\sqrt{L}-\sqrt{m}}{\sqrt{L}+\sqrt{m}}\cdot\frac{L-m}{L}\right)^{1/2} \\ &= \left(\frac{\sqrt{L}-\sqrt{m}}{\sqrt{L}+\sqrt{m}}\cdot\frac{\left(\sqrt{L}-\sqrt{m}\right)\left(\sqrt{L}+\sqrt{m}\right)}{L}\right)^{1/2} \\ &= \frac{\sqrt{L}-\sqrt{m}}{\sqrt{L}} = 1-\sqrt{m/L}\end{aligned}$$

并且当$\lambda_i = m$（也就是$i = n$）时，上述结果取等号．我们就得到所需要的结果：

$$\rho(\boldsymbol{T}) = \max_{i=1,2,\cdots,n} \max(|\nu_{i,1}|,|\nu_{i,2}|) = 1-1/\sqrt{\kappa}$$ ■

我们现在研究一下 $\boldsymbol{T}$ 的谱半径小于 1 的情况．一个著名的数值线性代数结果称为 Gelfand 公式（Gelfand，1941）指出

$$\rho(\boldsymbol{T}) = \lim_{k\to\infty}(\|\boldsymbol{T}^k\|)^{1/k} \tag{4.18}$$

该结果的一个结论是，对于任何$\epsilon>0$，存在$C_\epsilon>1$，使得

$$\|\boldsymbol{T}^k\| \leqslant C_\epsilon(\rho\ (\boldsymbol{T})+\epsilon)^k \tag{4.19}$$

因此，由式（4.13），我们有

$$\|\boldsymbol{w}^k\| = \|\boldsymbol{T}^k\boldsymbol{w}^0\| \leqslant \|\boldsymbol{T}^k\|\ \|\boldsymbol{w}^0\| \leqslant (C_\epsilon\|\boldsymbol{w}^0\|)(\rho(\boldsymbol{T})+\epsilon)^k$$

这意味着 R 线性收敛，前提是我们选择$\epsilon\in(0,1-\rho(\boldsymbol{T}))$．因此，当$\rho(\boldsymbol{T})<1$时，根据式（4.19），我们得知序列$\{\boldsymbol{w}^k\}$（因此也包括$\{\boldsymbol{x}^k-\boldsymbol{x}^*\}$）以 R 线性方式收敛到零，速率任意接近$\rho(\boldsymbol{T})$．

让我们将 Nesterov 法的线性收敛与凸二次方程上的最速下降进行比较．回想一下式（3.17），具有恒定步长$\alpha = 1/L$的最速下降法需要$O((L/m)\log\epsilon)$次迭代来减小函数误差$f(\boldsymbol{x}^k)-f^*$中的因子ϵ．定理 4.1 中由 β 定义的速率表明，要在$\|\boldsymbol{w}^k\|$上获得因子ϵ的减小，复杂度是$O(\sqrt{L/m}\log\epsilon)$（这显然是与$f(\boldsymbol{x}^k)-f^*$不同的复杂度，但当$\boldsymbol{x}^k\to\boldsymbol{x}^*$时，它也是缩小到零）．当条件数$\kappa = L/m$较大或很大时，Nesterov 法具有显著优势．例如，如果$\kappa = 1000$，则改进的速率转化为所需的迭代次数大约减少为原来的 1/30，每次迭代的

工作量相似（一个梯度评估和一些向量操作）.

使用李雅普诺夫函数的概念可以得到类似的收敛结果. 李雅普诺夫函数$V:\mathbf{R}^D \to \mathbf{R}$有两个基本性质:

1. 对于所有的$z \neq z^*$，$z^* \in \mathbf{R}^D$，有$V(z)>0$.

2. $V(z^*) = 0$.

李雅普诺夫函数可用于显示迭代过程的收敛性. 例如，如果我们可以证明对于序列$\{z^k\}$和$\rho<1$，有$V(z^{k+1})<\rho^2 V(z^k)$，我们就证明了序列到其极限z^*的一种线性收敛.

我们通过以下定理定义矩阵 $\boldsymbol{P}$，为 Nesterov 最优法构造了一个李雅普诺夫函数.

定理 4.2　设 $\boldsymbol{A}$ 为实方阵. 那么，对于一个给定的正标量ρ，当且仅当存在一个对称矩阵$\boldsymbol{P} \succ 0$满足$\boldsymbol{A}^{\mathrm{T}}\boldsymbol{P}\boldsymbol{A} - \rho^2 \boldsymbol{P} \prec 0$时，我们有$\rho(\boldsymbol{A})<\rho$.

证明　如果$\rho(\boldsymbol{A})<\rho$，那么矩阵

$$\boldsymbol{P} := \sum_{k=0}^{\infty} \rho^{-2k} (\boldsymbol{A}^k)^{\mathrm{T}} (\boldsymbol{A}^k)$$

是明确定义好的，是正定的（因为和中的第一项是单位矩阵的倍数，并且所有其他项都至少是半正定的），并且满足$\boldsymbol{A}^{\mathrm{T}}\boldsymbol{P}\boldsymbol{A} - \rho^2 \boldsymbol{P} = -\rho^2 \boldsymbol{I} \prec 0$，这就证明了“仅当”的部分. 反过来，假设线性矩阵不等式$\boldsymbol{A}^{\mathrm{T}}\boldsymbol{P}\boldsymbol{A} - \rho^2 \boldsymbol{P} \prec 0$的一个解是$\boldsymbol{P} \succ 0$，并且设$\lambda \in \mathbf{C}$是 $\boldsymbol{A}$ 的一个特征值，对应特征向量$\boldsymbol{v} \in \mathbf{C}^D$. 然后就有

$$0>\boldsymbol{v}^{\mathrm{H}} \boldsymbol{A}^{\mathrm{H}} \boldsymbol{P} \boldsymbol{A} \boldsymbol{v} - \rho^2 \boldsymbol{v}^{\mathrm{H}} \boldsymbol{P} \boldsymbol{v} = (|\lambda|^2 - \rho^2) \boldsymbol{v}^{\mathrm{H}} \boldsymbol{P} \boldsymbol{v}$$

但由于$\boldsymbol{v}^{\mathrm{H}}\boldsymbol{P}\boldsymbol{v}>0$，因此有$|\lambda|<\rho$. ■

我们将这个结果代入 Nesterov 法，在式（4.12）中令 $\boldsymbol{A}=\boldsymbol{T}$. 如果存在一个$\boldsymbol{P} \succ 0$，满足$\boldsymbol{T}^{\mathrm{T}}\boldsymbol{P}\boldsymbol{T} - \rho^2 \boldsymbol{P} \prec 0$，我们可以从式（4.13）得到

$$(\boldsymbol{w}^k)^{\mathrm{T}} \boldsymbol{P} \boldsymbol{w}^k < \rho^2 (\boldsymbol{w}^{k-1})^{\mathrm{T}} \boldsymbol{P} \boldsymbol{w}^{k-1} \tag{4.20}$$

迭代式（4.20）到$k=0$后，得到

$$(\boldsymbol{w}^k)^{\mathrm{T}} \boldsymbol{P} \boldsymbol{w}^k < \rho^{2k} (\boldsymbol{w}^0)^{\mathrm{T}} \boldsymbol{P} \boldsymbol{w}^0$$

其中，$\boldsymbol{w}^0$是在式（4.14）中定义的. 我们由此得到

$$\lambda_{\min}(\boldsymbol{P})\| \boldsymbol{x}^k - \boldsymbol{x}^* \|^2 \leqslant \lambda_{\min}(\boldsymbol{P})\| \boldsymbol{w}^k \|^2 \leqslant \rho^{2k} \| \boldsymbol{P} \| \| \boldsymbol{w}^0 \|^2 = 2\rho^{2k} \| \boldsymbol{P} \| \| \boldsymbol{x}^0 - \boldsymbol{x}^* \|^2$$

因此，

$$\| \boldsymbol{x}^k - \boldsymbol{x}^* \| \leqslant \sqrt{2\text{cond}(\boldsymbol{P})} \| \boldsymbol{x}^0 - \boldsymbol{x}^* \| \rho^k$$

其中，$\text{cond}(\boldsymbol{P})$是 $\boldsymbol{P}$ 的条件数．换句话说，函数$V(\boldsymbol{w}) := \boldsymbol{w}^{\mathrm{T}} \boldsymbol{P} \boldsymbol{w}$是一个 Nesterov 算法的李雅普诺夫函数，在$\boldsymbol{w}^* = 0$处有最优解．这个函数在所有轨迹上严格递减，从而证明了算法是稳定的．也就是说，它收敛到标称值．

对于二次函数f，我们可以通过做一个基本特征值分析来构建一个二次李雅普诺夫函数．这个证明不能推广到非二次情况．我们将在 4.3 节展示如何为 Nesterov 最优法构建李雅普诺夫函数，以保证所有强凸函数的收敛性．

4.3 强凸函数的收敛性

我们已经证明在凸二次函数优化问题中，使用动量法的收敛速度显著优于比最速下降法，并且该证明方法也为一般强凸函数的情况建立了一些直觉．但是它们并不能直接推广．在本节中，我们提出一个不同的李雅普诺夫函数，它可以帮助我们证明 Nesterov 法在强凸平滑函数情况下的收敛性满足式（2.18）（当$m>0$时）和 L 平滑性质［见式（2.7）］．

从 3.2 节的分析可知，$V(\boldsymbol{x}) := f(\boldsymbol{x}) - f^*$其实是最速下降法的李雅普诺夫函数［见式（3.14）］．对于 Nesterov 法，我们需要定义一个特别恰当的李雅普诺夫函数．首先，对于变量 $\boldsymbol{v}$，我们为任意收敛到$\boldsymbol{v}^*$的序列$\{\boldsymbol{v}^k\}$定义$\tilde{\boldsymbol{v}}^k := \boldsymbol{v}^k - \boldsymbol{v}^*$．接下来，我们把李雅普诺夫函数定义为：

$$V_k = f(\boldsymbol{x}^k) - f^* + \frac{L}{2} \| \tilde{\boldsymbol{x}}^k - \rho^2 \tilde{\boldsymbol{x}}^{k-1} \|^2 \tag{4.21}$$

为了清楚起见，我们省略了V_k对于$\boldsymbol{x}^k$和$\boldsymbol{x}^{k-1}$的依赖性．我们将证明

$$V_{k+1} \leqslant \rho^2 V_k，\ \rho<1 \tag{4.22}$$

以上是在假设选择了类似于式（4.16）中的α_k和β_k的情况下的分析，也就是说，

$$\alpha_k \equiv \frac{1}{L}，\ \beta_k \equiv \frac{\sqrt{\kappa}-1}{\sqrt{\kappa}+1} \tag{4.23}$$

为此，我们只使用了标准的强凸函数利普希茨梯度的不等式链，我们在第 3 章研究梯度法时广泛地使用了这一不等式链．也就是说，我们使用式（2.9）和式（2.19），为方便起见，在此重述：

$$
\begin{aligned}
& f(\boldsymbol{z})+\nabla f(\boldsymbol{z})^{\mathrm{T}}(\boldsymbol{w}-\boldsymbol{z})+\frac{m}{2}\|\boldsymbol{w}-\boldsymbol{z}\|^2 \\
& \leqslant f(\boldsymbol{w}) \\
& \leqslant f(\boldsymbol{z})+\nabla f(\boldsymbol{z})^{\mathrm{T}}(\boldsymbol{w}-\boldsymbol{z})+\frac{L}{2}\|\boldsymbol{w}-\boldsymbol{z}\|_2^2，\text{对于所有的 } \boldsymbol{w} \text{ 和 } \boldsymbol{z}
\end{aligned} \tag{4.24}
$$

为了简化符号表示，我们定义 $\boldsymbol{u}^k := \frac{1}{L}\nabla f(\boldsymbol{y}^k)$．（因为 $\boldsymbol{u}^* = \boldsymbol{0}$，所以有 $\tilde{\boldsymbol{u}}^k = \boldsymbol{u}^k$．）李雅普诺夫函数在第 k 次迭代中的减少量如下所示：

$$
\begin{aligned}
V_{k+1} &= f(\boldsymbol{x}^{k+1})-f^*+\frac{L}{2}\|\tilde{\boldsymbol{x}}^{k+1}-\rho^2\tilde{\boldsymbol{x}}^k\|^2 \\
&\leqslant f(\boldsymbol{y}^k)-f^*-\frac{L}{2}\|\tilde{\boldsymbol{u}}^k\|^2+\frac{L}{2}\|\tilde{\boldsymbol{x}}^{k+1}-\rho^2\tilde{\boldsymbol{x}}^k\|^2 \qquad (4.25\text{a}) \\
&= \rho^2\left[f(\boldsymbol{y}^k)-f^*+L(\tilde{\boldsymbol{u}}^k)^{\mathrm{T}}(\tilde{\boldsymbol{x}}^k-\tilde{\boldsymbol{y}}^k)\right]-\rho^2 L(\tilde{\boldsymbol{u}}^k)^{\mathrm{T}}(\tilde{\boldsymbol{x}}^k-\tilde{\boldsymbol{y}}^k)+ \qquad (4.25\text{b}) \\
&\quad (1-\rho^2)\left(f(\boldsymbol{y}^k)-f^*-L(\tilde{\boldsymbol{u}}^k)^{\mathrm{T}}\tilde{\boldsymbol{y}}^k\right)+(1-\rho^2)L(\tilde{\boldsymbol{u}}^k)^{\mathrm{T}}\tilde{\boldsymbol{y}}^k- \\
&\quad \frac{L}{2}\|\tilde{\boldsymbol{u}}^k\|^2+\frac{L}{2}\|\tilde{\boldsymbol{x}}^{k+1}-\rho^2\tilde{\boldsymbol{x}}^k\|^2
\end{aligned}
$$

这里，式（4.25a）由式（4.24）中的不等式得出，其中，$\boldsymbol{w}=\boldsymbol{x}^{k+1}$，$\boldsymbol{z}=\boldsymbol{y}^k$，式（4.25b）是通过几次加减相同的项得到的．使用式（4.24）中的不等式两次，通过令 $\boldsymbol{w}=\boldsymbol{y}^k$ 和 $\boldsymbol{z}=\boldsymbol{x}^k$ 并使用 $\tilde{\boldsymbol{u}}^k=\tilde{\boldsymbol{u}}^k=\frac{1}{L}\nabla f(\boldsymbol{y}^k)$，我们得到

$$
\begin{aligned}
f(\boldsymbol{y}^k) &\leqslant f(\boldsymbol{x}^k)-\nabla f(\boldsymbol{y}^k)^{\mathrm{T}}(\boldsymbol{x}^k-\boldsymbol{y}^k)-\frac{m}{2}\|\boldsymbol{x}^k-\boldsymbol{y}^k\|^2 \\
&= f(\boldsymbol{x}^k)-L(\tilde{\boldsymbol{u}}^k)^{\mathrm{T}}(\tilde{\boldsymbol{x}}^k-\tilde{\boldsymbol{y}}^k)-\frac{m}{2}\|\tilde{\boldsymbol{x}}^k-\tilde{\boldsymbol{y}}^k\|^2
\end{aligned}
$$

通过在这个相同的界限中令 $\boldsymbol{w}=\boldsymbol{x}^*, \boldsymbol{z}=\boldsymbol{y}^k$，我们得到

$$
\begin{aligned}
f(\boldsymbol{x}^*) &\geqslant f(\boldsymbol{y}^k)+\nabla f(\boldsymbol{y}^k)^{\mathrm{T}}(\boldsymbol{x}^*-\boldsymbol{y}^k)+\frac{m}{2}\|\boldsymbol{y}^k-\boldsymbol{x}^*\|^2 \\
&= f(\boldsymbol{y}^k)-L(\tilde{\boldsymbol{u}}^k)^{\mathrm{T}}\tilde{\boldsymbol{y}}^k+\frac{m}{2}\|\tilde{\boldsymbol{y}}^k\|^2
\end{aligned}
$$

通过将这些边界代入式（4.25b），我们得到

$$
\begin{aligned}
V_{k+1} \leqslant & \rho^2\left[f(\boldsymbol{x}^k)-f^*-\frac{m}{2}\|\tilde{\boldsymbol{x}}^k-\tilde{\boldsymbol{y}}^k\|^2\right]-\frac{m\left(1-\rho^2\right)}{2}\|\tilde{\boldsymbol{y}}^k\|^2- \\
& \rho^2 L(\tilde{\boldsymbol{u}}^k)^{\mathrm{T}}(\tilde{\boldsymbol{x}}^k-\tilde{\boldsymbol{y}}^k)+(1-\rho^2)L(\tilde{\boldsymbol{u}}^k)^{\mathrm{T}}\tilde{\boldsymbol{y}}^k- \\
& \frac{L}{2}\|\tilde{\boldsymbol{u}}^k\|^2+\frac{L}{2}\|\tilde{\boldsymbol{x}}^{k+1}-\rho^2\tilde{\boldsymbol{x}}^k\|^2 \\
= & \rho^2\left[f(\boldsymbol{x}^k)-f^*+\frac{L}{2}\|\tilde{\boldsymbol{x}}^k-\rho^2\tilde{\boldsymbol{x}}^{k-1}\|^2\right]- \\
& \frac{m\rho^2}{2}\|\tilde{\boldsymbol{x}}^k-\tilde{\boldsymbol{y}}^k\|^2-\frac{m(1-\rho^2)}{2}\|\tilde{\boldsymbol{y}}^k\|^2+ \\
& L(\tilde{\boldsymbol{u}}^k)^{\mathrm{T}}(\tilde{\boldsymbol{y}}^k-\rho^2\tilde{\boldsymbol{x}}^k)-\frac{L}{2}\|\tilde{\boldsymbol{u}}^k\|^2+ \\
& \frac{L}{2}\|\tilde{\boldsymbol{x}}^{k+1}-\rho^2\tilde{\boldsymbol{x}}^k\|^2-\frac{\rho^2 L}{2}\|\tilde{\boldsymbol{x}}^k-\rho^2\tilde{\boldsymbol{x}}^{k-1}\|^2 \qquad (4.26\text{a}) \\
= & \rho^2 V_k+R_k \qquad (4.26\text{b})
\end{aligned}
$$

其中，

$$
\begin{aligned}
R_k := & -\frac{m\rho^2}{2}\|\tilde{\boldsymbol{x}}^k-\tilde{\boldsymbol{y}}^k\|^2-\frac{m(1-\rho^2)}{2}\|\tilde{\boldsymbol{y}}^k\|^2+L(\tilde{\boldsymbol{u}}^k)^{\mathrm{T}}\left(\tilde{\boldsymbol{y}}^k-\rho^2\tilde{\boldsymbol{x}}^k\right)-\frac{L}{2}\|\tilde{\boldsymbol{u}}^k\|^2+ \\
& \frac{L}{2}\|\tilde{\boldsymbol{x}}^{k+1}-\rho^2\tilde{\boldsymbol{x}}^k\|^2-\frac{\rho^2 L}{2}\|\tilde{\boldsymbol{x}}^k-\rho^2\tilde{\boldsymbol{x}}^{k-1}\|^2
\end{aligned} \qquad (4.27)
$$

式（4.26b）足够证明式（4.21），前提是我们可以证明R_k是负的．我们将结果正式表述如下．

命题 4.3 对于应用于强凸函数的 Nesterov 最优法［见式（4.7）］，可以将α_k和β_k定义为式（4.23）中的形式，并且设$\rho^2=\left(1-1/\sqrt{\kappa}\right)$，将这些参数代入式（4.27）中，我们将得到$R_k$的表达式：

$$
R_k=-\frac{1}{2}L\rho^2\left(\frac{1}{\kappa}+\frac{1}{\sqrt{\kappa}}\right)\|\tilde{\boldsymbol{x}}^k-\tilde{\boldsymbol{y}}^k\|^2
$$

这个结果可以通过纯代数运算来证明，使用 Nesterov 最优法的规范以及各种量的定义和步长设置［见式（4.23）］．我们把它留作练习．请注意，任何使这个量为负值的ρ和β_k都是可行的．我们也可能通过对参数做出其他选择而得到一个更快的收敛速率（即ρ的较低值），从而使得R_k成为非正值．

命题 4.3 表明，如果适当选择参数，R_k是一个负平方数．因此，我们可以得出结论：

$V_{k+1} \leqslant \rho^2 V_k$. 我们在下面的定理中总结了收敛结果.

定理 4.4　当将 Nesterov 最优法［见式(4.7)］应用在强凸函数上时，可以将α_k和β_k定义为式(4.23)中的形式，并且设$\rho^2 = (1-1/\sqrt{\kappa})$，我们有

$$f(\boldsymbol{x}^k) - f^* \leqslant \left(1 - \frac{1}{\sqrt{\kappa}}\right)^k \left\{f(\boldsymbol{x}_0) - f^* + \frac{m}{2}\|\boldsymbol{x}_0 - \boldsymbol{x}^*\|^2\right\}$$

证明　由$V_{k+1} \leqslant \rho^2 V_k$以及在式(4.22)中定义的$V_k$，我们有

$$f(\boldsymbol{x}^k) - f^* \leqslant V_k \leqslant \rho^{2k} V_0 = \left(1 - \frac{1}{\sqrt{\kappa}}\right)^k V_0$$

之前提过$\boldsymbol{x}^{-1} := \boldsymbol{x}^0$，根据式(4.22)，我们得到结果：

$$\begin{aligned} V_0 &= f(\boldsymbol{x}^0) - f^* + \frac{L}{2}\|(1-\rho^2)\tilde{\boldsymbol{x}}^0\|^2 \\ &= f(\boldsymbol{x}^0) - f^* + \frac{L}{2}\left(\frac{1}{\sqrt{\kappa}}\right)^2 \|\boldsymbol{x}^0 - \boldsymbol{x}^*\|^2 \\ &= f(\boldsymbol{x}_0) - f^* + \frac{m}{2}\|\boldsymbol{x}_0 - \boldsymbol{x}^*\|^2 \end{aligned}$$

■

我们注意到，Nesterov 法的可被证明的收敛速率比应用于二次函数的重球法稍差：Nesterov 法的收敛速率是$1-1/\sqrt{\kappa}$，而重球法大概是$1-2/\sqrt{\kappa}$.（我们将在习题中证明重球法的收敛速率，使用的方法与 4.2 节中证明 Nesterov 法的收敛速率的技术类似.）这个边界的最差情况表明，Nesterov 法可能需要大约两倍的迭代次数来达到一个给定的容忍阈值ϵ. 这种差异在实践中很少见到. 此外，正如我们现在所展示的，Nesterov 法可以适用于更多类型的函数.

4.4　弱凸函数的收敛性

我们可以通过修改 4.3 节的分析来证明 Nesterov 最优法［见式(4.7)］对于弱凸函数的收敛性. 我们需要允许β_k随 k 变化（因此也随ρ_k变化），同时保持一个恒定值α参数：$\alpha_k \equiv 1/L$.

我们首先重新定义V_k以使用变量ρ，如下所示：

$$V_k = f(\boldsymbol{x}^k) - f^* + \frac{L}{2}\| \tilde{\boldsymbol{x}}^k - \rho_{k-1}^2 \tilde{\boldsymbol{x}}^{k-1} \|^2 \tag{4.28}$$

我们现在可以继续 4.3 节的推导，将这个修改过的V_k代入式（4.25）和式（4.26），并在加减法步骤将ρ替换成ρ_k. 通过在式（4.26a）中令$m=0$，我们得到

$$\begin{aligned} V_{k+1} \leqslant{} & \rho_k^2\left[f(\boldsymbol{x}^k) - f^* + \frac{L}{2}\| \tilde{\boldsymbol{x}}^k - \rho_{k-1}^2 \tilde{\boldsymbol{x}}^{k-1} \|^2 \right] + \\ & L(\tilde{\boldsymbol{u}}^k)^{\mathrm{T}}\left(\tilde{\boldsymbol{y}}^k - \rho_k^2 \tilde{\boldsymbol{x}}^k \right) - \frac{L}{2}\| \tilde{\boldsymbol{u}}^k \|^2 + \\ & \frac{L}{2}\| \tilde{\boldsymbol{x}}^{k+1} - \rho_k^2 \tilde{\boldsymbol{x}}^k \|^2 - \frac{\rho_k^2 L}{2}\| \tilde{\boldsymbol{x}}^k - \rho_{k-1}^2 \tilde{\boldsymbol{x}}^{k-1} \|^2 \\ ={} & \rho_k^2\left[f(\boldsymbol{x}^k) - f^* + \frac{L}{2}\| \tilde{\boldsymbol{x}}^k - \rho_{k-1}^2 \tilde{\boldsymbol{x}}^{k-1} \|^2 \right] + \\ & \frac{L}{2}\| \tilde{\boldsymbol{y}}^k - \rho_k^2 \tilde{\boldsymbol{x}}^k \|^2 - \frac{\rho_k^2 L}{2}\| \tilde{\boldsymbol{x}}^k - \rho_{k-1}^2 \tilde{\boldsymbol{x}}^{k-1} \|^2 \end{aligned} \tag{4.29a}$$

$$= \rho_k^2 V_k + W_k \tag{4.29b}$$

其中，

$$W_k := \frac{L}{2}\| \tilde{\boldsymbol{y}}^k - \rho_k^2 \tilde{\boldsymbol{x}}^k \|^2 - \frac{\rho_k^2 L}{2}\| \tilde{\boldsymbol{x}}^k - \rho_{k-1}^2 \tilde{\boldsymbol{x}}^{k-1} \|^2 \tag{4.30}$$

式（4.29a）是通过使用式（4.7b）中的恒等式$\tilde{\boldsymbol{x}}^{k+1} = \boldsymbol{x}^{k+1} - \boldsymbol{x}^* = \boldsymbol{y}^k - \boldsymbol{u}^k - \boldsymbol{x}^* = \tilde{\boldsymbol{y}}^k - \tilde{\boldsymbol{u}}^k$，并进行平方运算得来的.

在$k \geqslant 1$时，我们选择ρ_k来使得$W_k = 0$. 根据式（4.30），只要满足如下条件，$W_k = 0$就会成立：

$$\tilde{\boldsymbol{y}}^k - \rho_k^2 \tilde{\boldsymbol{x}}^k = \rho_k \tilde{\boldsymbol{x}}^k - \rho_k \rho_{k-1}^2 \tilde{\boldsymbol{x}}^{k-1} \tag{4.31}$$

通过代入式（4.7b）中的$\tilde{\boldsymbol{y}}^k = (1+\beta_k)\tilde{\boldsymbol{x}}^k - \beta_k \tilde{\boldsymbol{x}}^{k-1}$并令$\tilde{\boldsymbol{x}}^k$和$\tilde{\boldsymbol{x}}^{k-1}$的系数为零，我们发现以下条件能确保式（4.31）成立：

$$1 + \beta_k - \rho_k^2 = \rho_k, \quad \beta_k = \rho_k \rho_{k-1}^2 \tag{4.32}$$

从一个随机选择的ρ_0（关于这个的更多信息会在下面给出），我们可以使用这些公式来定义后续的β_k和ρ_k，$k = 1,2,\cdots$. 代入β_k，我们得到了以下连续两次迭代的ρ值之间的关系：

$$1+\rho_k(\rho_{k-1}^2-1)-\rho_k^2=0 \tag{4.33}$$

从而得到

$$\rho_k^2=\frac{(1-\rho_k^2)^2}{(1-\rho_{k-1}^2)^2},\quad k=1,2,\cdots \tag{4.34}$$

利用$V_k \leqslant \rho_{k-1}^2 V_{k-1}(k=1,2,\cdots)$这个事实［见式（4.29b）和$W_k=0$，$k=1,2,\cdots$］，我们得出

$$V_k \leqslant \rho_{k-1}^2\rho_{k-2}^2\cdots\rho_1^2 V_1=\left\{\prod_{j=1}^{k-1}\rho_j^2\right\}V_1=\frac{(1-\rho_{k-1}^2)^2}{(1-\rho_0^2)^2}V_1 \tag{4.35}$$

为了得到V_1的一个边界，我们选择$\rho_0=0$和$\rho_{-1}=0$，使用式（4.29）和式（4.30），以及$\boldsymbol{y}^0=\boldsymbol{x}^0$，这样就得到了

$$V_1 \leqslant W_0=\frac{L}{2}\|\tilde{\boldsymbol{y}}^0\|^2=\frac{L}{2}\|\boldsymbol{x}^0-\boldsymbol{x}^*\|^2$$

通过将其代入式（4.35）（令$\rho_0=0$）得到

$$V_k \leqslant (1-\rho_{k-1}^2)^2\frac{L}{2}\|\boldsymbol{x}^0-\boldsymbol{x}^*\|^2 \tag{4.36}$$

我们现在用基本归纳法来证明

$$1-\rho_k^2 \leqslant \frac{2}{k+2} \tag{4.37}$$

注意，选择$\rho_0=0$可以保证式（4.37）在 k=0 时成立．假设对于某个 k，它也成立，我们想证明$1-\rho_{k+1}^2 \leqslant 2/(k+3)$．用反证法，假设这个断言不成立．我们就有

$$1-\rho_{k+1}^2>\frac{2}{k+3},\ \text{因此}\ \rho_{k+1}^2<\frac{k+1}{k+3}$$

从而

$$\frac{(1-\rho_{k+1}^2)^2}{\rho_{k+1}^2}>\left(\frac{2}{k+3}\right)^2\frac{k+3}{k+1}=\frac{4}{(k+1)(k+3)}$$

因为对于所有的 k，都有$(k+1)(k+3)<(k+2)^2$，这个边界以及式（4.37）和式（4.34）相违背了．因此，当 k 被替换成$k+1$时，由归纳法得知，式（4.37）对于$k=0,1,2,\cdots$都成立．

通过将式（4.37）代入式（4.36）并使用式（4.28），我们得到

$$f(\boldsymbol{x}^k) - f^* \leqslant V_k \leqslant \frac{2L}{(k+1)^2} \| \boldsymbol{x}^0 - \boldsymbol{x}^* \|^2 \tag{4.38}$$

该线性速率比定理 3.3 中最速下降法证明的速率更快，因为$1/k$收敛变成了$1/k^2$收敛 .

我们在算法 4.1 中总结了针对弱凸情况的 Nesterov 最优法 . 请注意，对于$k=1,2,\cdots$，我们已经定义了β_k和ρ_k以满足式（4.32）和式（4.33），并在式（4.7b）中令$\alpha_k \equiv 1/L$.

算法 4.1 Nesterov 最优法：弱凸 f

给定$\boldsymbol{x}^0$和约束 L 满足式（2.7），令$\boldsymbol{x}^{-1} = \boldsymbol{x}^0$，$\beta_0 = 0$，$\rho_0 = 0$；
for $k = 0,1,2,\cdots$ **do**
  令$\boldsymbol{y}^k := \boldsymbol{x}^k + \beta_k(\boldsymbol{x}^k - \boldsymbol{x}^{k-1})$；
  令$\boldsymbol{x}^{k+1} := \boldsymbol{y}^k - (1/L)\nabla f(\boldsymbol{y}^k)$；
  定义ρ_{k+1} 是如下二次方程在 [0,1] 中的根：$1 + \rho_{k+1}(\rho_k^2 - 1) - \rho_{k+1}^2 = 0$；
  令$\beta_{k+1} = \rho_{k+1}\rho_k^2$；
end for

4.5 共轭梯度法

前面描述的 Nesterov 法的一个问题是我们需要知道参数 L 和 m 来计算适当的步长 .［这个方法的某些版本不需要这些先验知识，并且对 L 进行自适应估计，参见（Nesterov，2015）、（Beck 和 Teboulle，2009）.］共轭梯度法，于 20 世纪 50 年代初开发，用于涉及对称正定矩阵（最小化强凸二次函数）的方程组，不需要这些参数的先验知识 . 共轭梯度法，也是一种动量法，可以扩展并适用于解决平滑（甚至非凸）优化问题，参见（Fletcher 和 Reeves，1964）.

我们暂时关注强凸二次函数f的情况，首先考虑重球公式［见式（4.5）］，其中，允许 α 和 β 在迭代中变化，如下所示：

$$\boldsymbol{x}^{k+1} = \boldsymbol{x}^k - \alpha_k \nabla f(\boldsymbol{x}^k) + \beta_k(\boldsymbol{x}^k - \boldsymbol{x}^{k-1}) \tag{4.39}$$

我们现在引入一个捕获搜索方向的向量$\boldsymbol{p}^k$，使得对于所有的 k，有$\boldsymbol{x}^{k+1} = \boldsymbol{x}^k + \alpha_k \boldsymbol{p}^k$. 通过一些操作，我们看到

$$\begin{aligned}\boldsymbol{p}^k &= -\nabla f(\boldsymbol{x}^k) + \frac{\beta_k}{\alpha_k}(\boldsymbol{x}^k - \boldsymbol{x}^{k-1}) = -\nabla f(\boldsymbol{x}^k) + \frac{\beta_k \alpha_{k-1}}{\alpha_k}\boldsymbol{p}^{k-1} \\ &= -\nabla f(\boldsymbol{x}^k) + \gamma_{k-1}\boldsymbol{p}^{k-1}\end{aligned}$$

我们引入了一个新的标量γ_{k-1}来代替$\beta_k\alpha_{k-1}/\alpha_k$. 其中，我们令$\boldsymbol{p}^0 = -\nabla f(\boldsymbol{x}^0)$. 共轭梯度法还会跟踪残差$\boldsymbol{r}^k = \nabla f(\boldsymbol{x}^k) = \boldsymbol{Q}\boldsymbol{x}^k - \boldsymbol{b}$，其中，我们使用了式（4.8）. 请注意，$\boldsymbol{r}^k$可以被更新为$\boldsymbol{r}^{k+1}$，如下所示：

$$\boldsymbol{r}^{k+1} = \boldsymbol{Q}\boldsymbol{x}^{k+1} - \boldsymbol{b} = \boldsymbol{Q}\boldsymbol{x}^k - \boldsymbol{b} + \alpha_k\boldsymbol{Q}\boldsymbol{p}^k = \boldsymbol{r}^k + \alpha_k\boldsymbol{Q}\boldsymbol{p}^k$$

因此，强凸二次函数的共轭梯度法可以用如下三个更新公式和定义标量γ_k和α_k的公式来定义：

$$\boldsymbol{x}^{k+1} \leftarrow \boldsymbol{x}^k + \alpha_k\boldsymbol{p}^k \tag{4.40a}$$

$$\boldsymbol{r}^{k+1} \leftarrow \boldsymbol{r}^k + \alpha_k\boldsymbol{Q}\boldsymbol{p}^k \tag{4.40b}$$

$$\boldsymbol{p}^{k+1} \leftarrow -\boldsymbol{r}^{k+1} + \gamma_k\boldsymbol{p}^k \tag{4.40c}$$

我们通过对 α 执行$f(\boldsymbol{x}^k + \alpha\boldsymbol{p}^k)$的精确最小化来选择$\alpha_k$，对于凸二次函数［见式（4.8）]，这种做法可以推导成一个明确的公式，如下所示：

$$\alpha_k = \frac{(\boldsymbol{p}^k)^{\mathrm{T}}\boldsymbol{r}^k}{(\boldsymbol{p}^k)^{\mathrm{T}}\boldsymbol{Q}\boldsymbol{p}^k} \tag{4.41}$$

我们选择γ_k以确保在两个方向$\boldsymbol{p}^k$和$\boldsymbol{p}^{k+1}$上满足关于 $\boldsymbol{Q}$ 的共轭性，即$(\boldsymbol{p}^k)^{\mathrm{T}}\boldsymbol{Q}\boldsymbol{p}^{k+1} = 0$. 通过代入式（4.40c），我们得到

$$\gamma_k = \frac{(\boldsymbol{r}^{k+1})^{\mathrm{T}}\boldsymbol{Q}\boldsymbol{p}^k}{(\boldsymbol{p}^k)^{\mathrm{T}}\boldsymbol{Q}\boldsymbol{p}^k} = \frac{(\boldsymbol{r}^{k+1})^{\mathrm{T}}\boldsymbol{r}^{k+1}}{(\boldsymbol{r}^k)^{\mathrm{T}}\boldsymbol{r}^k} \tag{4.42}$$

最后两个公式的相等性并不明显，我们将其留作练习. 式（4.40）、式（4.41）和式（4.42），连同初始迭代$\boldsymbol{x}^0$和搜索方向$\boldsymbol{p}^0 = -(\boldsymbol{Q}\boldsymbol{x}^0 - \boldsymbol{b})$，一起给出了强凸二次函数［见式（4.8）］的基本共轭梯度法的完整描述.

共轭梯度法的一个显著特性是，不仅有式（4.42）确保的两个连续搜索方向$\boldsymbol{p}^k$和$\boldsymbol{p}^{k+1}$的共轭性，而且$\boldsymbol{p}^{k+1}$与前面所有搜索方向$\boldsymbol{p}^k, \boldsymbol{p}^{k-1}, \cdots, \boldsymbol{p}^0$都是共轭的！由此可见，这些方向形成了一个线性无关的集合，并且还可以证明$\boldsymbol{x}^{k+1}$是 f 在由$\boldsymbol{x}^0$和域$\{\boldsymbol{p}^0, \boldsymbol{p}^1, \cdots, \boldsymbol{p}^k\}$定

义的仿射集中的最小值点．因此，共轭梯度法是可以保证在最多 n 次迭代后收敛到强凸二次函数 f 的精确最小值点．

共轭梯度法已经被扩展应用于非二次和非凸函数的情况．这些扩展通常涉及选择 α_k 并沿方向 $\boldsymbol{p}^k$ 进行（可能不精确的）线搜索，并以类似于式（4.42）的方式定义 γ_k（当 f 是凸二次函数且 α_k 精确时，通常会简化为该公式）. Nocedal 和 Wright（2006，第 5 章）讨论了许多非线性共轭梯度（CG）法的变体．这些方法中有一些具有收敛性，但通常没有那么强，这些方法已经被证明正是本章主要关注的加速梯度法．由于这些方法通常表现良好，我们预计它们将成为进一步研究的主题，因此可以预期未来会有进一步的提高．[相反，应用于凸二次函数情况的共轭梯度法的收敛理论已经非常丰富，Nocedal 和 Wright（2006，第 5 章）也对此进行了讨论．]

4.6　收敛速率的下界

之所以 Nesterov 法和"最优"能联系起来，是因为在利用迭代 $\boldsymbol{x}^k$ 处的梯度信息和具有利普希茨连续梯度的函数的所有算法中，这种方法得到的收敛速率是最好的（达到一个常数）．这一结论可以通过构造一个精心设计的函数来证明，对于该函数，任何利用迭代至 k 步内所有梯度信息的方法［即 $\nabla f(\boldsymbol{x}^i)$，$i=0,1,2,\cdots,k$］都无法生成一个序列 $\{\boldsymbol{x}^k\}$，使得收敛速率优于式（4.38）所示的收敛速率．Nesterov（2004）提出的函数是一个凸二次函数 $f(\boldsymbol{x})=\frac{1}{2}\boldsymbol{x}^{\mathrm{T}}\boldsymbol{A}\boldsymbol{x}-\boldsymbol{e}_1^{\mathrm{T}}\boldsymbol{x}$，其中，

$$\boldsymbol{A}=\begin{bmatrix} 2 & -1 & 0 & 0 & \cdots & 0 & 0 & 0 \\ -1 & 2 & -1 & 0 & \cdots & 0 & 0 & 0 \\ 0 & -1 & 2 & -1 & \cdots & 0 & 0 & 0 \\ \vdots & \vdots & \vdots & \vdots & & \vdots & \vdots & \vdots \\ 0 & 0 & 0 & 0 & \cdots & -1 & 2 & -1 \\ 0 & 0 & 0 & 0 & \cdots & 0 & -1 & 2 \end{bmatrix},\quad \boldsymbol{e}_1=\begin{bmatrix} 1 \\ 0 \\ 0 \\ \vdots \\ 0 \end{bmatrix}$$

解 $\boldsymbol{x}^*$ 满足 $\boldsymbol{A}\boldsymbol{x}^*=\boldsymbol{e}_1$，它的分量是 $x_i^*=1-i/(n+1)$，对于 $i=1,2,\cdots,n$．很容易证明 $\|\boldsymbol{A}\|_2\leqslant 4$，所以这个函数是 L 平滑的，其中，$L=4$．

如果我们用 $\boldsymbol{x}^0=\boldsymbol{0}$ 作为起点并将迭代 $\boldsymbol{x}^{k+1}$ 构建为

$$\boldsymbol{x}^{k+1}=\boldsymbol{x}^k+\sum_{j=0}^{k}\gamma_j\nabla f(\boldsymbol{x}^j)$$

对于一些系数$\gamma_j, j=0,1,\cdots,k$，基本归纳法表明每个迭代$\boldsymbol{x}^k$只能在其前 k 个分量中具有非零值 . 因此对于这样的算法，我们有

$$\|\boldsymbol{x}^k-\boldsymbol{x}^*\|^2 \geqslant \sum_{j=k+1}^{n}(x_j^*)^2=\sum_{j=k+1}^{n}\left(1-\frac{j}{n+1}\right)^2 \tag{4.43}$$

一些算术运算（见习题 9）可以表明

$$\|\boldsymbol{x}^k-\boldsymbol{x}^*\|^2 \geqslant \frac{1}{8}\|\boldsymbol{x}^0-\boldsymbol{x}^*\|^2, \quad k=1,2,\cdots,\frac{n}{2}-1 \tag{4.44}$$

可以进一步证明

$$f(\boldsymbol{x}^k)-f^* \geqslant \frac{3}{8(k+1)^2}\|\boldsymbol{x}^0-\boldsymbol{x}^*\|^2, \quad k=1,2,\cdots,\frac{n}{2}-1 \tag{4.45}$$

对于该函数，当 L=4 时，$f(\boldsymbol{x}^k)-\boldsymbol{x}^*$的下界在上界的常数因子内［见式（4.38）］.

在前面的讨论中，限制$k<n/2$并不完全满足 . 一个更有说服力的例子表明式（4.45）对于所有 k 成立 .

注释和参考

凸二次函数的切比雪夫迭代法的描述可以参见 Golub 和 Van Loan（1996，第 10 章）.

使用常微分方程法研究动量法的连续时间限制最早可以追溯到 Su 等人（2014）. 在随后的几年里，出现了许多其他论文，旨在沿袭这一工作思路 . 以下参考文献可以更全面地了解这项工作的范围：Wibisono 等人（2016），Attouch 等人（2018），Maddison 等人（2018），以及 Shi 等人（2018）.

Polyak（1964）首先描述了重球法 . Nesterov 法最初是在 Nesterov（1983）中提出的 .（Nesterov, 2004）中给出了基于边界函数的收敛性证明 . 我们对李雅普诺夫函数的描述遵循 Lessard 等人（2016）的描述 . FISTA 算法（Beck 和 Teboulle，2009）将类似的方法扩展到具有以下结构的问题上，其中，目标函数是由平滑凸函数和一个简单的（可能是非平滑的）凸函数相加而成的 . 我们将在 9.3 节中进一步探讨具有这种结构的函数 .

Bubeck 等人（2015）提出了一种动量法，其分析可以用几何工具进行，Drusvyatskiy 等人（2018）提出了一种基于“最优二次平均”的方法 .

共轭梯度法是由 Hestenes 和 Steifel 提出的其被首次全面描述是在 Hestenes 和

Steifel（1952）中．随后，很多其他作者也对该方法进行了论述，例如，Golub 和 Van Loan（1996）．这种方法已经成为科学计算中求解具有对称正定矩阵的大型线性方程组的主要方法之一．它对非线性函数最小化的扩展是由 Fletcher 和 Reeves（1964）首次提出的，随后出现了许多变体．更多关于共轭梯度法的信息，可以参考 Nocedal 和 Wright（2006，第 5 章）及其广泛的参考文献．

习题

1. 用b, μ和Δt定义α和β，使得式（4.4）对应于式（4.3）．对 dx/dt 使用中心差分近似的情况，重复该问题：

$$\frac{\boldsymbol{x}(t+\Delta t)-\boldsymbol{x}(t-\Delta t)}{2\Delta t}$$

2. 用一些一阶方法最小化二次目标函数$f(\boldsymbol{x})=\frac{1}{2}\boldsymbol{x}^{\mathrm{T}}\boldsymbol{A}\boldsymbol{x}$，使用以下 MATLAB 代码片段（或其在其他语言的等价物）生成特征值的范围为$[m, L]$的黑塞矩阵．

```
mu=0.01; L=1; kappa=L/mu;
n=100;
A = randn(n,n); [Q,R]=qr(A);
D=rand(n,1); D=10.^{D}; Dmin=min(D); Dmax=max(D);
D=(D-Dmin)/(Dmax-Dmin);
D = mu + D*(L-mu);
A = Q'*diag(D)*Q;
epsilon=1.e-6;
kmax=1000;
x0 = randn(n,1); % different x0 for each trial
```

在每种情况下运行代码，直到$f(\boldsymbol{x}_k)\leqslant\epsilon$，$\epsilon=10^{-6}$．

实现以下方法．

- 最速下降法，$\alpha_k\equiv 2/(m+L)$．
- 最速下降法，$\alpha_k\equiv 1/L$．
- 最速下降法，精确线搜索．
- 重球法，$\alpha=4/(\sqrt{L}+\sqrt{m})^2$，$\beta=(\sqrt{L}-\sqrt{m})/(\sqrt{L}+\sqrt{m})$．
- Nesterov 最优法，$\alpha=1/L$，$\beta=(\sqrt{L}-\sqrt{m})/(\sqrt{L}+\sqrt{m})$．

（a）列出 10 次随机启动所需的平均迭代次数 .

（b）画出典型运行中的收敛行为图，并对比迭代次数与对数$\log_{10}(f(\boldsymbol{x}_k)-f(\boldsymbol{x}^*))$.（使用同一图，每种算法使用不同的颜色 .）

（c）讨论你的结果，特别是注意最坏情况下的收敛分析是否反映在实际结果中 .

3. 讨论一下当我们将 m 重置为 0（使 f 成为弱凸函数）时，前一个问题中的代码和算法会发生什么变化 . 特别是，当在最速下降法中使用均匀步长$\alpha_k \equiv 2/(L+m)$时会发生什么 . 这些结果与第 3 章的收敛理论是否一致？

4. 考虑函数

$$f(x)=\begin{cases}25x^2, & x<1\\ x^2+48x-24, & 1\leqslant x\leqslant 2\\ 25x^2-48x+72, & x>2\end{cases}$$

（a）证明：f 是参数为 2 的强凸函数且有 L 利普希茨梯度，其中，$L=50$.

（b）求出 f 的全局最小值点 . 证明你的答案 .

（c）运行步长为 1/50 的梯度法、步长为 1/50 和$\beta=2/3$的 Nesterov 法，以及$\alpha=1/18$和$\beta=4/9$的重球法，每种情况都从$x_0=3$开始 . 绘制每种方法的函数值与迭代次数的关系图 . 对于每一种方法，也要画出在 f 是强凸二次函数，$m=2,\ L=50$ 时得出的函数值在最坏情况下的上界 . 解释一下实际效果与二次函数最坏情况下的上界有什么关系 .

5. 使用 Gelfand 公式［见式（4.18）］证明：存在某个$C_\epsilon>1$，使得式（4.19）对于任意$\epsilon>0$都是正确的 .

6. 证明：重球法［见式（4.5）］以一个线性速率在凸二次函数［见式（4.8）］上收敛，且有式（4.9）中的特征值，如果我们令

$$\alpha:=\frac{4}{(\sqrt{L}+\sqrt{m})^2},\quad \beta:=\frac{\sqrt{L}-\sqrt{m}}{\sqrt{L}+\sqrt{m}}$$

则可以很大程度上遵循 4.2 节的证明过程，进行以下操作：

（a）对于适当选择的矩阵 $\boldsymbol{T}$ 和状态变量 $\boldsymbol{w}^k$，将该算法写成线性递归$\boldsymbol{w}^{k+1}=\boldsymbol{T}\boldsymbol{w}^k$.

（b）使用变换将 $\boldsymbol{T}$ 表示为分块对角矩阵，对角线上的块 $\boldsymbol{T}_i$ 的大小为 2×2，其中，每个 $\boldsymbol{T}_i$ 依赖 $\boldsymbol{Q}$ 的一个特征值λ_i .

（c）求每个 $\boldsymbol{T}_i$ 的特征值$\bar{\lambda}_{i,1}$和$\bar{\lambda}_{i,2}$，并将其作为λ_i、α和 β的函数 .

（d）证明：对于给定的α和β值，这些特征值都是复数．

（e）证明：事实上，对于$i=1,2,\cdots,n$，有$|\bar{\lambda}_{i,1}|=|\bar{\lambda}_{i,2}|=\sqrt{\beta}$．因此，$\rho(\boldsymbol{T})=\sqrt{\beta}\approx 1-\sqrt{\kappa}$.

7. 用式（4.7）证明命题 4.3. 定义$\kappa=L/m$，$\tilde{\boldsymbol{u}}^k=\boldsymbol{u}^k=(1/L)\nabla f(\boldsymbol{y}^k)$，且$\rho^2=(1-1/\sqrt{\kappa})$；和式（4.23）.

8. 证明：如果$\rho_{k-1}\in[0,1]$，则二次函数［见式（4.33）］有一个根ρ_k在$[0,1]$内．

9. 对于 4.6 节的二次函数，证明以下不等式：

$$\|\boldsymbol{x}^0-\boldsymbol{x}^*\|_2^2\leqslant\frac{n}{3},\quad \|\boldsymbol{x}^k-\boldsymbol{x}^*\|^2\geqslant\frac{(n-k)^3}{3(n+1)^2}\geqslant\frac{(n-k)^3}{n(n+1)^2}\|\boldsymbol{x}^0-\boldsymbol{x}^*\|^2$$

［式（4.44）可通过将$k=\frac{n}{2}-1$代入这个表达式得出，并且随着k的增加，式（4.44）的值减小．］

10. 证明：根据式（4.40）和式（4.41），式（4.42）中的两个公式对于共轭梯度法中的参数γ_k实际上是相等的．

第 5 章

随机梯度法

随机梯度（SG）法是现代数据分析和机器学习中最流行的算法之一. 它具有悠久的历史，不同的研究领域和团体曾多次发明和重新发明了该方法的各种变体，如“最小均方”“反向传播”“在线学习”和“随机 Kaczmarz 法”等. 大多数人把随机梯度法归功于 Robbins 和 Monro（1951），他们设计了一种高效的算法，用于计算只有噪声值的标量函数的随机均值和根. 在本章中，我们将探讨随机梯度的一些特性和实现细节.

在本书的大部分内容中，我们的目标是最小化多元凸函数 $f:\mathbf{R}^n \to \mathbf{R}$，为了方便讨论，我们假设该函数是平滑的. 对于非平滑凸函数的情况，随机梯度法的扩展是直接的，我们在第 9 章中将其留作练习. 随机梯度法与第 3 章和第 4 章的方法不同之处在于对函数 f 的信息获取方式. 与其使用 $\nabla f(\boldsymbol{x})$ 的精确值，不如假设可以计算或获取向量 $\boldsymbol{g}(\boldsymbol{x},\boldsymbol{\xi}) \in \mathbf{R}^n$，它是随机变量 $\boldsymbol{\xi}$ 和 $\boldsymbol{x}$ 的函数，使得

$$\nabla f(\boldsymbol{x}) = E_{\xi}\left[\boldsymbol{g}(\boldsymbol{x},\boldsymbol{\xi})\right] \tag{5.1}$$

我们假设 $\boldsymbol{\xi}$ 属于概率分布 P 的某个空间 Ξ，E_{ξ} 表示根据分布 P 对 $\boldsymbol{\xi} \in \Xi$ 的期望. 式（5.1）表示 $\boldsymbol{g}(\boldsymbol{x},\boldsymbol{\xi})$ 是 $\nabla f(\boldsymbol{x})$ 的无偏估计. SG 通过用 $\boldsymbol{g}(\boldsymbol{x},\boldsymbol{\xi})$ 代替最速下降法，更新公式中的真实梯度 ∇f，因此，每次迭代的过程如下：

$$\boldsymbol{x}^{k+1} = \boldsymbol{x}^k - \alpha_k \boldsymbol{g}\left(\boldsymbol{x}^k,\boldsymbol{\xi}^k\right) \tag{5.2}$$

其中，随机变量 $\boldsymbol{\xi}$ 是根据分布 P 选择的（独立于其他迭代中的选择），并且 $\alpha_k > 0$ 是步长. 该方法选择在一个方向前进，这个方向的期望和最速下降方向一致. 尽管 $\boldsymbol{g}\left(\boldsymbol{x}^k,\boldsymbol{\xi}^k\right)$ 可能与 $\nabla f(\boldsymbol{x}^k)$ 有很大的不同，它可能包含很多“噪声”，但它也包含足够的“信号”，

可以在长期内逐步接近 f 的最优值．在典型应用中，梯度估计 $\boldsymbol{g}\left(\boldsymbol{x}^k,\boldsymbol{\xi}^k\right)$ 的计算比计算真实梯度 $\nabla f(\boldsymbol{x}^k)$ 要合算得多．

步长 α_k 的选择对于 SG 的理论和实际表现至关重要．我们不能期望与最速下降法的性能相匹敌，在这种方法中，我们沿着真正的负梯度方向 $-\nabla f(\boldsymbol{x}^k)$，而不是含有噪声的近似方向 $-\boldsymbol{g}\left(\boldsymbol{x}^k,\boldsymbol{\xi}^k\right)$ 移动．在最速下降法中，固定步长 $\alpha_k \equiv 1/L$（其中，L 是 ∇f 的利普希茨常数）产生收敛，详见第 3 章．我们可以通过考虑在 f 的最小值点处（即 $\boldsymbol{x}^0=\boldsymbol{x}^*$）初始化该方法会发生什么，来证明这种固定步长不会在随机梯度法中产生相同的收敛特性．由于 $\nabla f(\boldsymbol{x}^*)=0$，没有下降方向，第 3 章的方法将生成一个零步长——这是正常的，因为我们已经找到了一个解．然而，随机梯度方向 $\boldsymbol{g}\left(\boldsymbol{x}^0,\boldsymbol{\xi}^0\right)$ 可能不为零，导致 SG 远离解（并增加目标函数值）．但是我们可以证明，对于步长序列 $\{\alpha_k\}$ 的明智选择，序列 $\{\boldsymbol{x}^k\}$ 收敛到 $\boldsymbol{x}^*$，或者至少收敛到 $\boldsymbol{x}^*$ 的邻域，其速率通常比通过（真）梯度下降实现的速率慢．

5.1　示例与启发

在许多情况下，SG 是一种强大的工具．在这里，我们讨论一些例子，这些例子将激励我们进一步研究 SG 的实现细节和理论分析．

5.1.1　噪声梯度

SG 最简单的应用是梯度估计 $\boldsymbol{g}(\boldsymbol{x},\boldsymbol{\xi})$ 为带有加性噪声的真实梯度的情况，也就是说，

$$\boldsymbol{g}\left(\boldsymbol{x},\boldsymbol{\xi}\right)=\nabla f(\boldsymbol{x}^*)+\boldsymbol{\xi} \tag{5.3}$$

其中，$\boldsymbol{\xi}$ 是一个噪声过程．假设 $E(\boldsymbol{\xi})=0$，无偏性［见式（5.1）］将成立．我们接下来的分析揭示了一个选择步长 α_k 的方案，以便 SG［见式（5.2）］收敛．在这种情况下，式（5.2）简化为

$$\boldsymbol{x}^{k+1}=\boldsymbol{x}^k-\alpha_k\left(\nabla f(\boldsymbol{x}^k)+\boldsymbol{\xi}^k\right) \tag{5.4}$$

这是具有加性噪声项 $\alpha_k\boldsymbol{\xi}^k$ 的最速下降步骤．

5.1.2　增量梯度法

增量梯度法，也称为感知器或反向传播，是 SG 最常见的变体之一．这里我们假设 f 具有有限和的形式，即

$$f(\boldsymbol{x})=\frac{1}{N}\sum_{i=1}^{N}f_i(\boldsymbol{x}) \tag{5.5}$$

其中，N 通常非常大．计算完整的梯度 ∇f 通常需要计算 ∇f_i，$i=1,2,\cdots,N$——计算量的增长通常与 N 成比例．增量梯度过程的迭代 k 从 $\{1,2,\cdots,N\}$ 选择一个索引 i_k 并设

$$\boldsymbol{x}^{k+1}=\boldsymbol{x}^k-\alpha_k\nabla f_{i_k}(\boldsymbol{x}^k)$$

也就是说，我们选择一个函数 f_i 并遵循它的负梯度．标准增量梯度法选择 i_k 依次循环通过分量 $\{1,2,\cdots,N\}$，即 $i_k=\left(k \bmod N\right)+1$，$k=0,1,2,\cdots$．

或者，我们可以在每次迭代时根据某个随机程序选择 i_k，这是一种 SG 方法．我们通过将随机变量空间 Ξ 定义为索引集合 $\{1,2,\cdots,N\}$ 来看待这一点，随机变量 $\boldsymbol{\xi}^k$ 的选择是索引 $i_k\in\{1,2,\cdots,N\}$，因此，$\boldsymbol{g}\left(\boldsymbol{x}^k,\boldsymbol{\xi}^k\right)=\nabla f_{i_k}(\boldsymbol{x}^k)$．这里，分布 P 满足 $P(i)=1/N$，$i=1,2,\cdots,N$．无偏性［见式（5.1）］成立，因为

$$E_{\xi}\left(\boldsymbol{g}\left(\boldsymbol{x},\boldsymbol{\xi}\right)\right)=\frac{1}{N}\sum_{i=1}^{N}\nabla f_i(\boldsymbol{x})=\nabla f(\boldsymbol{x})$$

正如我们将看到的，这种方法的收敛性分析很简单．令人惊讶的是，使用索引 i_k 的循环选择来分析标准增量梯度更具有挑战性，并且收敛能力更弱．

5.1.3　分类和感知器

正如我们在第 1 章中所展示的，分类是机器学习中的一个典型问题．我们有由 $(\boldsymbol{a}_i,y_i)$ 组成的数据，具有特征向量 $\boldsymbol{a}_i\in\mathbf{R}^n$ 和标签 $y_i\in\{-1,1\},i=1,2,\cdots,N$．目标是找到一个向量 $\boldsymbol{x}\in\mathbf{R}^n$，使得

$$\text{对于}y_i=1,\ \text{有}\boldsymbol{x}^{\mathrm{T}}\boldsymbol{a}_i>0$$

$$\text{对于}y_i=-1,\ \text{有}\boldsymbol{x}^{\mathrm{T}}\boldsymbol{a}_i<0$$

任何满足这些要求的 $\boldsymbol{x}$ 都定义了一条通过原点的线，一侧是所有正例，另一侧是所有

负例 .（通常，这个划分不是那么清晰，因为可能就没有这样的线可以将两个类完美地分开，但我们仍然可以搜索最接近此目标的 $\boldsymbol{w}$.）

20 世纪 50 年代时出现了一种受欢迎的用于寻找 $\boldsymbol{x}$ 的算法，它被称为*感知器*. 它每次使用一个示例，从某个起点 $\boldsymbol{x}^0$ 起，生成一个序列 $\{\boldsymbol{x}^k\}, k=1,2,\cdots$. 在迭代 k 处，我们选择数据对 $(\boldsymbol{a}_{i_k}, y_{i_k})$，并根据下式进行更新：对于某个正参数 γ 和 η，

$$\boldsymbol{x}^{k+1}=(1-\gamma)\boldsymbol{x}^k+\begin{cases}\eta y_{i_k}\boldsymbol{a}_{i_k}, & 若 y_{i_k}(\boldsymbol{x}^k)^{\mathrm{T}}\boldsymbol{a}_{i_k}<1\\ 0, & 其他\end{cases} \tag{5.6}$$

如果当前的估测 $\boldsymbol{x}^k$ 对 $(\boldsymbol{a}_{i_k}, y_{i_k})$ 进行了错误的分类，则此次迭代会“推动” $\boldsymbol{x}^k$，使得 $(\boldsymbol{x}^k)^{\mathrm{T}}\boldsymbol{a}_{i_k}$ 更接近正确的值 . 如果 $\boldsymbol{x}^k$ 对此样本能生成正确的分类，则此次迭代不会进行任何更改 .

此方法是 SG 的一个实例 . 快速计算表明，这是通过将 SG 应用于成本函数得到的 .

$$\frac{1}{N}\sum_{i=1}^{N}\max\left(1-y_i\boldsymbol{a}_i^{\mathrm{T}}\boldsymbol{x},0\right)+\frac{\lambda}{2}\|\boldsymbol{x}\|_2^2 \tag{5.7}$$

其中，$\boldsymbol{\xi}^k$ 是求和中单个项的索引 i_k . 在更新式（5.6）中，我们使用式（5.2）和

$$\boldsymbol{g}\left(\boldsymbol{x}^k,\boldsymbol{\xi}^k\right)=\boldsymbol{g}\left(\boldsymbol{x}^k,i_k\right)=\lambda\boldsymbol{x}^k+\begin{cases}-\eta y_{i_k}\boldsymbol{a}_{i_k}, & 若 y_{i_k}(\boldsymbol{x}^k)^{\mathrm{T}}\boldsymbol{a}_{i_k}<1\\ 0, & 其他\end{cases} \tag{5.8}$$

以及 $\gamma=\alpha_k\lambda$ 和 $\eta=\alpha_k$.（在机器学习中，步长通常被称为*学习率*.）式（5.7）通常被称为*支持向量机*（见 1.4 节）. 在当今的术语中，感知器相当于使用 SG“训练”支持向量机 .

5.1.4　经验风险最小化

在机器学习中，支持向量机是众多*经验风险最小化*（ERM）问题中的一个实例 . 许多分类、回归和决策任务可以被看作是对数据分布的预期误差的评估 . 最常见的例子就是*统计风险* . 给定一个数据分布 P 和*损失函数* $\ell(\boldsymbol{u}, v)$，我们将风险定义为

$$R[f]:=E_{(\boldsymbol{x},\boldsymbol{y})\sim P}\left[\ell\left(f(\boldsymbol{x}),\boldsymbol{y}\right)\right] \tag{5.9}$$

也就是说，期望是在数据空间 $(\boldsymbol{x},\boldsymbol{y})$ 上根据概率分布 P 得到的 . 函数 l 衡量了当要估计量是 $\boldsymbol{y}$ 时，赋值为 $f(\boldsymbol{x})$ 的成本 .（通常，当 $f(\boldsymbol{x})$ 远离 $\boldsymbol{y}$ 时，l 会更大 .）R 是关于概率分布 P 的决策规则 $f(\boldsymbol{x})$ 的预期损失 . 许多学习任务的目标是选择函数 f，最小化风险 . 比如，支持向量机使用“铰链损失”作为函数 l，它测量预测 $\boldsymbol{w}^{\mathrm{T}}\boldsymbol{x}$ 和正确的半空间之间的距离 .

在回归问题中，$\boldsymbol{y}$是目标变量，损失是根据平方函数$\ell\left(f(\boldsymbol{x}),\boldsymbol{y}\right)=\frac{1}{2}\left(f(\boldsymbol{x})-\boldsymbol{y}\right)^2$来测量$f(\boldsymbol{x})$和$\boldsymbol{y}$之间的距离．

通常，风险函数［见式（5.9）］的最小化（甚至评估）在计算上是难以实现的，需要知道数据对$(\boldsymbol{x},\boldsymbol{y})$的似然和先验模型．一种流行的替代方法使用样本来提供对真实风险的估计．假设我们有一个程序，它可以从联合分布$p(\boldsymbol{x},\boldsymbol{y})$生成独立同分布（i.i.d.）样本$(\boldsymbol{x}_1,y_1),(\boldsymbol{x}_2,y_2),\cdots,(\boldsymbol{x}_N,y_N)$．对于这些数据点和固定的决策规则$\hat{\boldsymbol{x}}(\boldsymbol{y})$，我们可以认为经验风险“接近”真实风险$R[f]$，经验风险定义为

$$R_{\text{emp}}[f]:=\frac{1}{N}\sum_{i=1}^{N}\ell\left(f(y_i),\boldsymbol{x}_i\right) \tag{5.10}$$

实际上，$R_{\text{emp}}[f]$是一个随机变量，等于损失函数的样本均值．如果我们从样例集中取期望，得到

$$E\left[R_{\text{emp}}[f]\right]=R[f]$$

鉴于这些样本，经验风险不再是似然和先验模型的函数．它产生了一个更简单的优化问题，其中，目标函数是式（5.5）的有限和．最小化这一经验风险相当于找到最佳函数f，使我们的数据样本上的平均损失最小．

SG 和 ERM 密切相关．ERM 的一种变体是将问题有限地表述为式（5.10）的形式，然后将 5.1.2 节中的随机增量梯度法应用到这个函数中．另外一种变体不需要明确取一个有限的数据集，而是将 SG 直接代入式（5.9）中．每一步都会从分布P中选取一对$(\boldsymbol{x},\boldsymbol{y})$，并且沿着损失函数$l$相对于$f$的负梯度方向进行一步更新，该梯度是在点$(f(\boldsymbol{x}),\boldsymbol{y})$处计算的．

感知器是 ERM 一个特定实例，其中，我们定义$f(\boldsymbol{x})=\boldsymbol{w}^{\mathrm{T}}\boldsymbol{x}$（因此$f$是由向量$\boldsymbol{w}$参数化的）并且$\ell\left(f(\boldsymbol{x}),\boldsymbol{y}\right)=\max(1-\boldsymbol{y}\boldsymbol{x}^{\mathrm{T}}\boldsymbol{w},0)$．

5.2 随机性和步长：深入分析

在对 SG 进行严格的分析之前，我们先给出一些背景知识，并通过一些简单但富有启发性的例子，说明如何选择步长参数α_k．

5.2.1 示例：计算均值

考虑将一个增量梯度法应用到如下标量函数中：

$$f(x) := \frac{1}{2N}\sum_{i=1}^{N}\left(x-\omega_i\right)^2 \tag{5.11}$$

其中，$\omega_i(i=1,2,\cdots,N)$是固定标量．当定义$f_i(x)=\frac{1}{2}\left(x-\omega_i\right)^2$时，这个函数具有有限和［见式（5.5）］的形式，因此

$$\nabla f_i(x) = x-\omega_i$$

我们从$x^0=0$出发，并且按照标准增量梯度法，逐步遍历索引并使用步长$\alpha_k=1/(k+1)$．开始的几个迭代是

$$x^1 = x^0-\left(x^0-\omega_1\right)=\omega_1$$

$$x^2 = x^1-\frac{1}{2}\left(x^1-\omega_2\right)=\frac{1}{2}\omega_1+\frac{1}{2}\omega_2$$

$$x^3 = x^2-\frac{1}{3}\left(x^2-\omega_3\right)=\frac{1}{3}\omega_1+\frac{1}{3}\omega_2+\frac{1}{3}\omega_3$$

因此，

$$x^k = \left(\frac{k-1}{k}\right)x^{k-1}+\frac{1}{k}\omega_k=\frac{1}{k}\sum_{j=1}^{k}\omega_j,\ \ k=1,2,\cdots \tag{5.12}$$

步长$\alpha_k=1/(k+1)$最早是由 Robbins 和 Monro（1951）提出的，并且它对这个简单例子很有意义，因为它产生的迭代结果是到目前为止遇到的所有样本ω_j的移动平均值．该步长有另外两个重要特性．

- 即使当梯度$g(x,i)=\nabla f_i(x)$在范数上有界时，迭代仍然可以在搜索空间里横穿任意距离，因为$\sum_{k=0}^{\infty}1/(k+1)=\infty$．因此，即使当起点$x^0$距离解$x^*$任意远时，也能最终收敛．
- 步长会缩小为 0，因此，当迭代到达解x^*附近时，即使搜索方向$g(x,\xi)$包含噪声，它们仍然倾向于停留在那里．

对于这个简单的例子，f的全局最小值在N步循环增量法后被找到，并不一定需要随机性．事实上，当我们随机选择分量函数f_{i_k}时，我们反而不太可能在有限循环内收敛

到式（5.11）的最小值点．然而，在另一些有限和目标函数的情况下，随机性会比循环方案产生更好的性能，我们在 5.2.2 节中会看到这一点．

考虑式（5.11）的“连续”形式：

$$f(x)=\frac{1}{2}E_{\omega}\left(x-\omega\right)^{2} \tag{5.13}$$

其中，ω是均值为μ、方差为σ^2的随机变量．在 SG 的第j步，我们从ω的分布中选择ω_{j+1}的值，这独立于在上一步迭代时对ω的选择．我们在方向$x^j-\omega_{j+1}$上移动一步，步长为$1/(j+1)$．起始于$x^0=0$，k步后，和之前一样，我们得到满足式（5.12）的x^k．通过把这个值代入式（5.13）中，并对ω以及所有的随机变量$\omega_1,\omega_2,\cdots,\omega_k$取期望，我们得到

$$f(x^k)=\frac{1}{2}E_{\omega_1,\omega_2,\cdots,\omega_k,\omega}\left[\left(\frac{1}{k}\sum_{j=1}^{k}\omega_j-\omega\right)^2\right]=\frac{1}{2k}\sigma^2+\frac{1}{2}\sigma^2 \tag{5.14}$$

在这个简单例子中，我们可以精确计算出式（5.13）的最小值点．我们有

$$f(x)=\frac{1}{2}E\left[x^2-2\omega x+\omega^2\right]=\frac{1}{2}x^2-\mu x+\frac{1}{2}\sigma^2+\frac{1}{2}\mu^2$$

因此，f的最小值点是$x^*=\mu, f(x^*)=\frac{1}{2}\sigma^2$．和式（5.14）对比，我们有

$$f(x^k)-f(x^*)=\frac{1}{2k}\sigma^2$$

从统计学角度来看，可以证明在给定序列$\{\omega_1,\omega_2,\cdots,\omega_k\}$的情况下，$x^k$可以获得最高质量估计的$x^*$．有趣的是，SG 一次只考虑一个样本$\omega_{j+1}$，并在每次迭代后执行一步，它能够达到与使用完整数据集$\{\omega_1,\omega_2,\cdots,\omega_k\}$的估计值相同的质量．即便如此，这种最佳可能性能的收敛速率也是线性的：函数值与其最优值$\left\{f(x^k)-f^*\right\}$之间的差序列像$1/k$一样缩小，而不是以指数形式减小到零．这个速率表明了 SG 的一个基本限制：一般情况下不会有线性收敛．阻碍线性收敛速率的是统计学，而不是计算或算法设计．

5.2.2　随机 Kaczmarz 法

当我们考虑以下线性最小二乘问题的特殊情况时，可以看到随机性的潜在好处：

$$\min f(\boldsymbol{x}):=\frac{1}{2N}\sum_{i=1}^{N}\left(\boldsymbol{a}_i^{\mathrm{T}}\boldsymbol{x}-b_i\right)^2 \tag{5.15}$$

其中$\|\boldsymbol{a}_i\|=1$，$i=1,2,\cdots,N$．对于$i=1,2,\cdots,N$，假设存在一个$\boldsymbol{x}^*$，使得$\boldsymbol{a}_i^{\mathrm{T}}\boldsymbol{x}^*=b_i$．这个点会是$f$的一个最小值点，$f(\boldsymbol{x}^*)=0$．步长为$\alpha_k\equiv 1$的 SG 称为随机 Kaczmarz 法．递归公式如下：

$$\boldsymbol{x}^{k+1}=\boldsymbol{x}^k-\boldsymbol{a}_{i_k}\left(\boldsymbol{a}_{i_k}^{\mathrm{T}}\boldsymbol{x}^k-b_{i_k}\right)=\boldsymbol{x}^k-\boldsymbol{a}_{i_k}\boldsymbol{a}_{i_k}^{\mathrm{T}}\left(\boldsymbol{x}^k-\boldsymbol{x}^*\right)$$

聚合前k次迭代的效果，我们得到

$$\boldsymbol{x}^{k+1}-\boldsymbol{x}^*=\left(\boldsymbol{I}-\boldsymbol{a}_{i_k}\boldsymbol{a}_{i_k}^{\mathrm{T}}\right)\left(\boldsymbol{x}^k-\boldsymbol{x}^*\right)=\prod_{j=0}^{k}\left(\boldsymbol{I}-\boldsymbol{a}_{i_j}\boldsymbol{a}_{i_j}^{\mathrm{T}}\right)\left(\boldsymbol{x}^0-\boldsymbol{x}^*\right)$$

迭代k是当前迭代$\boldsymbol{x}^k$在由$\boldsymbol{a}_{i_k}^{\mathrm{T}}\boldsymbol{x}^k=b_{i_k}$定义的平面上的投影．如果两个连续的子空间彼此靠近，则$\boldsymbol{x}^{k+1}$和$\boldsymbol{x}^k$彼此靠近，所以在靠近$\boldsymbol{x}^*$上没有取得太大进展．以下的例子描述了一组向量$\{\boldsymbol{a}_1,\boldsymbol{a}_2,\cdots,\boldsymbol{a}_N\}$，其中，确定地循环选择索引$i_k=(k \bmod N)+1$的收敛速率较慢，而通过对每个$k$随机选择$i_k\in(1,2,\cdots,N)$可以获得更快的收敛．

对于$N\geqslant 3$，设$\omega_N:=\pi/N$并定义向量$\boldsymbol{a}_i$如下：

$$\boldsymbol{a}_i=\begin{bmatrix}\cos(i\omega_N)\\ \sin(i\omega_N)\end{bmatrix},\quad i=1,2,\cdots,N \tag{5.16}$$

定义$b_i=0$，$i=1,2,\cdots,N$，使得式（5.15）的解是$\boldsymbol{x}^*=\boldsymbol{0}$．对于所有$i$，我们有$\|\boldsymbol{a}_i\|=1$，此外，对于$1\leqslant i\leqslant N-1$，有$\langle\boldsymbol{a}_i,\boldsymbol{a}_{i+1}\rangle=\cos(\omega_N)$．对于所有$i$，矩阵$\boldsymbol{M}_i:=\boldsymbol{I}-\boldsymbol{a}_i\boldsymbol{a}_i^{\mathrm{T}}$都是半正定的，并且满足以下恒等式：

$$E_j(\boldsymbol{M}_j)=\frac{1}{N}\sum_{i=1}^{N}\boldsymbol{M}_i=\frac{1}{2}\boldsymbol{I} \tag{5.17}$$

任何满足式（5.17）的单位向量集合都称为归一化紧框架，式（5.16）由于它们的三角原点而形成调和框架．

考虑随机版本的 Kaczmarz 法，其中，我们从$\{\boldsymbol{a}_1,\boldsymbol{a}_2,\cdots,\boldsymbol{a}_N\}$中选择具有相等可能性的向量$\boldsymbol{a}_{i_k}$，在每次迭代中独立做出选择．根据$\boldsymbol{x}^k$的值，在第$k$次迭代中，减少的误差的期望为

$$E_{i_k}\left(\boldsymbol{x}^{k+1}-\boldsymbol{x}^*\mid\boldsymbol{x}^k\right)=\left(E_{i_k}\left(\boldsymbol{I}-\boldsymbol{a}_{i_k}\boldsymbol{a}_{i_k}^{\mathrm{T}}\right)\right)\left(\boldsymbol{x}^k-\boldsymbol{x}^*\right)=\frac{1}{2}\left(\boldsymbol{x}^k-\boldsymbol{x}^*\right) \tag{5.18}$$

其中，我们使用式（5.17）得到了分数 1/2. 接下来的推导表明，期望误差以每次迭代的速率（1/2）呈指数下降：

$$E\left(\boldsymbol{x}^{k}-\boldsymbol{x}^{0}\right)=E_{i_0,i_1,\cdots,i_{k-1}}\prod_{j=0}^{k-1}\boldsymbol{M}_{i_j}\left(\boldsymbol{x}^{0}-\boldsymbol{x}^{*}\right)$$
$$=\left[\prod_{j=0}^{k-1}E_{i_j}\left(\boldsymbol{M}_{i_j}\right)\right]\left(\boldsymbol{x}^{0}-\boldsymbol{x}^{*}\right)$$
$$=\left[E_{i_j}\left(\boldsymbol{M}_{i_j}\right)\right]^{k}\left(\boldsymbol{x}^{0}-\boldsymbol{x}^{*}\right)=2^{-k}\left(\boldsymbol{x}^{0}-\boldsymbol{x}^{*}\right)$$

由于i_j的独立性，$j=0,1,\cdots,k-1$，在计算乘积的期望时，便可以实现关键的一步，也就是能够将期望值移到乘积内部计算．

随机 Kaczmarz 的行为如图 5.1 右图所示，迭代跟踪的路径显示为虚线．

当 5.2.1 节中计算均值的示例仅获得次线性速率时，为什么对随机方法我们会获得线性收敛速率？答案是这个问题相当特殊，因为解$\boldsymbol{x}^*$是梯度图和随机梯度步长的不动点．也就是说，对于所有$i=0,1,\cdots,N$，当$\boldsymbol{x}\to\boldsymbol{x}^*$时，$\nabla f(\boldsymbol{x})$和$\nabla f_i(\boldsymbol{x})$都会接近于零．出于同样的原因，我们能够使用较大的固定步长$\alpha_k\equiv 1$，而不是通常的递减步长．

对于$k=0,1,2,\cdots$，向量$\boldsymbol{a}_{i_k}$是随机选择的，这一事实对于快速收敛也很关键．如果我们使用确定性顺序$i_k=k+1$，$k=0,1,2,\cdots,N-1$，则收敛分析完全不同．定义向量

$$\hat{\boldsymbol{a}}_i=\begin{bmatrix}\sin\left(-i\omega_N\right)\\ \cos\left(-i\omega_N\right)\end{bmatrix}$$

并注意到$\boldsymbol{M}_i=\boldsymbol{I}-\boldsymbol{a}_i\boldsymbol{a}_i^{\mathrm{T}}=\hat{\boldsymbol{a}}_i\hat{\boldsymbol{a}}_i^{\mathrm{T}}$．由于$\langle\boldsymbol{a}_i,\hat{\boldsymbol{a}}_{i+1}\rangle=\cos(\omega_N)$，因此有

$$\prod_{i=1}^{k}\boldsymbol{M}_i=\hat{\boldsymbol{a}}_k\hat{\boldsymbol{a}}_1^{\mathrm{T}}\prod_{j=1}^{k-1}\langle\hat{\boldsymbol{a}}_j,\hat{\boldsymbol{a}}_{j+1}\rangle=\hat{\boldsymbol{a}}_k\hat{\boldsymbol{a}}_1^{\mathrm{T}}\cos^{k-1}(\omega_N)$$

因此，我们有

$$\|\boldsymbol{x}^{k}-\boldsymbol{x}^{*}\|=\|\prod_{i=1}^{k}\left(\boldsymbol{I}-\boldsymbol{a}_i\boldsymbol{a}_i^{\mathrm{T}}\right)\left(\boldsymbol{x}^{0}-\boldsymbol{x}^{*}\right)\|=\cos^{k-1}(\omega_N)\left|\hat{\boldsymbol{a}}_1^{\mathrm{T}}\left(\boldsymbol{x}^{0}-\boldsymbol{x}^{*}\right)\right|$$

对于$\boldsymbol{x}^0=(0,1)^{\mathrm{T}}$，我们有$\hat{\boldsymbol{a}}_1^{\mathrm{T}}\left(\boldsymbol{x}^{0}-\boldsymbol{x}^{*}\right)=\|\boldsymbol{x}^{0}-\boldsymbol{x}^{*}\|$，所以

$$\|\boldsymbol{x}^{k}-\boldsymbol{x}^{*}\|=\cos\left(-\pi/N\right)^{k-1}\|\boldsymbol{x}^{0}-\boldsymbol{x}^{*}\|,\quad k=0,1,2,\cdots,N$$

这表明线性收敛，每次迭代的速率为$\cos\left(-\pi/N\right)\approx 1-(1/2)(\pi/N)^2$——比随机情况下实现的 1/2 的线性速率慢得多．（但是需要注意的是，循环情况的分析是确定性的，而随机情况下更快的收敛速率是针对期望误差的．）

确定性变体绘制在图 5.1 的左图中，显示出向解缓慢螺旋逼近的趋势 .

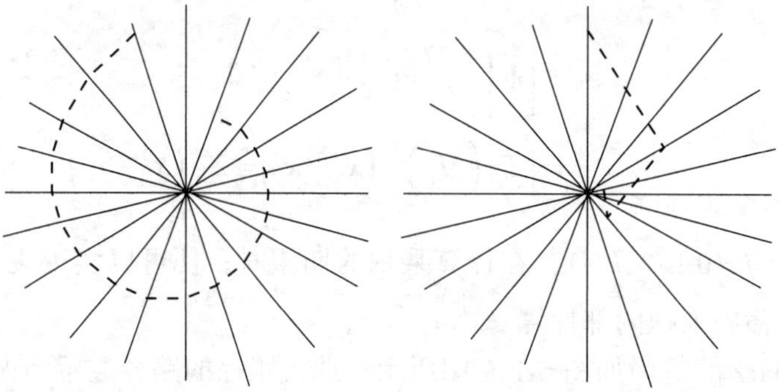

图 5.1　Kaczmarz 法 . 确定性、有序选择（左图）导致收敛速度慢；随机 Kaczmarz（右图）收敛更快

5.3　收敛分析的关键假设

我们现在将对 SG 应用于凸函数$f:\mathbf{R}^n\to\mathbf{R}$的收敛性进行分析，具有式（5.2）的迭代和满足式（5.1）的搜索方向$\boldsymbol{g}(\boldsymbol{x},\boldsymbol{\xi})$. 为了证明收敛性，我们需要对梯度估计$\boldsymbol{g}(\boldsymbol{x},\boldsymbol{\xi})$的大小做一些限定，以便它们所包含的信息不被噪声淹没 . 假设存在非负常数L_g和 B，使得对于所有的$\boldsymbol{x}$，

$$E_{\xi}\left[\|\boldsymbol{g}(\boldsymbol{x},\boldsymbol{\xi})\|_2^2\right]\leqslant L_g^2\|\boldsymbol{x}-\boldsymbol{x}^*\|^2+B^2 \tag{5.19}$$

请注意，对于$\boldsymbol{x}$和$\boldsymbol{\xi}$的某种组合，即使$\boldsymbol{g}(\boldsymbol{x},\boldsymbol{\xi})$任意大，也可能满足此假设 . 式（5.19）只要求对每个$\boldsymbol{x}$的期望值在$\boldsymbol{\xi}$上满足有界性 .（5.3.3 节包含一个示例，其中，$\boldsymbol{\xi}$是无界的，但式（5.19）对于某些合适的L_g和 B 仍然成立 .）

请注意，当式（5.19）中的$L_g=0$时，f在无界域上不可能是强凸的 . 如果f是凸性模为 m 的强凸函数，对于所有$\boldsymbol{x}$，我们将有

$$\|\nabla f(\boldsymbol{x})\|\geqslant\frac{m}{2}\|\boldsymbol{x}-\boldsymbol{x}^*\|$$

另外，根据 Jensen 不等式，我们有

$$\|\nabla f(\boldsymbol{x})\|^2=\|E\boldsymbol{g}(\boldsymbol{x},\boldsymbol{\xi})\|^2\leqslant E\left[\|\boldsymbol{g}(\boldsymbol{x},\boldsymbol{\xi})\|^2\right]$$

这两个界共同意味着，如果f的定义域是无界的，则不可能找到一个 B 使得式（5.19）

在$L_g=0$的情况下成立 .

若函数f具有式（5.5）的有限和形式并且我们有$\nabla f_{i_k}(\boldsymbol{x}^k)$作为梯度在迭代$\boldsymbol{x}^k$处的估计，其中，$i_k$是从$\{1,2,\cdots,N\}$中均匀随机选择的，如 5.1.2 节所述，则式（5.19）可具体化为

$$\frac{1}{N}\sum_{i=1}^{N}\|\nabla f_i(\boldsymbol{x})\|^2 \leqslant L_g^2\|\boldsymbol{x}-\boldsymbol{x}^*\|^2+B^2，对于所有的\ \boldsymbol{x} \tag{5.20}$$

式（5.2）中的步长α_k通常取决于式（5.19）中的常数L_g和B. 在整个过程中，我们将假设需要生成梯度近似值$\boldsymbol{g}(\boldsymbol{x}^k,\boldsymbol{\xi}^k)$的序列$\{\boldsymbol{\xi}^k\}_{k=0,1,2,\cdots}$是从一个固定的独立同分布（i.i.d.）中选择的 .（可以削弱独立同分布假设，但我们在这里不考虑此类扩展 .）

我们现在研究常数L_g和B如何出现在不同的问题中，包括前面文描述的问题 .

5.3.1　案例 1：有界梯度 (L_g=0)

假设随机梯度函数$\boldsymbol{g}(\cdot,\cdot)$对于所有$\boldsymbol{x}$几乎肯定是有界的，即式（5.19）中的$L_g=0$. 这对于如下逻辑回归目标也是成立的：

$$f(\boldsymbol{x})=\frac{1}{N}\sum_{i=1}^{N}-y_i\boldsymbol{x}^{\mathrm{T}}\boldsymbol{a}_i+\log\left(1+\exp(\boldsymbol{x}^{\mathrm{T}}\boldsymbol{a}_i)\right) \tag{5.21}$$

其中，数据为$(\boldsymbol{a}_i,y_i)$，$y_i\in\{0,1\},i=1,2,\cdots,N$. 根据式（5.5），随机变量$\boldsymbol{\xi}$从集合$\{1,2,\cdots,N\}$中均匀抽取，并且

$$\boldsymbol{g}(\boldsymbol{x},i)=\left(-y_i+\frac{\exp\left(\boldsymbol{x}^{\mathrm{T}}\boldsymbol{a}_i\right)}{1+\exp\left(\boldsymbol{x}^{\mathrm{T}}\boldsymbol{a}_i\right)}\right)\boldsymbol{a}_i$$

因此，式（5.19）在$L_g=0$和$B=\sup_{i=1,2,\cdots,N}\|\boldsymbol{a}_i\|_2$时成立 .

5.3.2　案例 2：随机 Kaczmarz(B=0,L_g=0)

考虑式（5.15）的最小二乘目标，我们假设对于每个i，$\boldsymbol{a}_i\neq 0$，但不一定有$\|\boldsymbol{a}_i\|=1$. 假设有$\boldsymbol{x}^*$，其中$f(\boldsymbol{x}^*)=0$——对于所有$i=1,2,\cdots,N$，都有$\boldsymbol{a}_i^{\mathrm{T}}\boldsymbol{x}^*=b_i$. 通过代入式（5.15），我们得到

$$f(\boldsymbol{x})=\frac{1}{2N}\sum_{i=1}^{N}\left(\boldsymbol{x}-\boldsymbol{x}^{*}\right)^{\mathrm{T}}\boldsymbol{a}_{i}\boldsymbol{a}_{i}^{\mathrm{T}}\left(\boldsymbol{x}-\boldsymbol{x}^{*}\right)$$

并且随机变量$\boldsymbol{\xi}$从$\{1,2,\cdots,N\}$中均匀抽取，我们有

$$\boldsymbol{g}(\boldsymbol{x},i)=\boldsymbol{a}_{i}\boldsymbol{a}_{i}^{\mathrm{T}}\left(\boldsymbol{x}-\boldsymbol{x}^{*}\right)$$

对于范数的期望，我们有

$$E\left[\|\boldsymbol{g}(\boldsymbol{x},i)\|^{2}\right]=E\left[\|\boldsymbol{a}_{i}\|^{2}\left|\boldsymbol{a}_{i}^{\mathrm{T}}\left(\boldsymbol{x}-\boldsymbol{x}^{*}\right)\right|^{2}\right]\leqslant E\left[\|\boldsymbol{a}_{i}\|^{4}\right]\|\boldsymbol{x}-\boldsymbol{x}^{*}\|^{2}$$

这样，可以通过设$L_{g}=E\left[\|\boldsymbol{a}_{i}\|^{4}\right]^{1/2}$和$B=0$来使得式（5.19）成立．

5.3.3　案例 3：加性高斯噪声

考虑加性噪声模型［见式（5.3）]，其中，$\boldsymbol{\xi}$服从均值为零和协方差为$\sigma^{2}\boldsymbol{I}$的高斯分布，即$\boldsymbol{\xi}\in N\left(0,\sigma^{2}\boldsymbol{I}\right)$．我们有$E\left[\boldsymbol{g}\left(\boldsymbol{x},\boldsymbol{\xi}\right)\right]=\nabla f(\boldsymbol{x})$和

$$E\left[\|\boldsymbol{g}\left(\boldsymbol{x},\boldsymbol{\xi}\right)\|^{2}\right]=\|\nabla f\left(\boldsymbol{x}\right)\|^{2}+2\nabla f\left(\boldsymbol{x}\right)^{\mathrm{T}}E\left(\boldsymbol{\xi}\right)+E\left(\|\boldsymbol{\xi}\|^{2}\right)=\|\nabla f\left(\boldsymbol{x}\right)\|^{2}+n\sigma^{2}\quad(5.22)$$

我们可以通过设$B=\sigma\sqrt{n}$并将L_{g}定义为f的梯度的利普希茨常数 L 来满足式（5.19）（因为$\|\nabla f(\boldsymbol{x})\|^{2}=\|\nabla f(\boldsymbol{x})-\nabla f(\boldsymbol{x}^{*})\|^{2}\leqslant L^{2}\|\boldsymbol{x}-\boldsymbol{x}^{*}\|^{2}$）．

5.3.4　案例 4：增量梯度

考虑有限和公式［见式（5.5）]，有限和中的每一项的梯度∇f_{i}都有利普希茨常数L_{i}．如 5.1.2 节所述，随机变量$\boldsymbol{\xi}$的分布是离散的，有 N 个等可能的选择，对应于总和中每一项的索引$i=1,2,\cdots,N$．对于为第 i 项$f_{i}(\boldsymbol{x})$，将$\boldsymbol{x}^{*i}$定义为使得$\nabla f_{i}(\boldsymbol{x}^{*i})=0$的任意点，然后就有

$$\begin{aligned}E_{\boldsymbol{\xi}}\left[\|\boldsymbol{g}\left(\boldsymbol{x},\boldsymbol{\xi}\right)\|^{2}\right]&=E_{i}\left[\|\nabla f_{i}\left(\boldsymbol{x}\right)\|^{2}\right]\\&\leqslant E\left[L_{i}^{2}\|\boldsymbol{x}-\boldsymbol{x}^{*i}\|^{2}\right]\\&\leqslant E\left[2L_{i}^{2}\|\boldsymbol{x}-\boldsymbol{x}^{*}\|^{2}+2L_{i}^{2}\|\boldsymbol{x}^{*i}-\boldsymbol{x}^{*}\|^{2}\right]\\&=\frac{2}{N}\sum_{i=1}^{N}L_{i}^{2}\|\boldsymbol{x}-\boldsymbol{x}^{*}\|^{2}+\frac{2}{N}\sum_{i=1}^{N}L_{i}^{2}\|\boldsymbol{x}^{*i}-\boldsymbol{x}^{*}\|^{2}\end{aligned}$$

我们使用约束$\| \boldsymbol{a}+\boldsymbol{b} \|^2 \leqslant 2\| \boldsymbol{a} \|^2 +2\| \boldsymbol{b} \|^2$. 因此，如果我们将$L_g$和 B 定义如下，则式（5.19）成立：

$$L_g^2=\frac{2}{N}\sum_{i=1}^{N}L_i^2,\ B^2=\frac{2}{N}\sum_{i=1}^{N}L_i^2\| \boldsymbol{x}^{*i}-\boldsymbol{x}^* \|^2$$

对于 B 的这种选择，有一个很好的直觉解释. 如果对于所有 i，都有$\boldsymbol{x}^{*i}=\boldsymbol{x}^*$，那么 $B=0$，与随机 Kaczmarz 法情况一样（见 5.3.2 节）.

5.4　收敛分析

我们的收敛结果跟踪误差随着迭代次数的增加而减少. 这些度量有两种. 第一种是点$\boldsymbol{x}$中的期望平方误差——$E\left[\| \boldsymbol{x}-\boldsymbol{x}^* \|^2\right]$，$\boldsymbol{x}^*$是解，并且期望值取自算法在这一点上所有遇到的随机变量$\boldsymbol{\xi}^k$. 当目标f是强凸的时候，这种度量是最合适的，因此解$\boldsymbol{x}^*$是唯一定义的. 最优性的第二种度量是当前目标值和最优值之间的差，即$f(\boldsymbol{x})-f^*$，其中，f^*是在任意解$\boldsymbol{x}^*$处的目标函数. 当f为凸但不一定是强凸时，可以使用此度量（因此，解可能不是唯一的）. 在强凸情况下，这两种度量中的每一种都可以根据另一种来界定，界取决于∇f的利普希茨常数和凸性模 m.

我们看到式（5.2）中步长α_k的合适选择取决于L_g和 B，并且收敛速率也取决于这两个量.

使用式（5.2）更新迭代，我们将距离扩展到任意解$\boldsymbol{x}^*$，如下所示：

$$\begin{aligned}\| \boldsymbol{x}^{k+1}-\boldsymbol{x}^* \|^2&=\| \boldsymbol{x}^k-\alpha_k\boldsymbol{g}\left(\boldsymbol{x}^k,\boldsymbol{\xi}^k\right)-\boldsymbol{x}^* \|^2\\&=\| \boldsymbol{x}^k-\boldsymbol{x}^* \|^2-2\alpha_k\langle\boldsymbol{g}\left(\boldsymbol{x}^k,\boldsymbol{\xi}^k\right),\boldsymbol{x}^k-\boldsymbol{x}^*\rangle+\alpha_k^2\| \boldsymbol{g}\left(\boldsymbol{x}^k,\boldsymbol{\xi}^k\right) \|^2\end{aligned}\tag{5.23}$$

我们分别处理此扩展中的每一项. 我们对等式两边同时取算法 k 次迭代（包括第 k 次，也就是$i_0,i_1,\cdots,i_k$）中所遇到的所有随机变量的期望. 通过应用迭代期望定律，并注意到$\boldsymbol{x}^k$取决于$\boldsymbol{\xi}^0,\boldsymbol{\xi}^1,\cdots,\boldsymbol{\xi}^{k-1}$，但不取决于$\boldsymbol{\xi}^k$，我们就得到

$$\begin{aligned}E\left[\langle\boldsymbol{g}\left(\boldsymbol{x}^k,\boldsymbol{\xi}^k\right),\boldsymbol{x}^k-\boldsymbol{x}^*\rangle\right]&=E\left[E_{\boldsymbol{\xi}^k}\left[\langle\boldsymbol{g}\left(\boldsymbol{x}^k,\boldsymbol{\xi}^k\right),\boldsymbol{x}^k-\boldsymbol{x}^*\rangle|\ \boldsymbol{\xi}^0,\boldsymbol{\xi}^1,\cdots,\boldsymbol{\xi}^{k-1}\right]\right]\\&=E\left[\langle E_{\boldsymbol{\xi}^k}\left[\boldsymbol{g}\left(\boldsymbol{x}^k,\boldsymbol{\xi}^k\right)|\ \boldsymbol{\xi}^0,\boldsymbol{\xi}^1,\cdots,\boldsymbol{\xi}^{k-1}\right],\boldsymbol{x}^k-\boldsymbol{x}^*\rangle\right]\\&=E\left[\langle\nabla f(\boldsymbol{x}^k),\boldsymbol{x}^k-\boldsymbol{x}^*\rangle\right]\end{aligned}$$

在推导的最后一步，我们使用了$\boldsymbol{g}\left(\boldsymbol{x}^k,\boldsymbol{\xi}^k\right)$依赖$\boldsymbol{\xi}^k$，而$\boldsymbol{x}^k$不依赖$\boldsymbol{\xi}^k$的事实，因此，我们可以明确地求出$\boldsymbol{g}\left(\boldsymbol{x}^k,\boldsymbol{\xi}^k\right)$关于$\boldsymbol{\xi}^k$的期望，从而得到$\nabla f(\boldsymbol{x}^k)$.

通过类似论证，我们可以使用式（5.19）来限制式（5.23）中的最后一项：

$$
\begin{aligned}
E\left[\|\boldsymbol{g}\left(\boldsymbol{x}^k,\boldsymbol{\xi}^k\right)\|_2^2\right] &= E\left[E_{\boldsymbol{\xi}^k}\left[\|\boldsymbol{g}\left(\boldsymbol{x}^k,\boldsymbol{\xi}^k\right)\|_2^2 \mid \boldsymbol{\xi}^0,\boldsymbol{\xi}^1,\cdots,\boldsymbol{\xi}^{k-1}\right]\right] \\
&\leqslant E\left[L_g^2\|\boldsymbol{x}^k-\boldsymbol{x}^*\|_2^2+B^2\right]
\end{aligned}
$$

将误差平方的期望定义为

$$
A_k := E\left[\|\boldsymbol{x}^k-\boldsymbol{x}^*\|^2\right] \tag{5.24}
$$

通过对式（5.23）等号两边取期望，并代入这些关系得到

$$
A_{k+1} \leqslant \left(1+\alpha_k^2 L_g^2\right)A_k - 2\alpha_k E\left[\langle\nabla f(\boldsymbol{x}^k),\boldsymbol{x}^k-\boldsymbol{x}^*\rangle\right]+\alpha_k^2 B^2 \tag{5.25}
$$

我们的结果是基于不同的L_g和 B 的设置，对式（5.25）的不同操作得出的 . 我们将通过几个案例进行讨论 .

5.4.1　案例 1：L_g=0

当$L_g=0$时，式（5.25）可以化简为

$$
A_{k+1} \leqslant A_k - 2\alpha_k E\left[\langle\nabla f(\boldsymbol{x}^k),\boldsymbol{x}^k-\boldsymbol{x}^*\rangle\right]+\alpha_k^2 B^2 \tag{5.26}
$$

将λ_k定义为直到第 k 次迭代（包括迭代 k）的所有步长的和，并将$\bar{\boldsymbol{x}}^k$定义为到目前为止所有迭代的平均值，以步长α_j为权重，也就是说，

$$
\lambda_k = \sum_{j=0}^{k}\alpha_j,\ \ \bar{\boldsymbol{x}}^k = \lambda_k^{-1}\sum_{j=0}^{k}\alpha_j \boldsymbol{x}^j \tag{5.27}
$$

我们还在 3.7 节的镜像下降分析中使用了平均迭代 . 我们分析了$f(\bar{\boldsymbol{x}}^k)$与最优解之间的偏差 . 给定初始点$\boldsymbol{x}^0$和任意解$\boldsymbol{x}^*$，我们将$D_0 :=\|\boldsymbol{x}^0-\boldsymbol{x}^*\|$定义为初始平方误差 .［注意，由式（5.24），有$A_0=D_0^2$.］在 T 次迭代后，我们对$\bar{\boldsymbol{x}}^T$有以下估计：

$$
E\left[f\left(\bar{\boldsymbol{x}}^T\right)-f(\boldsymbol{x}^*)\right] \leqslant E\left[\lambda_T^{-1}\sum_{j=0}^{T}\alpha_j\left(f(\boldsymbol{x}^j)-f(\boldsymbol{x}^*)\right)\right] \tag{5.28a}
$$

$$\leqslant \lambda_T^{-1}\sum_{j=0}^{T}\alpha_j E\left[\langle \nabla f(\boldsymbol{x}^j), \boldsymbol{x}^j - \boldsymbol{x}^*\rangle\right] \tag{5.28b}$$

$$\leqslant \lambda_T^{-1}\sum_{j=0}^{T}\left[\frac{1}{2}(A_j - A_{j+1}) + \frac{1}{2}\alpha_j^2 B^2\right] \tag{5.28c}$$

$$= \frac{1}{2}\lambda_T^{-1}\left[A_0 - A_{T+1} + B^2\sum_{j=0}^{T}\alpha_j^2\right]$$

$$\leqslant \frac{D_0^2 + B^2\sum_{j=0}^{T}\alpha_j^2}{2\sum_{j=0}^{T}\alpha_j} \tag{5.28d}$$

这里，式（5.28a）来自f的凸性和$\bar{\boldsymbol{x}}^T$的定义；式（5.28b）再次使用f的凸性；式（5.28c）从式（5.26）得出 .

有了式（5.28d），我们可以证明对于固定步长的情况有以下结果：对于所有的k，$\alpha_k \equiv \alpha > 0$.

命题 5.1（Nemirovski et al., 2009） 假设我们在$L_g = 0$的凸函数f上运行 SG，按固定步长$\alpha > 0$走 T 步 . 定义

$$\alpha_{\text{opt}} = \frac{D_0}{B\sqrt{T+1}}, \quad \theta := \frac{\alpha}{\alpha_{\text{opt}}}$$

那么，我们有约束

$$E\left[f\left(\bar{\boldsymbol{x}}^T\right) - f^*\right] \leqslant \left(\frac{1}{2}\theta + \frac{1}{2}\theta^{-1}\right)\frac{BD_0}{\sqrt{T+1}} \tag{5.29}$$

证明 当我们在式（5.28d）里设$\alpha_j \equiv \alpha = \theta\alpha_{\text{opt}} = \theta\dfrac{D_0}{B\sqrt{T+1}}$时，证明直接成立 . 我们有

$$E\left[f\left(\bar{\boldsymbol{x}}^T\right) - f^*\right] \leqslant \frac{D_0^2 + B^2(T+1)\alpha^2}{2(T+1)\alpha} = \left(\frac{1}{2}\theta^{-1} + \frac{1}{2}\theta\right)\frac{BD_0}{\sqrt{T+1}} \qquad \blacksquare$$

当$\theta = 1$时，误差因子达到最紧致的界，这时$\alpha = \theta\alpha_{\text{opt}}$. 在选择α时，该界会近似线性下降 . 也就是说，如果我们的α与α_{opt}相差 2 倍（在任意方向上），则界会差大约 2

倍．这意味着为了达到与最优步长相同的界，我们需要进行大约 4 倍的迭代，因为该界也取决于迭代次数 T，其系数约为$1/\sqrt{T}$．

这里也可以选择其他步长，包括选择随 k 减小的α_k．但是对于这种类型的上界，固定步长是最优的．

5.4.2　案例 2：B=0

当$B=0$时，我们得到一个线性收敛速率的期望误差度量A_k．在这种情况下，式（5.25）可以简化为

$$A_{k+1} \leqslant \left(1+\alpha_k^2 L_g^2\right) A_k - 2\alpha_k E\left[\langle \nabla f(\boldsymbol{x}^k), \boldsymbol{x}^k - \boldsymbol{x}^* \rangle\right] \tag{5.30}$$

假设 f 是强凸的，凸性模$m>0$，我们有

$$\langle \nabla f(\boldsymbol{x}), \boldsymbol{x}-\boldsymbol{x}^* \rangle \geqslant m \| \boldsymbol{x}-\boldsymbol{x}^* \|^2 \tag{5.31}$$

通过代入式（5.30），我们得到

$$A_{k+1} \leqslant \left(1-2m\alpha_k + L_g^2 \alpha_k^2\right) A_k \tag{5.32}$$

通过为$(0, 2m/L_g^2)$范围内的任意 α 选择固定步长$\alpha_k \equiv \alpha$，我们得到一个线性收敛速率．α的最优选择是使式（5.32）右侧的因子$\left(1-2m\alpha+L_g^2\alpha_k^2\right)$最小的那个，即$\alpha = m/L_g^2$．对于这个选择，我们从式（5.32）得到$A_{k+1} \leqslant (1-m^2/L_g^2)A_k$，$k=0,1,2,\cdots$，因此，

$$A_k \leqslant \left(1-\frac{m^2}{L_g^2}\right)^k D_0^2 \tag{5.33}$$

我们可以用这个表达式来约束所需的迭代次数 T，以保证误差期望$E\left[\| \boldsymbol{x}^T - \boldsymbol{x}^* \|^2\right] = A_T$小于一个指定的阈值$\epsilon > 0$．通过将 A.2 节的方法应用到式（5.33）中，我们发现

$$T = \left\lceil \frac{L_g^2}{m^2} \log\left(\frac{D_0^2}{\epsilon}\right) \right\rceil$$

特例：Kaczmarz 法

对于具有额外结构的问题，我们可以获得更快的收敛速率．特别是，对于随机 Kaczmarz 法，在我们将分析专门针对过度确定的最小二乘问题［见式（5.15）］时，可以得到更快的收敛速率．我们假设每个向量$\boldsymbol{a}_i$都有单位范数，并且存在一个$\boldsymbol{x}^*$（可能是

非唯一的），使得对于所有的 i，都有$\boldsymbol{a}_i^{\mathrm{T}}\boldsymbol{x}^* = b_i$. 考虑步长为 1 的随机梯度法：

$$\boldsymbol{x}^{k+1} = \boldsymbol{x}^k - \boldsymbol{a}_{i_k}\left(\boldsymbol{a}_{i_k}^{\mathrm{T}}\boldsymbol{x}^k - b_{i_k}\right)$$

其中，i_k是在每次迭代中随机均匀选择的 . 我们有

$$\begin{aligned}\|\boldsymbol{x}^{k+1}-\boldsymbol{x}^*\|^2 &= \|\boldsymbol{x}^k-\boldsymbol{a}_{i_k}\left(\boldsymbol{a}_{i_k}^{\mathrm{T}}\boldsymbol{x}^k-b_{i_k}\right)-\boldsymbol{x}^*\|^2\\ &= \|\boldsymbol{x}^k-\boldsymbol{x}^*\|^2-2\left(\boldsymbol{a}_{i_k}^{\mathrm{T}}\left(\boldsymbol{x}^k-\boldsymbol{x}^*\right)\left(\boldsymbol{a}_{i_k}^{\mathrm{T}}\boldsymbol{x}^k-b_{i_k}\right)\right)+\left(\boldsymbol{a}_{i_k}^{\mathrm{T}}\boldsymbol{x}^k-b_{i_k}\right)^2\\ &= \|\boldsymbol{x}^k-\boldsymbol{x}^*\|^2-\left(\boldsymbol{a}_{i_k}^{\mathrm{T}}\boldsymbol{x}^k-b_{i_k}\right)^2\end{aligned}$$

我们使用了$\boldsymbol{a}_{i_k}^{\mathrm{T}}\left(\boldsymbol{x}^k-\boldsymbol{x}^*\right)=\boldsymbol{a}_{i_k}^{\mathrm{T}}\boldsymbol{x}^k-b_{i_k}$. 令$\boldsymbol{A}$为矩阵，$\boldsymbol{a}_i$为其行向量，并令$\lambda_{\min,\mathrm{nz}}$表示$\boldsymbol{A}^{\mathrm{T}}\boldsymbol{A}$的最小非零特征值 . 我们选择$\boldsymbol{x}^*$作为所有满足$\boldsymbol{A}\boldsymbol{x}^*=\boldsymbol{b}$的点中最小化$\|\boldsymbol{x}^k-\boldsymbol{x}^*\|$的具体点（见附录 A.7 节）. 通过取期望值，我们得到$\boldsymbol{x}^*$的值 .

$$\begin{aligned}E\left[\|\boldsymbol{x}^{k+1}-\boldsymbol{x}^*\|^2 \mid \boldsymbol{x}^k\right] &\leqslant \|\boldsymbol{x}^k-\boldsymbol{x}^*\|^2-E_{i_k}\left[\left(\boldsymbol{a}_{i_k}^{\mathrm{T}}\boldsymbol{x}^k-b_{i_k}\right)^2\right]\\ &= \|\boldsymbol{x}^k-\boldsymbol{x}^*\|^2-\frac{1}{n}\|\boldsymbol{A}\boldsymbol{x}^k-\boldsymbol{b}\|^2\\ &\leqslant \left(1-\frac{\lambda_{\min,\mathrm{nz}}}{n}\right)\|\boldsymbol{x}^k-\boldsymbol{x}^*\|^2\end{aligned}$$

定义$D_k := \min_{\boldsymbol{x}:\boldsymbol{A}\boldsymbol{x}=\boldsymbol{b}}\|\boldsymbol{x}^k-\boldsymbol{x}\|^2$，根据$D_{k+1}\leqslant\|\boldsymbol{x}^{k+1}-\boldsymbol{x}^*\|^2$和$D_k=\|\boldsymbol{x}^k-\boldsymbol{x}^*\|^2$（因为之前定义$\boldsymbol{x}^*$的方式），有

$$E\left[D_{k+1}\right]\leqslant E\|\boldsymbol{x}^{k+1}-\boldsymbol{x}^*\|^2\leqslant\left(1-\frac{\lambda_{\min,\mathrm{nz}}}{n}\right)E\left[D_k\right]$$

这比我们在$B=0$的一般情况下得出的收敛速率更快 .

5.4.3　案例 3：B 和 L_g 都非零

在 B 和 L_g 都非零但 f 是强凸的一般情况下，通过在式（5.25）中使用式（5.31），我们有

$$A_{k+1}\leqslant\left(1-2m\alpha_k+\alpha_k^2L_g^2\right)A_k+\alpha_k^2B^2 \tag{5.34}$$

固定步长

首先，考虑固定步长的情况 . 假设$\alpha\in\left(0,2m/L_g^2\right)$，我们可以将式（5.34）展开得到

$$A_k \leqslant \left(1-2m\alpha+\alpha^2 L_g^2\right)^k D_0^2+\frac{\alpha B^2}{2m-\alpha L_g^2} \tag{5.35}$$

无论进行多少次迭代，右侧的界永远不会小于阈值

$$\frac{\alpha B^2}{2m-\alpha L_g^2} \tag{5.36}$$

在实践中可以得到该结果．迭代围绕最优解收敛到一个球，其半径以式（5.36）为界，但从该点起再继续，得到的值都包含在这个球里．我们通过减小α可以缩小这个球的半径，但这种策略会降低线性收敛速率，通过式（5.35）右侧第一项可以看出：$1-2m\alpha+\alpha^2 L_g^2$的值在向 1 靠拢．

平衡这两种影响的一种方法是利用“轮次”，我们会在 5.5.1 节中讨论到．

减小步长

刚刚描述的方案提出了另一种方法，我们以大约与$1/k$成比例的速率减小步长α_k．5.5.1 节的 epoch-doubling（轮次倍增）方案是该策略的分段常数近似．在 s 轮的最后一次迭代中，我们将进行一共大约$(2^S-1)T$次迭代，当前步长将为$\alpha/2^{S-1}$．

假设我们选择满足以下条件的步长：

$$\alpha_k=\frac{\gamma}{k_0+k}$$

其中，γ和k_0是待确定的常数（超参数）．对于某个Q，对这些常数进行适当的选择会产生以下形式的误差约束：

$$A_k \leqslant \frac{Q}{k_0+k}$$

下面的命题可以通过归纳法来证明．

命题 5.2 假设f是强凸的，并且凸性模为 m. 如果我们以以下步长运行 SG：

$$\alpha_k=\frac{1}{2m\left(L_g^2/2m^2+k\right)},\quad k=0,1,2,\cdots$$

那么，对于某个数值常数 c_0，我们有

$$E\left[\|\boldsymbol{x}^k-\boldsymbol{x}^*\|^2\right] \leqslant \frac{c_0 B^2}{2m\left(L_g^2/2m^2+k\right)},\quad k=0,1,2,\cdots$$

5.5 实施方面的问题

我们在此介绍几种方法，它们是许多 SG 实际实现的重要元素 .

5.5.1 轮次

如 5.4.3 节所述，轮次是 SG 的一个中心概念 . 在一个轮次中，运行一些迭代，然后选择是否改变步长 . 一个常见的策略是在指定的迭代次数 T 中以固定步长运行，然后将步长根据一个因子$\gamma \in (0,1)$减小 . 因此，如果我们的起始步长是α，在第 k 轮时，步长为$\alpha\gamma^{k-1}$. 这种方法在实践中通常比递减步长规则更稳健 . 对于这个步长规则，一个合理的启发式方法是在［0.8,0.9］的范围中选择γ.（调整“超参数”，例如，γ和每轮的长度，是 SG 实际实施中最重要的问题之一 .）

另一个流行的规则称为 epoch-doubling（轮次倍增）. 在这个方案中，我们以步长α运行 T 步，然后以$\alpha/2$的步长运行 $2T$ 步，接着以$\alpha/4$的步长运行 $4T$ 步，以此类推 . 请注意这个方案提供了函数α/k的分段常数近似 .

5.5.2 迷你批量处理

当把 SG 用在有限和目标函数［见式（5.5）］上时，每一步通常不是仅仅基于这个和中单个项的梯度，而是基于通常具有给定大小（例如 p）的迷你批量项上 . 也就是说，在第 k 次迭代时，我们选择一个子集$\mathcal{S}_k \subset \{1,2,\cdots,n\}$，其中，$|\mathcal{S}_k| = p$，并设

$$\boldsymbol{x}^{k+1} = \boldsymbol{x}^k - \alpha_k \frac{1}{p} \sum_{i \in \mathcal{S}_k} \nabla f_i(\boldsymbol{x}^k)$$

如果子集$\mathcal{S}_k$是从$\{1,2,\cdots,n\}$的所有大小为 p 的子集的集合中均匀随机选择的，并且在 k 次迭代中是独立同分布的（i.i.d.），则可以应用前面概述的收敛理论 . 这个思想是，迷你批量作为$\nabla f(\boldsymbol{x}^k)$的估计值的方差小于基于单个项的估计值，即$\nabla f_{i_k}(\boldsymbol{x}^k)$，因此预期可以获得更快的收敛 . 当然，获得这个估计值的成本通常也要高出 p 倍！尽管如此，当我们考虑到对向量 $\boldsymbol{x}$ 执行更新并可能将此更新传达给并行处理架构中的节点的成本时，迷你批量方法是有意义的 . 在 SG 的实际实现中，它几乎被普遍使用 . 迷你批量的大小 p 的选择是另一个“超参数”，它可以显著影响该方法的实际性能 .

5.5.3　使用动量加速

SG 的一种流行的变体利用了动量，将基本步骤［见式（5.2）］替换为以下形式之一：

$$\boldsymbol{x}^{k+1}=\boldsymbol{x}^{k}-\alpha_{k}\boldsymbol{g}\left(\boldsymbol{x}^{k},\boldsymbol{\xi}^{k}\right)+\beta_{k}\left(\boldsymbol{x}^{k}-\boldsymbol{x}^{k-1}\right) \tag{5.37}$$

当然这种方法的灵感来源于第 4 章的加速梯度法．在实践中，这些变体非常成功，β_k的普遍选择通常在［0.8, 0.95］范围内．

在$B=0$的情况下，如在随机 Kaczmarz 法中，使用动量可以产生与第 4 章中加速梯度法相当的加速．计算和维护动量项的开销可以抵消加速（参见本章注释和参考中的进一步讨论）．

在一般情况下，动量法的理论保证仅显示出比标准 SG 微薄的收益．本质上，我们知道函数值将以 $1/k$ 的速率收敛，但在某些情况下，可以使用动量或加速度来减小 $1/k$ 前面的常数．无论理论上的保证如何，我们都应该始终牢记动量可以提供显著的实际加速，而且在 SG 的任何实现中都应该考虑到它是一个选择．

注释和参考

SG 的基础论文是 Robbins 和 Monro（1951）提供的．正如我们提到的，类似的想法是在其他情况下独立提出的．其中，包括 Rosenblatt 的感知器（Rosenblatt，1958），在 5.1.3 节中有讨论到．有关 SG 在机器学习问题中的应用最先是由 Zhang（2004）描述的，之后被 Pegasos 的论文（Shalev-Shwartz et al. 2011）的作者描述，这篇论文描述了线性 SVM 的迷你批量 SG 法．

Nemirovski 等人（2009）对 $L_g=0$ 的情况下的 SG 进行了分析，包含弱凸和强凸情况．（这篇论文为在优化界推广 SG 方法做了很多工作．）

多年来，Kaczmarz（1937）的算法一直是从断层数据重构图像的标准方法．Strohmer 和 Vershynin（2009）描述了一种随机变体，引发了对该方法的新一轮关注，并促使开发了许多具有有趣特性的新变体．

Vapnik（1992）和 Vapnik（2013）描述了学习经验风险最小化背后的思想．

Bertsekas（1997）在最小二乘的背景下描述了增量梯度，他撰写的一项研究（在更普遍的情况下）收录在 Bertsekas（2011）中．关于这个主题的另一个有趣的贡献是 Blatt 等人（2007）提出的．

在过去的几年中，出现了许多将加速度与随机梯度结合使用的原则方法．Jain 等人（2018）已经描述了加速 SG 的最小二乘法．一个名为 Katyusha 的一般（但复杂）的方法是由 Allen-Zhu（2017）提出的．基于耗散理论的 Katyusha 和其他 SG 方法的收敛分析和半定程序出现在 Hu 等人（2018）．

另外一组已被探索用于在有限和条件下提高 SG 性能的方法涉及 SG 与最速下降法的结合．比如，SVRG 法（Johnson 和 Zhang，2013）偶尔计算一个完整的梯度，并沿着这个方向移动，这个梯度是通过使用有限和中的一个函数的梯度信息逐渐修改的，在最新的迭代中进行评估．这方面的其他方法包括 Le Roux 等人（2012）的 SAG 和 Defazio 等人（2014）的 SAGA.

习题

1. 考虑循环增量梯度法的第 k 次迭代［见式（5.12）］，并将此法用于式（5.11）．表明在恰好 N 步之后找到了最小值（即$\boldsymbol{x}^N=\boldsymbol{x}^*$），并且$f(\boldsymbol{x}^*)$是集合$\{\omega_1,\omega_2,\cdots,\omega_N\}$的方差的一半．
2. 验证式（5.14），假设随机变量ω的均值是μ、方差为σ^2．（随机变量$\omega_i(i=1,2,\cdots,k)$有相同的分布，并且该表达式中的所有随机变量都是独立的．）
3. 我们证明了非正则化支持向量机［见式（5.21）］会有$L_g=0$形式［见式（5.19）］的约束．求L_g和 B 的值，使得正则化支持向量机［见式（5.7）］满足式（5.19）．其中，$\boldsymbol{g}(\boldsymbol{\omega}^k,\boldsymbol{\xi}^k)$定义为式（5.8）的形式．（提示：使用不等式$\|\boldsymbol{a}+\boldsymbol{b}\|^2\leqslant 2\|\boldsymbol{a}\|^2+2\|\boldsymbol{b}\|^2$．）
4. （a）考虑具有加性高斯噪声的有限和目标函数［见式（5.5）］对分量函数f_i建模，也就是说，

$$\left[\nabla f_i(\boldsymbol{x})\right]_j=\left[\nabla f(\boldsymbol{x})\right]_j+\epsilon_{ij},\quad i=1,2,\cdots,N,\ \ j=1,2,\cdots,n$$

其中，对于所有的i,j，$\epsilon_{ij}\sim N\left(0,\sigma^2\right)$．证明：当我们使用迷你批量$\mathcal{S}\subset\{1,2,\cdots,N\}$来估计梯度时，也就是说，

$$\boldsymbol{g}=\frac{1}{|\mathcal{S}|}\sum_{i\in\mathcal{S}}\nabla f_i(\boldsymbol{x})$$

那么，我们有

$$E\left(\|\boldsymbol{g}-\nabla f(\boldsymbol{x})\|^2\right)=\frac{n}{|\mathcal{S}|}\sigma^2,\ E\left(\|\boldsymbol{g}\|^2\right)=\|\nabla f(\boldsymbol{x})\|^2+\frac{n}{|\mathcal{S}|}\sigma^2$$

（b）考虑式（5.1）的加性高斯噪声模型［见式（5.3）］的迷你批量策略．也就是

说，梯度估计为

$$g\left(x,\xi_1,\xi_2,\cdots,\xi_s\right):=\nabla f(x)+\frac{1}{s}\sum_{j=1}^{s}\xi_j$$

其中，每个ξ_j都是服从分布$N(0,\sigma^2 I)$的 i.i.d. 且$s\geqslant 1$. 证明：

$$E_{\xi_1,\xi_2,\cdots,\xi_s}\left(\|g\left(x,\xi_1,\xi_2,\cdots,\xi_s\right)\|^2\right)=\|\nabla f(x)\|^2+\frac{n}{s}\sigma^2$$

5. 训练神经网络的一种流行启发式方法称为 dropout. 假设我们在$\mathbf{R}^n$上的一个函数上运行随机梯度下降 . 在随机梯度下降的每次迭代中，随机选择变量的子集$S\subset\{1,2,\cdots,n\}$. 将 S 中的那些坐标设置为 0，计算随机梯度 . 然后仅更新补集S^C中的坐标 . 假设我们正在最小化最小二乘成本

$$f(x)=\frac{1}{2N}\sum_{i=1}^{N}\left(a_i^{\mathrm{T}}x-b_i\right)^2$$

找到一个函数$\hat{f}(x)$，使得 dropout SGD 的每次迭代都对应于采取应用于$\hat{f}$的增量梯度法的有效步骤 . 定性地说，改变基数 S 将如何改变使得 dropout SGD 收敛的解？

6. 令$f(x)=E\left[F(x,\xi)\right]$是参数为 m 的强凸函数 . 假设

$$E\left[\|\nabla F\left(x,\xi\right)\|^2\right]\leqslant L_g^2\|x-x^*\|^2+B^2$$

其中，x^*表示f的最小值点，L_g和 B 是常数 .

假设我们在f上运行随机梯度法，通过采样ξ并使用 epoch-doubling 方法沿着$\nabla F\left(x;\xi\right)$方向前进 . 也就是说，我们以步长$\alpha$运行 T 步，然后以步长$\alpha/2$运行 $2T$ 步，接着以步长$\alpha/4$运行 $4T$ 步，以此类推 . 令$\hat{x}_t$为第 t 轮中所有迭代的平均值 . 需要多少轮才能保证$\left[\|\hat{x}_t-x^*\|^2\right]\leqslant\epsilon$？

7. 令$f:\mathbf{R}^n\to\mathbf{R}$是一个具有 L 利普希茨梯度和强凸性参数 m 的强凸函数 . 考虑一种沿随机搜索方向执行精确线搜索的算法 . 每个迭代使用以下方案从当前迭代 x 移动到下一个迭代 x^+.

（a）从$N(0,\sigma^2 I)$中随机选择一个方向v（独立于所有先前迭代的搜索方向）.

（b）设$t_{\min}=\arg\min_t f(x+tv)$.

（c）设$x^+=x+t_{\min}v$.

证明：假设$T \geqslant \frac{CnL}{m}\log\left(\frac{f(\boldsymbol{x}^0)-f(\boldsymbol{x}^*)}{\epsilon}\right)$，其中，$C$ 为常数，则有$E\left[f(\boldsymbol{x}^T)-f(\boldsymbol{x}^*)\right]\leqslant\epsilon$．$C$ 最合适的值是多少？［提示：使用引理 2.2 推导出

$$f(\boldsymbol{x}+t\boldsymbol{v})\leqslant f(\boldsymbol{x})+t\boldsymbol{v}^{\mathrm{T}}\nabla f(\boldsymbol{x})+\frac{L}{2}t^2\|\boldsymbol{v}\|^2$$

利用如果$\boldsymbol{v}\sim N\left(0,\sigma^2\boldsymbol{I}\right)$，那么对于$\boldsymbol{v}$的任意分量$v_j$，$j=1,2,\cdots,n$，我们都有$E_{\boldsymbol{v}}v_j^2/\|\boldsymbol{v}\|^2=1/n$．并且使用式（3.10）．］

8. 考虑对式（5.11）应用固定步长为$\alpha\in(0,1)$的随机梯度法，所以每次迭代都有形式$\boldsymbol{x}^{k+1}=\boldsymbol{x}^k-\alpha\left(\boldsymbol{x}^k-\boldsymbol{\omega}_{i_k}\right)$，对于从$\{1,2,\cdots,N\}$中随机均匀抽取的$i_k$．假设初始点为$\boldsymbol{x}^0=\boldsymbol{0}$，写出$\boldsymbol{x}^k$的显式表达式，并找到$E_{i_0,i_1,\cdots,i_{k-1}}(\boldsymbol{x}^k)$．

9. 令$f:\mathbf{R}^n\to\mathbf{R}$为一个凸可微函数，令$\boldsymbol{g}(\boldsymbol{x},\boldsymbol{\xi})$为连续函数，满足式（5.1），其中，$\boldsymbol{\xi}$是来自集合$\Xi$的随机变量，分布为 P. 考虑在一个紧凸集Ω上采用投影 SG 方法，其迭代定义为

$$\boldsymbol{x}^{k+1}=P_\Omega\left(\boldsymbol{x}^k-\alpha\boldsymbol{g}\left(\boldsymbol{x}^k,\boldsymbol{\xi}^k\right)\right),\ k=0,1,2,\cdots$$

其中，$\boldsymbol{\xi}^k$随分布 P 随机选择，α是固定步长．定义$\bar{\boldsymbol{x}}^T:=\sum_{t=0}^{T}\boldsymbol{x}^t/(T+1)$［与式（5.27）保持一致］，证明这个算法以如下速率收敛：

$$Ef(\bar{\boldsymbol{x}}^T)-\lim_{x\in\Omega}f(\boldsymbol{x})\leqslant\frac{c}{\sqrt{T+1}}$$

其中，c 是特定于问题的常数．

10. 考虑式（5.11）中定义的凸二次函数，其中，$\boldsymbol{x}\in\mathbf{R}^n$且$\boldsymbol{\omega}_i\in\mathbf{R}^n, i=1,2,\cdots,N$．向量$\boldsymbol{\omega}_i$有以下附加属性：

$$\sum_{i=1}^{N}\boldsymbol{\omega}_i=0,\|\boldsymbol{\omega}_i\|=1,\ \ i=1,2,\cdots,N$$

考虑由$\boldsymbol{x}^{k+1}=\boldsymbol{x}^k-\alpha_k\left(\boldsymbol{x}^k-\boldsymbol{\omega}_{i_k}\right)$定义的 SG 迭代，其中，$i_k$是独立同分布地从$\{1,2,\cdots,N\}$中均匀选择的，对于步长$\alpha_k>0$，其中，$\boldsymbol{x}^0$是任意初始值点．

（a）证明f的最小值点是$\boldsymbol{x}^*=\boldsymbol{0}$．

（b）用$\|\boldsymbol{x}^k\|^2$和α_k来表示条件期望$E_{i_k}\left(\|\boldsymbol{x}^{k+1}\|^2|\boldsymbol{x}^k\right)$．

（c）通过递归地应用（b）中的约束并使用标注$A_K := E\left(\| \boldsymbol{x}^K \|^2\right)$，根据$A_0 = \| \boldsymbol{x}^0 \|^2$和$\alpha_0, \alpha_1, \cdots, \alpha_{K-1}$找到任意$K = 1, 2, \cdots$的$A_K$的约束，其中，$E$代表关于所有随机变量$i_0, i_1, i_2, \cdots$的期望 .（提示：推导出$K$的前几个值的公式——$A_1, A_2, A_3 \cdots$——你会看到模式出现了 .）

（d）简化（c）中对所有步长都相同的情况下的约束——对于$k = 0, 1, 2, \cdots$，$\alpha_k = \alpha$.

（e）你是否认为从（d）中的固定步长变体产生的迭代$\{\boldsymbol{x}^k\}$收敛到解$\boldsymbol{x}^* = \boldsymbol{0}$？你是否认为它们收敛于解周围的一个球？如果是的话，这个球的半径大约是多少？

（f）考虑选择步长$\alpha_k = 1/(k+2), k = 0, 1, 2, \cdots$. 根据你在（c）部分的回答，可否认为在这个步长的选择中，当$K \to \infty$时，$E\left(\| \boldsymbol{x}^K \|^2\right) \to 0$？请解释 .

第6章

坐标下降法

坐标下降（Coordinate Descent，CD）法通过改变单一变量（或变量“块”）来最小化多变量函数，同时保持其他变量不变，从而减小目标函数值．这类方法具有一定的直观吸引力，因为它们用一系列标量（或低维）问题取代了多变量优化问题．对于这些标量（或低维）的问题，我们可以采用更简便的步骤来解决．多年以来，基本的CD法发展出了许多变体和扩展，它们的流行程度也时有起伏．最近一波兴趣浪潮主要是由CD方法在机器学习和数据分析问题中的实用性所驱动的．

为了描述该方法，我们主要关注在坐标下降法的每次迭代中选择单个变量进行更新的基本方法．当将坐标下降法应用于函数$f:\mathbf{R}^n \to \mathbf{R}$时，第$k$次迭代选择某个索引$i_k \in \{1,2,\cdots,n\}$，并采取以下形式的步骤：

$$\boldsymbol{x}^{k+1} \leftarrow \boldsymbol{x}^k + \gamma_k \boldsymbol{e}_{i_k} \tag{6.1}$$

其中，$\boldsymbol{e}_{i_k}$是第i_k项为1的单位向量，γ_k是步长．在一个坐标下降法的变体（也称为Gauss-Seidel法）中，我们选择γ_k，使得在方向$\boldsymbol{e}_{i_k}$上最小化函数f：

$$\gamma_k := \arg\min_{\gamma} f\left(\boldsymbol{x}^k + \gamma \boldsymbol{e}_{i_k}\right)$$

更多实用的变体并不会完全沿着坐标方向最小化，而是会选择γ_k作为偏导数$\partial f / \partial x_{i_k}$（我们也用$\nabla_{i_k} f$来表示）的负数倍：

$$\boldsymbol{x}^{k+1} \leftarrow \boldsymbol{x}^k - \alpha_k \nabla_{i_k} f(\boldsymbol{x}^k) \boldsymbol{e}_{i_k} \tag{6.2}$$

其中，我们选取$\alpha_k > 0$．CD不同的变体通过选择i_k和α_k的不同方法来区分．在本章中，我们主要关注具有固定α_k值的式（6.2）类型的方法，这些α_k值是根据利普希茨常数来定义的，正如 3.2 节中的全梯度法一样 .

6.1 节将说明机器学习中两个重要的优化公式，其中，CD 的每次迭代成本比全梯度法的每次迭代成本低得多（可能是全梯度法迭代成本的 $1/n$）. 这使得 CD 成为一种具有潜在竞争力的方法 . 在 6.2 节中，我们将介绍 CD 的两个变体应用在凸函数上的复杂度结论 . 分析其中一种方法的最坏情况——索引 i_k 是随机选择的，且独立于先前的迭代——只要每次迭代的复杂度节省了 n 倍，那么这种方法就比全梯度下降法更强 .（6.4 节将随机坐标下降法的结论扩展到了强凸函数和包含可分离的凸正则化项的函数上 .）实用的 CD 变体通常是在一个变量块上而不是在单一变量上进行操作 . 对于变量块 CD 的分析与单变量 CD 没有太大区别，我们将在 6.3 节中讨论这些块坐标下降法变体 .

6.1 机器学习中的坐标下降法

对于最小化函数 f，相较于第 3 章和第 4 章中的全梯度法等其他方法，我们在确定 CD 是否是合理的方法时，需要考虑 f 的属性和结构如何影响该方法的经济性 . 由于 CD 通常比全梯度法需要更多的步骤，因此，只有在计算成本相应较低的情况下，这些 CD 法才有意义 . 也就是说，计算部分梯度信息的成本需要比计算全梯度的成本低，而且采取该步骤所需的计算和记录成本也应该相对较低 . 我们将介绍两个机器学习中的例子 . 以上描述的性质在这两个例子中成立，这就使得它们适合使用 CD 法 .

经验性风险最小化的坐标下降法

考虑在正则化回归、分类和 ERM 问题中出现的目标函数：

$$f(\boldsymbol{x})=\frac{1}{N}\sum_{j=1}^{N}\phi_j\left(\boldsymbol{A}_{j\cdot}\boldsymbol{x}\right)+\lambda\sum_{i=1}^{n}\Omega_i(x_i)$$

其中，每个 ϕ_j 是一个凸损失函数，$\boldsymbol{A}_{j\cdot}$ 表示 $N\times n$ 矩阵 $\boldsymbol{A}$ 的第 j 行，函数 $\Omega_i(i=1,2,\cdots,n)$ 是凸正则化函数，$\lambda\geqslant 0$ 是正则化参数 .（我们当前假设函数 ϕ_j 和 Ω_i 均为可微的 .）尽管计算梯度的第 i 个分量（$\nabla_i f$）是很昂贵的，但通过存储和更新信息来降低其成本是很容易实现的 . 其诀窍是对于当前 $\boldsymbol{x}$，存储向量 $\boldsymbol{g}=\boldsymbol{A}\boldsymbol{x}$，以及标量 $\nabla\phi_j(g_j), j=1,2,\cdots,N$. 然后，我们有

$$\nabla_i f(\boldsymbol{x})=\frac{1}{N}\sum_{j=1}^{N}A_{j,i}\nabla\phi_j(g_j)+\lambda\nabla\Omega_i(x_i)$$

其中，$A_{j,i}$ 表示矩阵 $\boldsymbol{A}$ 的第 (j,i) 项元素 . 注意，表达式中的求和项只需要计算矩阵 $\boldsymbol{A}$ 第 j 行中的非零项，也就是说，

$$\nabla_i f(\boldsymbol{x}) = \frac{1}{N} \sum_{j:A_{j,i} \neq 0} A_{j,i} \nabla \phi_j(g_j) + \lambda \nabla \Omega_i(x_i)$$

这项计算的时间复杂度为$O(|\boldsymbol{A}_{\cdot i}|)$次操作，其中，$\boldsymbol{A}_{\cdot i}$是矩阵 $\boldsymbol{A}$ 的第 i 列 .（计算全梯度所需要的操作次数与完整矩阵 $\boldsymbol{A}$ 中的非零元素数量成正比 .）此外，在沿着坐标方向 x_i 移动一步 γ_i 时，更新$g_j := \boldsymbol{A}_{j\cdot}\boldsymbol{x}$和$\nabla \phi_i(g_i)(j = 1,2,\cdots,N)$这些量所需要的成本也是合理的 . $\boldsymbol{g}$ 的分量的更新公式是

$$g_j \leftarrow g_j + A_{j,i}\gamma_i, \quad j = 1,2,\cdots,N$$

因而我们只需要更新那些在$A_{j,i} \neq 0$时的g_j（以及$\nabla \phi_j(g_j)$），其工作量为$O(|\boldsymbol{A}_{\cdot i}|)$次操作 . 考虑所有$i = 1,2,\cdots,n$的选取可能，我们可以推断一次 CD 迭代的期望成本约为$O(|\boldsymbol{A}|/n)$，其中，$|\boldsymbol{A}|$是矩阵中非零元素的数量 . 而一次全梯度算法迭代的成本是$O(|\boldsymbol{A}|)$. 这是 CD 法的一大优势——单次迭代成本约是全梯度法成本的$1/n$，这使得 CD 法相较于全梯度法具有潜在的吸引力 .

如果我们定义$\phi_j(g_j) = \frac{1}{2}(g_j - b_j)^2$，那么该问题退化为该示例的一种特例，即最小二乘问题$\min \frac{1}{2N} \| \boldsymbol{A}^{\mathrm{T}}\boldsymbol{x} - \boldsymbol{b} \|_2^2$.

图结构目标函数

许多优化问题可以表示为一系列函数的和，其中，每个函数仅涉及变量向量的两个分量 . 例如，在图像分割问题中，只有相邻像素之间存在耦合；在主题建模中，术语可能仅在它们在同一文档中出现时才会产生耦合 .

我们可以将这种函数结构表示为无向图$G = (V,E)$，其中，每个有向边$(j,l) \in E$连接来自$V = \{1,2,\cdots,n\}$的两个顶点 j 和 l. 那么目标函数有以下形式：

$$f(\boldsymbol{x}) = \sum_{(j,l)\in E} f_{jl}(x_j, x_l) + \lambda \sum_{j=1}^{n} \Omega_j(x_j)$$

我们假设每个函数f_{jl}和正则化函数Ω_j是可微的 . 如果假设计算每个梯度∇f_{jl}和$\nabla \Omega_j$需要$O(1)$的操作，那么计算全梯度∇f的成本是$O(|E| + n)$. 为了有效实现 CD 方法，对于当前 $\boldsymbol{x}$，我们存储所有关于有向边$(j,l) \in E$的f_{jl}和∇f_{jl}的值 . 为了计算第 i 个梯度分量$\nabla_i f(\boldsymbol{x})$，对于$j = i$或$l = i$，我们需要将所有$\nabla f_{jl}(\boldsymbol{x})$项进行求和（其总成本与顶点 i 处的边

数成正比)，同时我们还需要计算$\nabla\Omega_i(x_i)$项．在x_i的步骤后，为更新f_{jl}和∇f_{jl}的值，我们只需要更改那些$j=i$或$l=i$的部分．因此，一次 CD 迭代的“期望”成本是$O(|E|/n)$．我们再一次看到了 CD 的每次迭代成本与梯度法的每次迭代成本之间存在的$1/n$关系．

在这两种情况下，更新f所需要的计算量与更新全梯度向量所需要的计算量相似，并且它们在一些实际的操作中是相同的（例如，在ERM例子中更新g_j项）．这一结果表明，通过利用函数的变化信息和方向导数信息在每个搜索方向上找到接近精确的最小值，我们可以沿着坐标方向进行有效的线搜索．

如果我们使用朴素的有限差分方法来估计导数，例如，根据公式

$$\nabla_i f(\boldsymbol{x})\approx\frac{f\left(\boldsymbol{x}+\delta\boldsymbol{e}_i\right)-f(\boldsymbol{x})}{\delta}$$

那么需要 n 次函数计算来估计一个全梯度，而估计单个分量需要 1 次计算．然而在这方面，我们注意到，在很多软件包中都有实现好的自动微分技术（Griewank 和 Walther，2008）能够以计算f成本的适当倍数（与 n 无关）计算∇f.（请注意，该结论与本节的示例并不真正相关，因为对于这些目标函数，计算f本身的成本就太高了．）

6.2　平滑凸函数的坐标下降法

我们再次参考熟悉的平滑凸函数最小化问题，来进一步研究 CD. 该问题定义为

$$\min_{\boldsymbol{x}\in\mathbf{R}^n} f(\boldsymbol{x}) \tag{6.3}$$

其中，f是平滑凸函数，其凸性模为 m，并且在某些相关区域中，所有点 $\boldsymbol{x}$ 的梯度的上界是一个利普希茨常数 L［见式（2.19）和式（2.7）］．我们在引理 2.3 和引理 2.9 中已经证明，在f二次连续可微的情况下，这些条件是式（2.10）中的黑塞矩阵的特征值有一致界限的结果，即

$$m\boldsymbol{I}\preceq\nabla^2 f(\boldsymbol{x})\preceq L\boldsymbol{I}$$

因为在这里我们考虑的变体主要是下降法，所以在这些定义中，我们将注意力限制在起点$\boldsymbol{x}^0$对应f的水平集的开邻域$\mathcal{O}^0$上，即$\mathcal{L}^0:=\{\boldsymbol{x}\mid f(\boldsymbol{x})\leqslant f(\boldsymbol{x}^0)\}$．

6.2.1　利普希茨常数

我们为梯度∇f引入其他的局部利普希茨常数．每个分量上的利普希茨常数

$L_i(i=1,2,\cdots,n)$满足以下界限：

$$\left|\nabla_i f\left(\boldsymbol{x}+\gamma \boldsymbol{e}_i\right)-\nabla_i f(x)\right| \leqslant L_i|\gamma|, \quad i=1,2,\cdots,n \tag{6.4}$$

所有 $\boldsymbol{x}$ 和 γ 满足$\boldsymbol{x} \in \mathcal{O}^0$且$\boldsymbol{x}+\gamma \boldsymbol{e}_i \in \mathcal{O}^0$，与此同时，我们定义$L_{\max}$为这些常数的最大值，即

$$L_{\max} := \max_{i=1,2,\cdots,n} L_i \tag{6.5}$$

这些利普希茨常数在实现 CD 的变体、分析其收敛速率以及将这些 CD 方法的收敛速率与全梯度法进行比较时都起着重要作用．我们可以通过考虑凸二次函数$f(\boldsymbol{x})=(1/2)\boldsymbol{x}^{\mathrm{T}}\boldsymbol{A}\boldsymbol{x}$来获得 L 和$L_{\max}$之差的一些界限，其中，$\boldsymbol{A}$ 是对称半正定矩阵．我们有

$$L=\|\boldsymbol{A}\|_2=\lambda_{\max}(\boldsymbol{A}), \quad L_{\max}=\max_{i=1,2,\cdots,n} A_{ii}$$

由矩阵范数的定义可知，

$$L \geqslant \|\boldsymbol{A}\boldsymbol{e}_i\| / \|\boldsymbol{e}_i\|=\sqrt{\sum_{j=1}^n A_{ji}^2} \geqslant A_{ii}$$

从该不等式可以得出$L \geqslant L_{\max}$（对任何非负对角矩阵等号成立）．另外，我们通过迹与特征值之和［见式（A.4）］之间的关系可知，

$$L=\lambda_{\max}(\boldsymbol{A}) \leqslant \sum_{i=1}^n \lambda_i(\boldsymbol{A})=\sum_{i=1}^n A_{ii} \leqslant nL_{\max}$$

当$\boldsymbol{A}=\boldsymbol{e}\boldsymbol{e}^{\mathrm{T}}$时，等号成立，其中，$\boldsymbol{e}=(1,1,\cdots,1)^{\mathrm{T}}$．这样我们得到

$$L_{\max} \leqslant L \leqslant nL_{\max} \tag{6.6}$$

6.2.2　随机坐标下降法：有放回抽样

在基础的随机坐标下降（RCD）法中，要更新的索引 i_k 是从$\{1,2,\cdots,n\}$中均匀地随机选择的，且其迭代对于某些$\alpha_k>0$具有式（6.2）的形式．对于 RCD 的短步变体，其α_k是由利普希茨常数决定的，而不是由精确的最小化或线搜索过程决定的．这些短步变体，对于一般凸函数可以达到次线性收敛速率，而对于强凸函数［式（2.19）中$m>0$的情况］，可以达到线性收敛速率．稍后我们将讨论这一速率与第 3 章中的全梯度最速下降法得到的收敛速率之间的关系．

为了准确起见，我们在本节的其余部分给出如下假设．我们这里用到了在前面定义

的水平集$\mathcal{L}^0$以及开邻域$\mathcal{O}^0$.

假设 1　函数f是凸函数，同时在前面定义的集合$\mathcal{O}^0$上是一致利普希茨连续可微的，并且在集合$S \in \mathcal{L}^0$上获得最小值. 存在一个有限的$R_0 > 0$，使得下式成立：

$$\max_{x \in \mathcal{L}^0} \min_{x^* \in \mathcal{S}} \| \boldsymbol{x} - \boldsymbol{x}^* \| \leqslant R_0$$

在接下来的分析中，我们用$E_{i_k}(\cdot)$表示关于单个随机索引i_k的期望，而用$E(\cdot)$表示关于在算法中遇到的所有随机变量$i_0, i_1, i_2, \cdots$的期望.

我们的主要结论将围绕证明关于固定步长$\alpha_k \equiv 1/L_{\max}$的随机坐标下降法的收敛性展开.

定理 6.1　如果假设 1 成立，迭代式［见式（6.2）］中的每个索引i_k是从$\{1,2,\cdots,n\}$中均匀地随机选择的，且步长$\alpha_k \equiv 1/L_{\max}$，那么对于所有$k > 0$，我们有

$$E\left(f(\boldsymbol{x}^k)\right) - f^* \leqslant \frac{2nL_{\max}R_0^2}{k} \tag{6.7}$$

当式（2.19）中的$m > 0$时，我们可得额外结论

$$E\left(f(\boldsymbol{x}^k)\right) - f^* \leqslant \left(1 - \frac{m}{nL_{\max}}\right)^k \left(f(\boldsymbol{x}^0) - f^*\right) \tag{6.8}$$

证明　通过泰勒定理并使用式（6.4）和式（6.5），我们有

$$\begin{aligned} f(\boldsymbol{x}^{k+1}) &= f\left(\boldsymbol{x}^k - \alpha_k \nabla_{i_k} f(\boldsymbol{x}^k) \boldsymbol{e}_{i_k}\right) \\ &\leqslant f(\boldsymbol{x}^k) - \alpha_k \left[\nabla_{i_k} f(\boldsymbol{x}^k)\right]^2 + \frac{1}{2}\alpha_k^2 L_{i_k} \left[\nabla_{i_k} f(\boldsymbol{x}^k)\right]^2 \\ &\leqslant f(\boldsymbol{x}^k) - \alpha_k \left(1 - \frac{L_{\max}}{2}\alpha_k\right)\left[\nabla_{i_k} f(\boldsymbol{x}^k)\right]^2 \\ &= f(\boldsymbol{x}^k) - \frac{1}{2L_{\max}}\left[\nabla_{i_k} f(\boldsymbol{x}^k)\right]^2 \end{aligned} \tag{6.9}$$

我们在最后一个等式中用$\alpha_k = 1/L_{\max}$替换了α_k. 对式（6.9）两边关于随机索引i_k求期望，我们有

$$\begin{aligned} E_{i_k} f\left(\boldsymbol{x}^{k+1}\right) &\leqslant f(\boldsymbol{x}^k) - \frac{1}{2L_{\max}} \frac{1}{n} \sum_{i=1}^{n} \left[\nabla_i f(\boldsymbol{x}^k)\right]^2 \\ &= f(\boldsymbol{x}^k) - \frac{1}{2nL_{\max}} \| \nabla f(\boldsymbol{x}^k) \|^2 \end{aligned} \tag{6.10}$$

我们在这里使用了$\boldsymbol{x}^k$不依赖于i_k以及i_k是从$\{1,2,\cdots,n\}$中等概率选取的事实. 现在我们在这

个表达式两边同时减去$f(\boldsymbol{x}^*)$，并对所有随机变量$i_0, i_1, \cdots$求期望，使用如下符号：

$$\phi_k := E\left(f(\boldsymbol{x}^k)\right) - f^* \tag{6.11}$$

从而获得

$$\phi_{k+1} \leqslant \phi_k - \frac{1}{2nL_{\max}} E\left(\|\nabla f(\boldsymbol{x}^k)\|^2\right) \leqslant \phi_k - \frac{1}{2nL_{\max}} \left[E\left(\|\nabla f(\boldsymbol{x}^k)\|\right)\right]^2 \tag{6.12}$$

（我们在第二个不等式中使用了 Jensen 不等式.）我们通过最后一个不等式可以看到$\{\phi_k\}$是一个单调非增序列. 通过f的凸性，对于任意$\boldsymbol{x}^* \in S$，我们有

$$f(\boldsymbol{x}^k) - f^* \leqslant \nabla f(\boldsymbol{x}^k)^{\mathrm{T}} \left(\boldsymbol{x}^k - \boldsymbol{x}^*\right) \leqslant \|\nabla f(\boldsymbol{x}^k)\| \, \|\boldsymbol{x}^k - \boldsymbol{x}^*\| \leqslant R_0 \|\nabla f(\boldsymbol{x}^k)\|$$

其中，最后一个不等式是通过假设 1 得到的，因为$f(\boldsymbol{x}^k) \leqslant f(\boldsymbol{x}^0)$，所以$\boldsymbol{x}^k \in \mathcal{L}^0$. 通过对两边求期望可得

$$E\left(\|\nabla f(\boldsymbol{x}^k)\|\right) \geqslant \frac{1}{R_0} \phi_k$$

当我们把这个下界代入式（6.12）并重新整理，我们可以得到

$$\phi_k - \phi_{k+1} \geqslant \frac{1}{2nL_{\max}} \frac{1}{R_0^2} \phi_k^2$$

因此，我们得到

$$\frac{1}{\phi_{k+1}} - \frac{1}{\phi_k} = \frac{\phi_k - \phi_{k+1}}{\phi_k \phi_{k+1}} \geqslant \frac{\phi_k - \phi_{k+1}}{\phi_k^2} \geqslant \frac{1}{2nL_{\max} R_0^2}$$

通过递归地使用该不等式，我们得到

$$\frac{1}{\phi_k} \geqslant \frac{1}{\phi_0} + \frac{k}{2nL_{\max} R_0^2} \geqslant \frac{k}{2nL_{\max} R_0^2}$$

从而可以得到式（6.7）.

当函数f强凸且凸性模$m > 0$时，通过在式（2.19）两边关于$\boldsymbol{y}$取最小值，并令$\boldsymbol{x} = \boldsymbol{x}^k$，我们可以得到

$$f^* \geqslant f(\boldsymbol{x}^k) - \frac{1}{2m} \|\nabla f(\boldsymbol{x}^k)\|^2$$

通过使用这个表达式来确定式（6.12）中$\|\nabla f(\boldsymbol{x}^k)\|^2$的界，我们可得

$$\phi_{k+1} \leqslant \phi_k - \frac{m}{nL_{\max}}\phi_k = \left(1 - \frac{m}{nL_{\max}}\right)\phi_k$$

递归地应用这个不等式可以得到式（6.8）. ■

通过对式（6.9）中的逻辑进行细微的调整，选择更精细的步长α_k，我们也可以得到相同的收敛表达式．例如，使用（通常较长的）步长$\alpha_k = 1/L_{i_k}$，也可以推导出式（6.7）和式（6.8）．当α_k是f沿着坐标搜索方向的精确最小值解时，式（6.7）和式（6.8）也是成立的．对于这种情况，我们可以修改式（6.9）中的逻辑，取关于α_k的所有表达式的最小值，并使用$\alpha_k = 1/L_{\max}$在一般情况下是一个次优选择的事实．

我们证明第二个收敛结果，对于弱凸的情况，其界与式（6.7）不同．这个出自 Lu 和 Xiao（2015，定理 1）的变体也很有趣，因为它使用了不同的证明技巧．

定理 6.2　设假设 1 成立，迭代式［见式（6.2）］中的每个索引 i_k 都是从$\{1,2,\cdots,n\}$中均匀随机选择的，并且$\alpha_k = 1/L_{\max}$．那么对于所有$k>0$，我们都有

$$E\left(f(\boldsymbol{x}^k)\right) - f^* \leqslant \frac{nL_{\max}R_0^2}{2k} + \frac{n\left(f(\boldsymbol{x}^0) - f(\boldsymbol{x}^*)\right)}{k} \leqslant \frac{n\left(L_{\max} + L\right)R_0^2}{2k} \tag{6.13}$$

证明　像式（6.11）中那样定义ϕ_k，并且

$$\alpha_k := E\left(\|\boldsymbol{x}^k - \boldsymbol{x}^*\|^2\right) \tag{6.14}$$

其中，$\boldsymbol{x}^*$是f的某个最小值点，E是对所有随机索引$i_0, i_1, \cdots$求期望．对于任意迭代T，我们有

$$\begin{aligned}
&\|\boldsymbol{x}^{T+1} - \boldsymbol{x}^*\|^2 \\
&= \|\boldsymbol{x}^T - \frac{1}{L_{\max}}\nabla_{i_T} f(\boldsymbol{x}^T)\boldsymbol{e}_{i_T} - \boldsymbol{x}^*\|^2 \\
&= \|\boldsymbol{x}^T - \boldsymbol{x}^*\|^2 - \frac{2}{L_{\max}}\nabla_{i_T} f(\boldsymbol{x}^T)\left(\boldsymbol{x}^T - \boldsymbol{x}^*\right)_{i_T} + \frac{1}{L_{\max}^2}\left[\nabla_{i_T} f(\boldsymbol{x}^T)\right]^2 \\
&\leqslant \|\boldsymbol{x}^T - \boldsymbol{x}^*\|^2 - \frac{2}{L_{\max}}\nabla_{i_T} f(\boldsymbol{x}^T)\left(\boldsymbol{x}^T - \boldsymbol{x}^*\right)_{i_T} + \frac{2}{L_{\max}}\left[f(\boldsymbol{x}^T) - f\left(\boldsymbol{x}^{T+1}\right)\right]
\end{aligned}$$

其中，最后一个不等式是通过将式（6.9）应用于$\frac{1}{L_{\max}^2}\left[\nabla_{i_T} f(\boldsymbol{x}^T)\right]^2$得到的．通过在两边取关于随机索引 i_T 的期望，并使用$f(\boldsymbol{x}^*) \geqslant f(\boldsymbol{x}^T) + \nabla f(\boldsymbol{x}^T)^{\mathrm{T}}(\boldsymbol{x}^* - \boldsymbol{x}^T)$（根据函数凸性），我们有

$$
\begin{aligned}
E_{i_T}\|\boldsymbol{x}^{T+1}-\boldsymbol{x}^*\|^2 &\leqslant \|\boldsymbol{x}^T-\boldsymbol{x}^*\|^2-\frac{2}{nL_{\max}}\nabla f(\boldsymbol{x}^T)^{\mathrm{T}}(\boldsymbol{x}^T-\boldsymbol{x}^*)+ \\
&\quad \frac{2}{L_{\max}}\left[f(\boldsymbol{x}^T)-E_{i_T}f(\boldsymbol{x}^{T+1})\right] \\
&\leqslant \|\boldsymbol{x}^T-\boldsymbol{x}^*\|^2+\frac{2}{nL_{\max}}\left(f(\boldsymbol{x}^*)-f(\boldsymbol{x}^T)\right)+ \\
&\quad \frac{2}{L_{\max}}\left[f(\boldsymbol{x}^T)-E_{i_T}f(\boldsymbol{x}^{T+1})\right]
\end{aligned}
$$

通过重新调整该不等式，可以得到

$$
\begin{aligned}
\frac{2}{nL_{\max}}\left(f(\boldsymbol{x}^T)-f(\boldsymbol{x}^*)\right) \leqslant \|\boldsymbol{x}^T-\boldsymbol{x}^*\|^2-E_{i_T}\|\boldsymbol{x}^{T+1}-\boldsymbol{x}^*\|^2+ \\
\frac{2}{L_{\max}}\left[f(\boldsymbol{x}^T)-E_{i_T}f(\boldsymbol{x}^{T+1})\right]
\end{aligned}
$$

通过对不等式两边关于所有随机索引$i_0, i_1, \cdots$求期望，并使用式（6.11）和式（6.14），我们可以得到

$$
\frac{2}{nL_{\max}}\phi_T \leqslant a_T-a_{T+1}+\frac{2}{L_{\max}}(\phi_T-\phi_{T+1})
$$

又通过在$T=0,1,\cdots,k$上对两边求和，我们得到

$$
\begin{aligned}
\frac{2}{nL_{\max}}\sum_{T=0}^{k}\phi_T &\leqslant a_0-a_{k+1}+\frac{2}{L_{\max}}(\phi_0-\phi_{k+1}) \\
&\leqslant \|\boldsymbol{x}^0-\boldsymbol{x}^*\|^2+\frac{2\left[f(\boldsymbol{x}^0)-f(\boldsymbol{x}^*)\right]}{L_{\max}}
\end{aligned}
\tag{6.15}
$$

对于最后一个不等式，我们使用了$a_0=\|\boldsymbol{x}^0-\boldsymbol{x}^*\|^2$，$\phi_0=f(\boldsymbol{x}^0)-f(\boldsymbol{x}^*)$，以及$a_{k+1}\geqslant 0$和$\phi_{k+1}\geqslant 0$. 因为$\left\{f(\boldsymbol{x}^T)\right\}$是单调递减序列，所以式（6.15）左边有下界$(k+1)\frac{2}{nL_{\max}}\phi_k$. 我们将此下界代入式（6.15），可得

$$
\phi_k=Ef(\boldsymbol{x}^k)-f^*\leqslant\frac{nL_{\max}\|\boldsymbol{x}^0-\boldsymbol{x}^*\|^2}{2(k+1)}+\frac{n\left(f(\boldsymbol{x}^0)-f^*\right)}{k+1}
$$

我们仅需要将不等式右边的$k+1$替换为k就能得到所需证明的结论.

该定理中的最终界是通过使用函数f的凸性以及$\nabla f(\boldsymbol{x}^*)=0$得到的，也就是

$$
f(\boldsymbol{x}^0)\leqslant f(\boldsymbol{x}^*)+\nabla f(\boldsymbol{x}^*)^{\mathrm{T}}(\boldsymbol{x}^0-\boldsymbol{x}^*)+\frac{L}{2}\|\boldsymbol{x}^0-\boldsymbol{x}^*\|^2=f(\boldsymbol{x}^*)+\frac{L}{2}\|\boldsymbol{x}^0-\boldsymbol{x}^*\|^2
$$

■

定理 6.1 中的收敛速率与 3.2 节中全梯度短步法所对应的收敛速率形成了有趣的对比．将式（6.7）与恒定步长$\alpha_k = 1/L$［其中，L 与式（2.7）中相同］的全梯度最速下降法的相应结果进行对比．我们在定理 3.3 中证明了迭代

$$\boldsymbol{x}^{k+1} = \boldsymbol{x}^k - \frac{1}{L}\nabla f(\boldsymbol{x}^k)$$

会得到收敛表达式

$$f(\boldsymbol{x}^k) - f^* \leqslant \frac{LR_0^2}{2k} \tag{6.16}$$

对于本章所关注的问题，由于全梯度法的一次迭代与 CD 的一次迭代之间大约有一个 n 倍的差异，因此若 L 和 $L_{\max}$ 大致相同，那么式（6.16）和式（6.7）将是可比的（在大约 4 倍之内）．式（6.6）表明，对于某些问题，$L_{\max}$ 可以显著小于 L，并且通过比较两者最坏情况下的收敛表达式，我们可以看到随机坐标下降法在这些问题上可能具有优势．

在强凸的情形下，我们比较收敛速率可以得到相似的结论．对于线搜索 $\alpha \equiv 2/(L+m)$的最速下降法（参见 3.2 节），我们有

$$\|\boldsymbol{x}_{k+1} - \boldsymbol{x}^*\| \leqslant \left(1 - \frac{2}{(L/m)+1}\right)\|\boldsymbol{x}_k - \boldsymbol{x}^*\| \tag{6.17}$$

因为引理 3.4，$f(\boldsymbol{x}_k) - f(\boldsymbol{x}^*)$和$\|\boldsymbol{x}_k - \boldsymbol{x}^*\|^2$具有相似的收敛速率，所以将式（6.17）两边同时平方，我们可以将其与式（6.8）进行一个更合适的比较．通过使用近似 $(1-\epsilon)^r \approx 1 - r\epsilon$，$r$ 是任意常数，而ϵ是一个使得$r\epsilon \ll 1$的数，我们估计短步最速下降法中 $\{f(\boldsymbol{x}_k)\}$的收敛速率常数大约为

$$1 - \frac{4m}{L+m} \approx 1 - \frac{4m}{L} \tag{6.18}$$

因为除了具有最良好条件的问题之外，我们可以对其余所有问题假设$L+m \approx L$．除了式（6.18）中的额外 4 倍因子以及关键项之间的 n 倍因子差异之外，这两种方法之间的主要区别是将式（6.8）中的 $L_{\max}$ 替换为式（6.18）中的 L. 此外，当 $L_{\max}$ 显著小于 L 时，CD 可能具有更快的总体收敛速率．

这些发现直觉上是合理的．CD 方法总的来说能采用更长的步长，同时仍保证 f 显著减小．此外，CD 在每一步上使用新的梯度信息来对 $\boldsymbol{x}$ 进行增量改进，而全梯度法在单点使用梯度的每个分量信息一次性更新 $\boldsymbol{x}$ 的所有分量．

强凸情形下的复杂度结果将在 9.4 节中讲到．事实上，我们将在该节中讨论更一般

的情况，即将凸可分正则化函数添加到 f 中，且使用一种近端梯度法（将梯度下降推广到正则化目标函数）来优化 f.

6.2.3　循环坐标下降法

坐标下降法的循环变体以 $1,2,\cdots,n$ 的顺序更新坐标，然后循环往复直到收敛．这可能是该算法最直观的形式．线性方程组中的经典 Gauss-Seidel 法就具有这种形式，其在每个搜索方向上选择使 f 精确最小化的步长．其他的变体没有选择精确最小化，而是采取形如式（6.2）的步骤，根据对于函数利普希茨属性的估计以及其他考虑因素来选择步长 α_k.

在一般 CD 框架［见式（6.1）］中，循环 CD 中索引 i_k 的选择为

$$i_k=(k \bmod n)+1,\ \ k=0,1,2,\cdots \tag{6.19}$$

其产生序列 $1,2,3,\cdots,n,1,2,3,\cdots,n,1,2,3,\cdots$.

令人惊讶的是，关于在平滑凸函数 f 上的循环 CD 变体，对其收敛性产生担忧的研究结果是最近才出现的．例如，Beck 和 Tetruashvili（2013）——我们从该研究中提取出了下面所描述的结论；Sun 和 Hong（2015）；Li 等人（2018）.（Gauss-Seidel 法应用于凸二次函数 f 的特例，以及其重要的对称超松弛（SOR）变体的相关结果，多年来一直是数值线性代数中的标准结果．）我们描述一个类似于定理 6.1 的结果．假设每次迭代都有一个固定步长 α，其中，$\alpha\leqslant 1/L_{\max}$.

定理 6.3　若假设 1 成立，我们应用式（6.2）时，在第 k 次迭代处根据式（6.19）来选择索引 i_k，且 $\alpha_k\equiv\alpha\leqslant 1/L_{\max}$．那么，当 $k=n,2n,3n,\cdots$ 时，我们有

$$f(\boldsymbol{x}^k)-f^*\leqslant\frac{(4n/\alpha)(1+nL^2\alpha^2)R_0^2}{k+8} \tag{6.20}$$

此外，当 f 是模数为 m 的强凸函数时，对于 $k=n,2n,3n,\cdots$，我们有

$$f(\boldsymbol{x}^k)-f^*\leqslant\left(1-\frac{m}{(2/\alpha)(1+nL^2\alpha^2)}\right)^{k/n}\left(f(\boldsymbol{x}^0)-f^*\right) \tag{6.21}$$

证明　这些结果出自 Beck 和 Tetruashvili（2013，定理 3.6 和定理 3.9）．我们注意到：

（i）Beck 和 Tetruashvili（2013）的 BCGD 算法中的每次迭代对应于式（6.2）中的一个包含 n 次迭代的“循环”.

（ii）我们更新坐标而不是坐标块，所以 Beck 和 Tetruashvili（2013）中的参数 p 等

于这里的 n.

（iii）我们设 Beck 和 Tetruashvili（2013）中的$\bar{L}_{\max}$和$\bar{L}_{\min}$都为$1/\alpha$，其大于或等于 $L_{\max}$，满足该论文证明的要求． ■

如果我们将循环 CD 方法的一个周期与最速下降法的一步相比较，循环 CD 方法似乎比全梯度最速下降法有一个直观的优势．每当循环 CD 方法沿着一个坐标方向移动一步时，就会利用当前最新的梯度信息，而最速下降法则是在同一 $\boldsymbol{x}$ 处计算所有 n 个坐标方向上的移动．然而这一优势并没有反映在定理 6.3 的最坏情况分析中，它表明，即使我们假设这两种方法每次迭代的成本相差$O(n)$（详见下文），其收敛速率也比全梯度最速下降法慢．事实上，Beck 和 Tetruashvili（2013）的证明将循环 CD 方法作为一种有扰动的最速下降法，其用起始时刻的梯度来限制一个循环内目标函数值的变化．

式（6.20）和式（6.21）通常比随机算法得到的相应结果［见式（6.7）和式（6.8）］要更差，这些我们稍后会解释．随机算法和循环算法的计算性能在许多问题上是相近的，但正如界限比较所表明的，当$L/L_{\max}$显著超出其下界 1 时，循环算法的性能较差（有时还差很多）．我们还注意到，式（6.20）和式（6.21）是确定的，而式（6.7）和式（6.8）是期望次优性的界．

我们用 α 的三种可能的选择来说明定理 6.3 的结果．将 α 设为$1/L_{\max}$的上界，对于式（6.20），我们有：

$$f(\boldsymbol{x}^k)-f^* \leqslant \frac{4nL_{\max}\left(1+nL^2/L_{\max}^2\right)R_0^2}{k+8} \approx \frac{4n^2L^2R_0^2}{kL_{\max}}$$

这里的分子比式（6.7）中的相应结果差了约$2nL^2/L_{\max}^2 \in \left[2n,2n^3\right]$倍，这表明随机方法的性能更好，且当$L_{\max} \ll L$时，随机方法有更大的优势．如果我们设$\alpha=1/L$（由于 $L \gg L_{\max}$，这是一个合理的选择），式（6.20）就变成了

$$\frac{4n(n+1)LR_0^2}{k+8} \approx \frac{4n^2LR_0^2}{k}$$

这比全梯度下降法所对应的式（6.16）中的上界差了大约$2n^2$倍．对于$\alpha=1/\left(\sqrt{n}L\right)$的情况，我们得到

$$\frac{8n^{3/2}LR_0^2}{k+8}$$

这仍然比式（6.16）差$4n^{3/2}$倍．如果我们考虑到 CD 方法和全梯度法在相关问题上单次迭代 n 倍的成本关系，那么，CD 算法与全梯度算法在上述步长下的成本差异就相

应降低到 n 和 $n^{1/2}$.

另一个对于弱凸函数 f 的分析（出自 Sun 和 Hong，2015，第 3 节）产生了一个类似于式（6.20）的次线性收敛速率 $1/k$，但是其常数项对于各种利普希茨常数有不同的依赖 . 在某些情况下，即当 $L/L_{\max}$ 接近于其上界 n 时，该常数会很小，但在其他情况下，该常数会更大 .

6.2.4　随机排列坐标下降法：无放回抽样

CD 的*随机排列*变体是一种随机方法和循环方法的混合体 . 与循环方法一样，其计算被分为若干个周期，每个周期包含 n 次迭代 . 在每个周期内，每个坐标都恰好只更新一次 . 然而与循环方法不同的是，坐标排列会在每个循环开始时被重新打乱 .（等价地说，我们可以把每轮迭代中的坐标看作是从集合 $\{1,2,\cdots,n\}$ 中进行*无放回*抽样得到的 .）

定理 6.3 中证明的有关循环 CD 的收敛性质对于随机排列坐标下降法同样成立，Beck 和 Tetruashvili（2013）中的证明也无须修改 . 然而，有趣的是，计算经验表明，随机排列坐标下降法避免了在 $L/L_{\max}$ 比率大的情况下纯循环坐标下降法的不良表现 . 而在所有情况下，该算法的性能都与"有放回抽样"（即 6.2.2 节中的随机坐标下降法）类似 . 这种现象在一些特殊的情况下得到了分析解释，例如，在 Lee 和 Wright（2018）中对于一种特殊的强凸二次函数的分析，以及 Wright 和 Lee（2020）中对于更一般的强凸二次函数的研究 . 即使在这些特殊的情况下，随机排列坐标下降法的分析也要比关于随机坐标下降法或是循环坐标下降法的分析复杂得多 .

6.3　块坐标下降法

本章中描述的所有方法都可以扩展到坐标被划分为块的情况，其每个块都包含了一个或多个分量 . 在对 $\boldsymbol{x}$ 的所有分量进行重排后，我们可以将其划分为

$$\boldsymbol{x}=\left(\boldsymbol{x}_{(1)},\boldsymbol{x}_{(2)},\cdots,\boldsymbol{x}_{(p)}\right)$$

其中，$\boldsymbol{x}_{(i)}\in\mathbf{R}^{n_i},i=1,2,\cdots,p$，且 $\sum_{i=1}^{p}n_i=n$. 我们用 $\boldsymbol{U}_i$ 来表示那些对应于 $\boldsymbol{x}_{(i)}$ 中分量的 $n\times n$ 单位矩阵的列 . 推广式（6.2），块坐标下降法的步骤 k 可以定义如下：

$$\boldsymbol{x}^{k+1}\leftarrow\boldsymbol{x}^k-\alpha_k\boldsymbol{U}_{i_k}\nabla_{i_k}f(\boldsymbol{x}^k)$$

对于$\alpha_k > 0$，其中，$\nabla_i f(\boldsymbol{x})$是$f$关于$\boldsymbol{x}_{(i)}$中分量的偏导数的向量．分量式的利普希茨常数［见式（6.4）］定义可以简单地推广到块中，如下所示：

$$\|\nabla_i f\left(\boldsymbol{x}+\boldsymbol{U}_i \boldsymbol{v}_i\right)-\nabla_i f(\boldsymbol{x})\| \leqslant L_i \|\boldsymbol{v}_i\|, \quad \boldsymbol{v}_i \in \mathbf{R}^{n_i}, \quad i=1,2,\cdots,p \tag{6.22}$$

一些算法还利用了块上的凸性模m_i，其中，m_i满足$m_i \boldsymbol{I} \preceq \boldsymbol{U}_i^{\mathrm{T}} \nabla^2 f(\boldsymbol{x}) \boldsymbol{U}_i \in \mathbf{R}^{n_i \times n_i}$，对于相关域中的所有$\boldsymbol{x}$成立．

块坐标结构允许许多算法扩展到存在可分块的正则化器的情况．这些问题的目标函数有以下形式：

$$f(\boldsymbol{x})+\sum_{i=1}^{p} \Omega_i(\boldsymbol{x}_{(i)}) \tag{6.23}$$

其中，每个Ω_i是凸的但通常不是平滑的．

对随机坐标下降法和循环坐标下降法分析在块上的泛化是很直观的．事实上，我们本章中引用的研究都是在块坐标框架下描述的分析结果，而不是我们在这里采用的单坐标设置（例如，Beck 和 Tetruashvili，2013；Nesterov，2012；Nesterov 和 Stich，2017；Lu 和 Xiao，2015）．

块坐标下降法是一种可以自然地应用到一些应用中的技术．例如，在低秩矩阵补全问题中，给定矩阵$\boldsymbol{M} \in \mathbf{R}^{p \times q}$的第$(i,j)$个元素的观测值，其中，$(i,j) \in \mathcal{O} \subset \{1,2,\cdots,p\} \times \{1,2,\cdots,q\}$，我们寻找矩阵$\boldsymbol{U} \in \mathbf{R}^{p \times r}$和矩阵$\boldsymbol{V} \in \mathbf{R}^{q \times r}$［对于某些$r \leqslant \min(p,q)$］来最小化目标函数

$$f\left(\boldsymbol{U},\boldsymbol{V}\right) := \sum_{(i,j)\in\mathcal{O}} \left(\left[\boldsymbol{U}\boldsymbol{V}^{\mathrm{T}}-\boldsymbol{M}\right]_{i,j}\right)^2$$

一种自然的方法是定义两个变量块，即 $\boldsymbol{U}$ 和 $\boldsymbol{V}$，并依次对这些块进行最小化．由于$f(\boldsymbol{U},\boldsymbol{V})$对于固定的 $\boldsymbol{V}$ 是关于 $\boldsymbol{U}$ 的最小二乘问题，而对于固定的 $\boldsymbol{U}$ 是关于 $\boldsymbol{V}$ 的最小二乘问题，所有标准方法都可以用于在这些块上进行最小化．对于张量补全问题，可以进行类似的处理．同样，其子问题是最小二乘问题．

在非负矩阵分解问题中，我们进一步限制 $\boldsymbol{U}$ 和 $\boldsymbol{V}$ 只包含非负元素．该问题的目标函数也可以用式（6.23）的形式来表述，也就是说，

$$\sum_{(i,j)\in\mathcal{O}} \left(\left[\boldsymbol{U}\boldsymbol{V}^{\mathrm{T}}-\boldsymbol{M}\right]_{i,j}\right)^2 + I_{p,r}^{+}(\boldsymbol{U}) + I_{q,r}^{+}(\boldsymbol{V})$$

其中，I^{+}是指示函数，如果矩阵中的所有元素都是非负的，则其函数值为 0，否则为∞．这个式子中的子问题是有边界约束的最小二乘问题，可以用投影梯度法或活动集法来解决．

注释和参考

Tseng 和 Yun（2010）早期发表的一篇关于带可分块正则化的块坐标下降法的论文中，证明了其在几种设置（包括非凸函数 f）和不同变体情况下的收敛性和复杂度. 该研究假设每一步更新所选择的变量块满足广义的 Gauss-Southwell 条件，这就保证了考虑这个变量块对于函数 f 值的改进相比于全梯度步骤所带来的改进是显著的. Wright（2012）考虑了对该研究的一些扩展，同时讨论了一些应用和局部收敛结果.

定理 6.1 的证明是 Nesterov（2012，第 2 节）中分析的简化版. 定理 6.2 的证明出自 Lu 和 Xiao（2015，定理 1）. Richtarik 和 Takac（2014）给出了另一种分析，将其扩展到具有可分离的正则化器问题上.

Nesterov（2012）首先提出了利用 Nesterov 加速的随机坐标下降法的变体. Lee 和 Sidford（2013）随后提出了一个可以在某些应用中有效实现的版本. Nesterov 和 Stich（2017）描述了一个更普遍适用的版本. 当分量 i 的抽样概率为$L_i^{1/2}/\left(\sum_{j=1}^{n} L_j^{1/2}\right)$时［其中，$L_i$ 是式（6.4）中定义的分量式的利普希茨常数］，Nesterov 和 Stich（2017，定理 1）证明了以下上界：

$$E\left(f(\boldsymbol{x}^k)-f(\boldsymbol{x}^*)\right) \leqslant \frac{2R_0^2\left(\sum_{i=1}^{n} L_i^{1/2}\right)^2}{k^2}$$

注意，定理 6.1 和定理 6.2 中的速率$1/k$被加速法中常见的速率$1/k^2$所取代.

6.2.3 节中关于循环方法的分析出自 Beck 和 Tetruashvili（2013）. 一篇后来的研究（Li 等人，2018）使用了与 Sun 和 Hong（2015）中类似的方法，分析了强凸情况下的循环坐标下降法的一个版本，其步长选择与分量式的利普希茨常数有关. 对于这些情况，Beck 和 Tetruashvili（2013）中的复杂度结果得到了进一步改进.［不同的设置和假设使得我们很难直接比较这些结果，但是，在 Li 等人（2018）的研究中，达到目标函数指定精度所需的迭代次数界限大约比$L/L_{\max}$更优.］Li 等人（2018）的研究中的方法也适用于可分离的非平滑正则化项出现在目标函数中的情况. 我们将在 9.4 节中讨论坐标下降法对这类问题的扩展.

当函数 f 满足 3.8 节的 Polyak-Łojasiewicz（PL）条件时，Karimi 等人（2016）的研究表明了形如式（6.2）的算法的线性收敛速率及其对具有可分离正则化项问题的扩展. 在这里和以前一样，PL 条件产生的结果与强凸函数结果类似. Chouzenoux 等人（2016）的研究中在考虑可分离正则化情况下的块坐标下降法时，每次迭代都使用变量度量来修改梯度，并证明了全局收敛以及在 Kurdyka-Łojasiewicz（KL）条件下的局部收敛速率（这在 3.8 节中描述过）.

使用坐标下降法而不是全梯度法的理由，也许在并行计算机上的异步实现中最能体现．当然，多核可以分担计算全梯度的工作量，但不可避免地存在一个同步点，也就是说，其计算必须等待每个核完成它的工作，才能继续计算和进行下一步．坐标下降法的异步实现很容易设计，尤其是对于多核且内存共享的计算机来说，其每个核都可以访问变量 $\boldsymbol{x}$ 的共享版本（可能还有其他涉及梯度信息计算的量）. Bertsekas 和 Tsitsiklis（1989，7.5 节）得到了关于弱假设下异步算法收敛的有力结论．近几年，有几篇论文（Liu 等人，2015；Liu 和 Wright，2015）表明，只要核的数量不是太大，串行坐标下降法的收敛速率基本被多核实现所继承．Richtarik 和 Takac（2016b）、Fercoq 和 Richtarik（2015）以及 Richtarik 和 Takac（2016a）这些论文中也设计、分析和实现了其他并行实现方法．并行坐标下降法现在仍然是一个活跃的研究领域．

注意，本章引用的论文中的分析对于常数 R_0 的定义与假设 1 不同，其为 $\max\limits_{x\in\mathcal{L}^0}\max\limits_{x^*\in\mathcal{S}}\|\boldsymbol{x}-\boldsymbol{x}^*\|$而不是$\max\limits_{x\in\mathcal{L}^0}\min\limits_{x^*\in\mathcal{S}}\|\boldsymbol{x}-\boldsymbol{x}^*\|$. 这个替代定义的结果当然是产生一个更大的值，其缺点是当解集无界时，该值是无穷的．仔细研究这些论文的分析就会发现，我们这里使用的定义已经足够了．

习题

1. 在 6.1 节的 ERM 示例中，假设目标函数 f 在当前点 $\boldsymbol{x}$ 处是已知的，同时还已知一个量$\boldsymbol{g}=\boldsymbol{A}\boldsymbol{x}$. 证明：对于某些$i=1,2,\cdots,n$，计算$f\left(\boldsymbol{x}+\gamma_i\boldsymbol{e}_i\right)$的成本是$O\left(|\boldsymbol{A}_{\cdot i}|\right)$（$\boldsymbol{A}$ 的第 i 列元素数）——也就是与更新梯度 ∇f的成本在同一数量级．证明：类似结论对于 6.1 节中的图的例子也成立．
2. 考虑凸二次函数$f(\boldsymbol{x})=\dfrac{1}{2}\boldsymbol{x}^{\mathrm{T}}\boldsymbol{A}\boldsymbol{x}$, $\boldsymbol{A}=\boldsymbol{e}\boldsymbol{e}^{\mathrm{T}}$, 其中，$\boldsymbol{e}=(1,1,\cdots,1)^{\mathrm{T}}$，$L=n$, 且对于$i=1,2,\cdots,n$, 有$L_{\max}=L_i=1$. 证明：任何具有$\alpha=1/L_{\max}$或$\alpha=1/L_i$的 CD 变体在一次迭代后收敛．证明：最速下降法（使用精确线搜索或是固定步长$\alpha=1/L$）也在一次迭代后收敛．
3. 实现坐标下降法的以下变体：
   - 随机坐标下降法（6.2.2 节中的方法），使用精确线搜索和恒定步长$1/L_{\max}$.
   - 循环坐标下降法（见 6.2.3 节），使用精确线搜索和恒定步长$1/L_{\max}$、$1/L$以及$1/\left(\sqrt{n}L\right)$.

- 随机排列坐标下降法（见 6.2.4 节），使用精确步骤和恒定步长$\frac{1}{L_{\max}}$.

比较这些方法在凸二次函数$f(\boldsymbol{x})=\frac{1}{2}\boldsymbol{x}^{\mathrm{T}}\boldsymbol{A}\boldsymbol{x}$问题上的性能，其中，$\boldsymbol{A}$ 是一个按如下方式随机构造的$n\times n$半正定矩阵（注意，$\boldsymbol{x}^*=0$，且$f(\boldsymbol{x}^*)=0$）. 当$f(\boldsymbol{x})\leqslant 10^{-6}f(\boldsymbol{x}^0)$时终止 . 使用一个随机起点 $\boldsymbol{x}$，其分量均匀地分布在$[0,1]$中 . 计算并输出每种情况下的 L 和 $L_{\max}$ 值 .

在以下不同的矩阵 $\boldsymbol{A}$ 的情况下测试你的代码 .

（a）$\boldsymbol{A}=\boldsymbol{Q}^{\mathrm{T}}\boldsymbol{D}\boldsymbol{Q}$，其中，$\boldsymbol{Q}$ 是随机正交矩阵，$\boldsymbol{D}$ 是一个正定对角矩阵，且其每个对角线元素 D_{ii} 具有 $10^{-\xi_i}$ 的形式，而 ξ_i 独立同分布地从$[0,1]$上均匀取值 .

（b）跟（i）中相同，但 ξ_i 独立同分布地从$[0,2]$上均匀取值 .

（c）生成（i）中的矩阵 $\boldsymbol{A}$，然后将其替换为$\boldsymbol{A}+10\boldsymbol{e}\boldsymbol{e}^{\mathrm{T}}$，其中，$\boldsymbol{e}=(1,1,\cdots,1)^{\mathrm{T}}$.

讨论这些方法在不同问题下的性能对比 . 你的计算结果是否和定理 6.1 和定理 6.3 中得到的收敛表达式一致？

4. 比较随机坐标下降法和循环坐标下降法的线性收敛上界［见式（6.8）和式（6.21）］，考虑循环方法中不同步长选择，包括$\alpha=1/L_{\max}$，$\alpha=1/L$以及$\alpha=1/\left(\sqrt{n}L\right)$.（在进行这些比较时请注意，对于较小的$\epsilon$，我们有$(1-\epsilon)^{1/n}\approx 1-\epsilon/n$.）在循环方法中，哪种固定步长的选择是最优的［从近似地最小化式（6.21）右侧因子的意义上说］？

第 7 章

约束优化的一阶方法

在约束优化中，我们在一个指定的集合 Ω 中寻找点 $\boldsymbol{x}^*$，使得目标函数 f 在集合 Ω 上取得最小值 . 该集合 Ω 被称为可行集，它通常是通过一些被称为约束的代数等式和不等式来定义的 . 这些约束条件可以是简单的变量值的界，也可以是用来刻画时间依赖性、资源使用或者相关统计模型等更为复杂的公式 . 在本章中，我们重点讨论 Ω 是一个简单的闭凸集的情况 . 而在后面的章节会考虑更复杂的可行集的情况 .

7.1 最优性条件

我们考虑式（2.1）中的问题，在此重述为

$$\min_{\boldsymbol{x}\in\Omega} f(\boldsymbol{x}) \tag{7.1}$$

其中，$\Omega\in\mathbf{R}^n$ 是一个闭凸集，f 是平滑的（至少是可微的）. 我们在这里参考并使用前面 2.1 节中的局部和全局最优解的定义，以及 2.4 节和 2.5 节中集合和函数的凸性 .

为了描述在闭凸集 Ω 上最小化平滑函数 f 的最优性，我们需要进一步推广第 2.3 节中建立在无约束优化上的最优性理论 . 通常情况下，无约束的一阶条件 $\nabla f(\boldsymbol{x})=0$ 在式（7.1）中的解处不成立 . 为了定义这种约束问题的最优性条件，我们需要引入闭凸集 Ω 在点 $\boldsymbol{x}\in\Omega$ 处的法锥概念 .

定义 7.1 令 $\Omega\in\mathbf{R}^n$ 是闭凸集 . 在任意点 $\boldsymbol{x}\in\Omega$ 处，法锥 $N_\Omega(\boldsymbol{x})$ 定义为

$$N_\Omega(\boldsymbol{x})=\left\{\boldsymbol{d}\in\mathbf{R}^n:\boldsymbol{d}^{\mathrm{T}}(\boldsymbol{y}-\boldsymbol{x})\leqslant 0,\ \boldsymbol{y}\in\Omega\right\}$$

注意，$N_\Omega(\boldsymbol{x})$ 简单地满足锥体 $C\in\mathbf{R}^n$ 的定义，即对所有 $t>0$，有 $z\in C\Rightarrow tz\in C$. 法锥

的示例如图 7.1 所示．

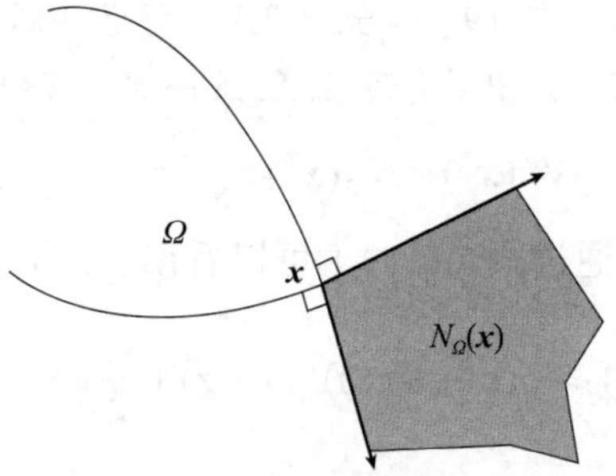

图 7.1　法锥

以下结果是$\boldsymbol{x}^*$为式（7.1）的解的一个一阶必要条件．当f是凸函数时，该条件也是充分条件．

定理 7.2　考虑式（7.1），其中，$\Omega \in \mathbf{R}^n$是一个闭凸集且函数f是连续可微的．如果$\boldsymbol{x}^* \in \Omega$是式（7.1）的局部最优解，那么$-\nabla f(\boldsymbol{x}^*) \in N_\Omega(\boldsymbol{x}^*)$．如果$f$是凸函数，那么条件$-\nabla f(\boldsymbol{x}^*) \in N_\Omega(\boldsymbol{x}^*)$表明点$\boldsymbol{x}^*$是式（7.1）的全局最优解．

证明　假设$\boldsymbol{x}^*$是一个局部最优解，且令$\boldsymbol{z}$为Ω中的任意一点．我们有$\boldsymbol{x}^* + \alpha(\boldsymbol{z} - \boldsymbol{x}^*) \in \Omega$对于所有$\alpha \in [0,1]$成立，并且根据泰勒定理［特别是式（2.3）］，对于$\gamma_\alpha \in (0,1)$，有

$$\begin{aligned} f\left(\boldsymbol{x}^* + \alpha(\boldsymbol{z} - \boldsymbol{x}^*)\right) &= f(\boldsymbol{x}^*) + \alpha \nabla f(\boldsymbol{x}^*)^{\mathrm{T}}(\boldsymbol{z} - \boldsymbol{x}^*) + \\ &\quad \alpha\left[\nabla f\left(\boldsymbol{x}^* + \gamma_\alpha \alpha(\boldsymbol{z} - \boldsymbol{x}^*)\right) - \nabla f(\boldsymbol{x}^*)\right]^{\mathrm{T}}(\boldsymbol{z} - \boldsymbol{x}^*) \\ &= f(\boldsymbol{x}^*) + \alpha \nabla f(\boldsymbol{x}^*)^{\mathrm{T}}(\boldsymbol{z} - \boldsymbol{x}^*) + o(\alpha) \end{aligned}$$

因为$\boldsymbol{x}^*$是一个局部最优解，所以我们有$f(\boldsymbol{x}^* + \alpha(\boldsymbol{z} - \boldsymbol{x}^*)) \geqslant f(\boldsymbol{x}^*)$对于所有足够小的$\alpha>0$成立．把该不等式代入前面的表达式，并令$\alpha \downarrow 0$，我们可得$-\nabla f(\boldsymbol{x}^*)^{\mathrm{T}}(\boldsymbol{z} - \boldsymbol{x}^*) \leqslant 0$．由于$\boldsymbol{z} \in \Omega$是任意选择的，我们可以得出必要条件所需要的结论$-\nabla f(\boldsymbol{x}^*) \in N_\Omega(\boldsymbol{x}^*)$．

现在假设f也是凸函数，并且$-\nabla f(\boldsymbol{x}^*) \in N_\Omega(\boldsymbol{x}^*)$．那么$-\nabla f(\boldsymbol{x}^*)^{\mathrm{T}}(\boldsymbol{z} - \boldsymbol{x}^*) \leqslant 0$对所有$\boldsymbol{z} \in \Omega$成立．根据函数$f$的凸性，我们有

$$f(\boldsymbol{z}) \geqslant f(\boldsymbol{x}^*) + \nabla f(\boldsymbol{x}^*)^{\mathrm{T}}(\boldsymbol{z} - \boldsymbol{x}^*) \geqslant f(\boldsymbol{x}^*)$$

这个不等式验证了x^*在Ω上最小化f，从而证明了第二个条件（即充分条件）. ■

当f是强凸函数时［见式（2.19）］，式（7.1）有唯一解.

定理 7.3　假设在式（7.1）中f是可微且强凸的，同时Ω是非空闭凸集，那么，式（7.1）有唯一解x^*，其满足$-\nabla f(x^*) \in N_\Omega(x^*)$.

证明　给定任意$z \in \Omega$，通过式（2.19）可以看出，f有一个全局二次函数下界，即

$$f(x) \geqslant f(z) + \nabla f(z)^{\mathrm{T}}(x-z) + \frac{m}{2}\|x-z\|^2$$

其中，$m>0$. 因此，集合$\Omega \cap \{x \mid f(x) \leqslant f(z)\}$是有界闭集，进而是紧集，所以$f$在该集合上某点$x^*$处取得最小值，即式（7.1）的解.

对于这个解x^*的唯一性，我们注意到，对于任意点$x \in \Omega$，再次利用式（2.19）以及定理 7.2 的性质$-\nabla f(x^*) \in N_\Omega(x^*)$，可以得到

$$f(x) \geqslant f(x^*) + \nabla f(x^*)^{\mathrm{T}}(x-x^*) + \frac{m}{2}\|x-x^*\|^2 > f(x^*)$$

其中，$\nabla f(x^*)^{\mathrm{T}}(x-x^*) \geqslant 0$，$m>0$，且$x \neq x^*$，所以不等号成立. ■

7.2　欧几里得投影

设Ω是一个闭凸集. 一个点x在Ω上的欧几里得投影是，在欧几里得范数衡量下（我们用$\|\cdot\|$表示），Ω上距离x最近的点. 我们用$P_\Omega(x)$来表示这个投影点，其可以用如下约束优化问题来表示：

$$P_\Omega(x) = \arg\min\{\|z-x\| \mid z \in \Omega\}$$

或者等价地可以表示为如下问题：

$$P_\Omega(x) = \arg\min_{z\in\Omega} \frac{1}{2}\|z-x\|_2^2 \tag{7.2}$$

由于这个问题的成本函数是强凸的，定理 7.3 告诉我们$P_\Omega(x)$是存在且唯一的，因而这是一个很好的定义. 该定理还给了我们关于$P_\Omega(x)$的以下特征：

$$x - P_\Omega(x) \in N_\Omega\left(P_\Omega(x)\right)$$

根据定义 7.1，有

$$\left(\boldsymbol{x}-P_{\Omega}(\boldsymbol{x})\right)^{\mathrm{T}}\left(\boldsymbol{z}-P_{\Omega}(\boldsymbol{x})\right)\leqslant 0,\quad \boldsymbol{z}\in\Omega \tag{7.3}$$

事实上，这个不等式刻画了$P_{\Omega}(\boldsymbol{x})$的特征，也就是说，不存在其他点$\bar{\boldsymbol{x}}\in\Omega$使得$(\boldsymbol{x}-\bar{\boldsymbol{x}})^{\mathrm{T}}(\boldsymbol{z}-\bar{\boldsymbol{x}})\leqslant 0$对于所有$\boldsymbol{z}\in\Omega$都成立，这是因为如果该点存在，那么它将是另一个投影子问题的解 .

我们将式（7.3）称为最小原则 . 我们将用它来计算各种对于简单集合 Ω 的投影 .

例 7.4（非负象限） 考虑所有分量都非负的向量集合：$\Omega=\left\{\boldsymbol{x}\mid x_i\geqslant 0, i=1,2,\cdots,n\right\}$. 注意，Ω 是封闭且凸的锥 . 我们有

$$P_{\Omega}(\boldsymbol{x})=\max(\boldsymbol{x},0)$$

也就是说，如果$x_i\geqslant 0$，那么$P_{\Omega}(\boldsymbol{x})$的第 i 个分量是x_i，否则就是 0. 我们通过参考最小原则［见式（7.3）］来证明该结论 . 因为$z_i\geqslant 0$对于所有 i 成立，因此，下式成立：

$$\begin{aligned}&\left(\boldsymbol{x}-P_{\Omega}(\boldsymbol{x})\right)^{\mathrm{T}}\left(\boldsymbol{z}-P_{\Omega}(\boldsymbol{x})\right)\\&=\sum_{x_i<0}\left(x_i-[P_{\Omega}(\boldsymbol{x})]_i\right)\left(z_i-[P_{\Omega}(\boldsymbol{x})]_i\right)+\sum_{x_i\geqslant 0}\left(x_i-[P_{\Omega}(\boldsymbol{x})]_i\right)\left(z_i-[P_{\Omega}(\boldsymbol{x})]_i\right)\\&=\sum_{x_i<0}x_i z_i\leqslant 0\end{aligned}$$

例 7.5（单位标准球） 定义$\Omega=\{\boldsymbol{x}\mid\|\boldsymbol{x}\|\leqslant 1\}$，我们有

$$P_{\Omega}(\boldsymbol{x})=\begin{cases}\boldsymbol{x}, & \text{若}\ \|\boldsymbol{x}\|\leqslant 1\\ \boldsymbol{x}/\|\boldsymbol{x}\|, & \text{其他}\end{cases}$$

我们将证明留作练习 .

下面结果是定理 7.3 的直接推论 .

引理 7.6　令 Ω 是闭凸集，那么$\left(P_{\Omega}(\boldsymbol{y})-\boldsymbol{z}\right)^{\mathrm{T}}(\boldsymbol{y}-\boldsymbol{z})\geqslant 0$对于所有$\boldsymbol{z}\in\Omega$均成立，当且仅当$\boldsymbol{z}=P_{\Omega}(\boldsymbol{y})$时等号成立 .

证明

$$\begin{aligned}\left(P_{\Omega}(\boldsymbol{y})-\boldsymbol{z}\right)^{\mathrm{T}}(\boldsymbol{y}-\boldsymbol{z})&=\left(P_{\Omega}(\boldsymbol{y})-\boldsymbol{z}\right)^{\mathrm{T}}\left(\boldsymbol{y}-P_{\Omega}(\boldsymbol{y})+P_{\Omega}(\boldsymbol{y})-\boldsymbol{z}\right)\\&=\left(P_{\Omega}(\boldsymbol{y})-\boldsymbol{z}\right)^{\mathrm{T}}\left(\boldsymbol{y}-P_{\Omega}(\boldsymbol{y})\right)+\|P_{\Omega}(\boldsymbol{y})-\boldsymbol{z}\|^2\\&\geqslant\left(P_{\Omega}(\boldsymbol{y})-\boldsymbol{z}\right)^{\mathrm{T}}\left(\boldsymbol{y}-P_{\Omega}(\boldsymbol{y})\right)\geqslant 0\end{aligned}$$

其中，最后一个不等式可以根据式（7.3）得出．当$\left(P_\Omega(\boldsymbol{y})-\boldsymbol{z}\right)^{\mathrm{T}}(\boldsymbol{y}-\boldsymbol{z})=0$，且$\|P_\Omega(\boldsymbol{y})-\boldsymbol{z}\|=0$时等号成立，因而我们证明了引理 7.6. ■

根据以上结果，欧几里得投影是非扩张算子．

命题 7.7　设 Ω 是一个闭凸集，那么$P_\Omega(\cdot)$是一个非扩张算子，也就是说，

$$\|P_\Omega(\boldsymbol{x})-P_\Omega(\boldsymbol{y})\|\leqslant\|\boldsymbol{x}-\boldsymbol{y}\|,\quad \boldsymbol{x},\boldsymbol{y}\in\mathbf{R}^n$$

证明

$$\begin{aligned}
&\|\boldsymbol{x}-\boldsymbol{y}\|^2\\
&=\|\left(\boldsymbol{x}-P_\Omega(\boldsymbol{x})\right)-\left(\boldsymbol{y}-P_\Omega(\boldsymbol{y})\right)+P_\Omega(\boldsymbol{x})-P_\Omega(\boldsymbol{y})\|^2\\
&=\|\left(\boldsymbol{x}-P_\Omega(\boldsymbol{x})\right)-\left(\boldsymbol{y}-P_\Omega(\boldsymbol{y})\right)\|^2+\|P_\Omega(\boldsymbol{x})-P_\Omega(\boldsymbol{y})\|^2-\\
&\quad 2[\boldsymbol{x}-P_\Omega(\boldsymbol{x})]^{\mathrm{T}}[P_\Omega(\boldsymbol{y})-P_\Omega(\boldsymbol{x})]-2[\boldsymbol{y}-P_\Omega(\boldsymbol{y})]^{\mathrm{T}}[P_\Omega(\boldsymbol{x})-P_\Omega(\boldsymbol{y})]\\
&\geqslant\|\left(\boldsymbol{x}-P_\Omega(\boldsymbol{x})\right)-\left(\boldsymbol{y}-P_\Omega(\boldsymbol{y})\right)\|^2+\|P_\Omega(\boldsymbol{x})-P_\Omega(\boldsymbol{y})\|^2\\
&\geqslant\|P_\Omega(\boldsymbol{x})-P_\Omega(\boldsymbol{y})\|^2
\end{aligned}$$

其中，第一个不等式可以通过定理 7.3 得出． ■

7.3　投影梯度算法

我们考虑式（7.1），其中，f是利普希茨连续可微的，且其利普希茨常数为 L［见式（2.7）］，Ω 是闭凸集．投影梯度算法的第 k 次迭代包含沿负梯度方向$-\nabla f(\boldsymbol{x}^k)$的一步，然后投影到可行集 Ω 上．其选择某步长以确保每次迭代后 f 是减小的．当投影操作$P_\Omega(\cdot)$的计算成本不高，且不超过计算梯度 ∇f 的成本时，该方法是最有用的．

给定一个可行的起点$\boldsymbol{x}^0\in\Omega$，投影梯度算法可以定义为以下公式：

$$\boldsymbol{x}^{k+1}=P_\Omega\left(\boldsymbol{x}^k-\alpha_k\nabla f(\boldsymbol{x}^k)\right)\tag{7.4}$$

其中，$\alpha_k>0$是步长．图 7.2 展示了对于给定$\boldsymbol{x},\boldsymbol{g}\in\mathbf{R}^n$，标量$t>0$，$\Omega$ 是盒状集合时，$P_\Omega(\boldsymbol{x}-t\boldsymbol{g})$所追踪的路径．在这种情况下，该路径是分段线性的．

下面命题表明，如果$\boldsymbol{x}^k$是一个满足一阶条件的点（参见定理 7.2），那么投影梯度算法就不会远离$\boldsymbol{x}^k$，即对于任意步长$\alpha_k>0$，$\boldsymbol{x}^{k+1}=\boldsymbol{x}^k$都成立．

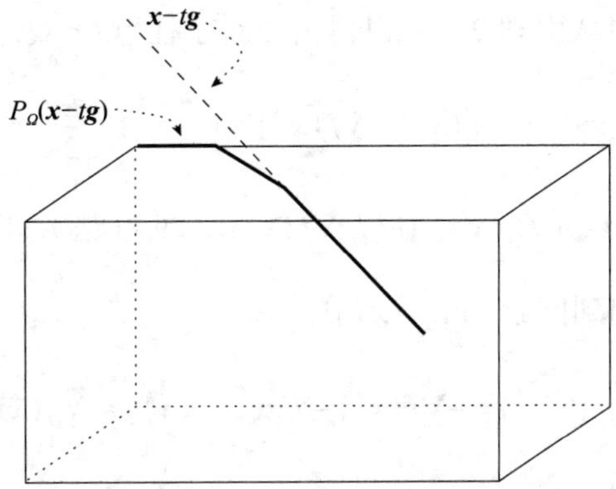

图 7.2　对于$t>0$，$\boldsymbol{x}-t\boldsymbol{g}$在可行集 Ω 上的投影路径是分段线性的

命题 7.8　假设f是平滑的且Ω是闭凸集，那么点$\boldsymbol{x}^*\in\Omega$满足一阶条件$-\nabla f(\boldsymbol{x}^*)\in N_\Omega(\boldsymbol{x}^*)$，当且仅当$\boldsymbol{x}^*=P_\Omega\left(\boldsymbol{x}^*-\alpha\nabla f(\boldsymbol{x}^*)\right)$对于所有$\alpha>0$成立．

证明　假设$\boldsymbol{x}^*$满足该一阶条件，那么对于任意$\alpha>0$，我们有

$$0\geqslant-\alpha\nabla f(\boldsymbol{x}^*)^{\mathrm{T}}(z-\boldsymbol{x}^*)=\left[\left(\boldsymbol{x}^*-\alpha\nabla f(\boldsymbol{x}^*)\right)-\boldsymbol{x}^*\right]^{\mathrm{T}}(z-\boldsymbol{x}^*),\ z\in\Omega$$

所以根据定理 7.3，我们必须有$\boldsymbol{x}^*=P_\Omega\left(\boldsymbol{x}^*-\alpha\nabla f(\boldsymbol{x}^*)\right)$．反之，如果$\boldsymbol{x}^*=P_\Omega\left(\boldsymbol{x}^*-\alpha\nabla f(\boldsymbol{x}^*)\right)$，那么我们可以得到相同的不等式，这表明一阶条件是满足的．■

7.3.1　一般情况：一种短步法

我们首先检验函数f满足式（2.7）但非凸的情况，并且设式（7.4）中$\alpha_k\equiv1/L$，其中，L是梯度∇f的利普希茨常数：

$$\boldsymbol{x}^{k+1}=P_\Omega\left(\boldsymbol{x}^k-(1/L)\nabla f(\boldsymbol{x}^k)\right)\tag{7.5}$$

那么对于任意$T>0$，并且我们用$\bar{f}$表示一个值，使得$f(\boldsymbol{x})\geqslant\bar{f}$对所有$\boldsymbol{x}\in\Omega$成立，我们有如下次线性收敛界：

$$\min_{0\leqslant k\leqslant T-1}\|\boldsymbol{x}^{k+1}-\boldsymbol{x}^k\|\leqslant\sqrt{\frac{2\left(f(\boldsymbol{x}^0)-\bar{f}\right)}{LT}}\tag{7.6}$$

式（7.6）证实了在最初的T次迭代中，我们将找到一个点，使得

$$\|P_\Omega\left(\boldsymbol{x}-(1/L)\nabla f(\boldsymbol{x})\right)-\boldsymbol{x}\|\leqslant\epsilon$$

为了验证式（7.6），我们从引理 2.2 可以得出：对于任意$\boldsymbol{x}\in\Omega$，有

$$f(\boldsymbol{x})\leqslant q_k(\boldsymbol{x}):=f(\boldsymbol{x}^k)+\nabla f(\boldsymbol{x}^k)^{\mathrm{T}}(\boldsymbol{x}-\boldsymbol{x}^k)+\frac{L}{2}\|\boldsymbol{x}-\boldsymbol{x}^k\|^2 \tag{7.7}$$

$q_k(\boldsymbol{x})$在$\boldsymbol{x}\in\Omega$上的最小值点是$P_\Omega(\boldsymbol{x}^k-(1/L)\nabla f(\boldsymbol{x}^k))$（见习题），即式（7.5）中的$\boldsymbol{x}^{k+1}$. 因此，我们将定理 7.2 应用到问题$\min\limits_{x\in\Omega} q_k(\boldsymbol{x})$中，有

$$-\nabla q_k(\boldsymbol{x}^{k+1})=-\nabla f(\boldsymbol{x}^k)-L(\boldsymbol{x}^{k+1}-\boldsymbol{x}^k)\in N_\Omega(\boldsymbol{x}^{k+1})$$

因此，根据定义 7.1 可知，

$$\begin{aligned}&\left[-\nabla f(\boldsymbol{x}^k)-L(\boldsymbol{x}^{k+1}-\boldsymbol{x}^k)\right]^{\mathrm{T}}(\boldsymbol{x}^k-\boldsymbol{x}^{k+1})\leqslant 0\\ &\Rightarrow \nabla f(\boldsymbol{x}^k)^{\mathrm{T}}(\boldsymbol{x}^k-\boldsymbol{x}^{k+1})\geqslant L\|\boldsymbol{x}^k-\boldsymbol{x}^{k+1}\|^2\end{aligned}$$

因为$f(\boldsymbol{x}^k)=q_k(\boldsymbol{x}^k)$且$f(\boldsymbol{x}^{k+1})\leqslant q_k(\boldsymbol{x}^{k+1})$，所以有

$$\begin{aligned}f(\boldsymbol{x}^k)-f(\boldsymbol{x}^{k+1})&\geqslant q_k(\boldsymbol{x}^k)-q_k(\boldsymbol{x}^{k+1})\\ &=-\nabla f(\boldsymbol{x}^k)^{\mathrm{T}}(\boldsymbol{x}^{k+1}-\boldsymbol{x}^k)-\frac{L}{2}\|\boldsymbol{x}^{k+1}-\boldsymbol{x}^k\|^2\\ &\geqslant\frac{L}{2}\|\boldsymbol{x}^{k+1}-\boldsymbol{x}^k\|^2\end{aligned}$$

通过对$k=0,1,\cdots,T-1$这一系列不等式求和，我们有

$$\sum_{k=0}^{T-1}\|\boldsymbol{x}^{k+1}-\boldsymbol{x}^k\|^2\leqslant\frac{2}{L}\left(f(\boldsymbol{x}^0)-f(\boldsymbol{x}^T)\right)\leqslant\frac{2}{L}\left(f(\boldsymbol{x}^0)-\bar{f}\right)$$

由此得出的结论与 3.2.1 节中的类似 .

7.3.2　一般情况：回溯法

我们现在讲述一种不需要知道利普希茨常数 L 的投影梯度法的回溯版本 . 我们沿用 3.5 节中描述的无约束优化的回溯方法，但是在其方法中增加投影算子以确保所有迭代$\boldsymbol{x}^k$是可行的 . 该方法如算法 7.1 所示 .

算法 7.1　带回溯的投影梯度法

给定$0<c_1<\dfrac{1}{2},\beta\in(0,1)$; 选择$\boldsymbol{x}^0$;

for $k=0,1,2,\cdots$ **do**

令 $\alpha_k = \bar{\alpha}_k$，初始猜测步长 $\bar{\alpha}_k > 0$；

while $f\left(P_\Omega\left(\boldsymbol{x}^k - \alpha_k \nabla f(\boldsymbol{x}^k)\right)\right) > f(\boldsymbol{x}^k) + c_1 \nabla f(\boldsymbol{x}^k)^{\mathrm{T}}\left(P_\Omega\left(\boldsymbol{x}^k - \alpha_k \nabla f(\boldsymbol{x}^k)\right) - \boldsymbol{x}^k\right)$
do

$\alpha_k \leftarrow \beta \alpha_k$;

end while

令 $\boldsymbol{x}^{k+1} = P_\Omega(\boldsymbol{x}^k - \alpha_k \nabla f(\boldsymbol{x}^k))$;

end for

在每次迭代中，我们选择初始猜测步长 $\bar{\alpha}_k > 0$.（这可以是一些常数，例如，对于所有的 k，$\bar{\alpha}_k = 1$，或者每次在前一次迭代成功时的步长上稍作增加，例如，$\bar{\alpha}_k = 1.2\alpha_{k-1}$.）然后我们测试一个类似式（3.26a）的充分下降条件．这个条件是问，用这个 α_k 值所得到的函数值 f 的实际改进，是否至少约是 f 在当前迭代 $\boldsymbol{x}^k$ 处一阶泰勒级数展开所预期改进的 c_1 倍．如果这个条件不满足，则按系数 $\beta \in (0,1)$ 缩减步长 α_k，并重复这个过程直到充分下降条件成立．

只要初始猜测 $\bar{\alpha}_k$ 选择大于 $1/L$ 的值，那么这种回溯法接受的步长通常大于 7.3.1 节中的 $1/L$ 步长，其在实践中的收敛速率往往更快．我们在习题中会推导算法 7.1 的收敛结果．

7.3.3 平滑强凸情形

我们现在考虑新的情形：f 是强凸的，其凸性模为 m［见式（2.19）］，且具有 L 利普希茨梯度［见式（2.7）］．此外，我们假设 f 是二次连续可微的，从而定理 2.1 中的式（2.4）在这里适用．从后一个结果我们可以看出，对于任意 $\boldsymbol{y}, \boldsymbol{z} \in \mathbf{R}^n$，且任意 $\alpha \geqslant 0$，有

$$
\begin{aligned}
&\| (\boldsymbol{y} - \alpha \nabla f(\boldsymbol{y})) - (\boldsymbol{z} - \alpha \nabla f(\boldsymbol{z})) \| \\
&= \left\| \int_0^1 [\boldsymbol{I} - \alpha \nabla^2 f(\boldsymbol{z} + t(\boldsymbol{y} - \boldsymbol{z}))](\boldsymbol{y} - \boldsymbol{z}) \mathrm{d}t \right\| \\
&\leqslant \int_0^1 \| \boldsymbol{I} - \alpha \nabla^2 f(\boldsymbol{z} + t(\boldsymbol{y} - \boldsymbol{z})) \| \mathrm{d}t \, \| \boldsymbol{y} - \boldsymbol{z} \| \\
&\leqslant \sup_{t \in [0,1]} \| \boldsymbol{I} - \alpha \nabla^2 f(\boldsymbol{z} + t(\boldsymbol{y} - \boldsymbol{z})) \| \| \boldsymbol{y} - \boldsymbol{z} \| \\
&\leqslant \max(|1 - \alpha m|, |1 - \alpha L|) \| \boldsymbol{y} - \boldsymbol{z} \|
\end{aligned}
\tag{7.8}
$$

其中，第二个不等式源于 $\nabla^2 f(\cdot)$ 的谱包含在区间 $[m, L]$ 中．通过令 $\alpha = 2/(L+m)$，我们可

以将不等式右侧最小化（见习题），代入该值，我们有

$$\alpha = \frac{2}{L+m} \Rightarrow \|\left(\boldsymbol{y} - \alpha \nabla f(\boldsymbol{y})\right) - (\boldsymbol{z} - \nabla f(\boldsymbol{z}))\| \leqslant \frac{L-m}{L+m}\|\boldsymbol{y} - \boldsymbol{z}\|$$

我们在式（7.8）中令$\boldsymbol{y} = \boldsymbol{x}^k$，$\boldsymbol{z} = \boldsymbol{x}^*$，且$\alpha_k \equiv 2/(L+m)$，并利用命题 7.8 中$\boldsymbol{x}^*$的特征，以及命题 7.7 中的非扩张性质，我们得到

$$\begin{aligned}\|\boldsymbol{x}^{k+1} - \boldsymbol{x}^*\| &= \|P_\Omega\left(\boldsymbol{x}^k - \alpha_k \nabla f(\boldsymbol{x}^k)\right) - P_\Omega\left(\boldsymbol{x}^* - \alpha_k \nabla f(\boldsymbol{x}^*)\right)\| \\ &\leqslant \|(\boldsymbol{x}^k - \boldsymbol{x}^*) - \alpha_k\left(\nabla f(\boldsymbol{x}^k) - \nabla f(\boldsymbol{x}^*)\right)\| \\ &\leqslant \frac{L-m}{L+m}\|\boldsymbol{x}^k - \boldsymbol{x}^*\|\end{aligned}$$

这表明对于固定步长版本的投影梯度算法，$\{\boldsymbol{x}^k\}$以线性速率收敛到最优解$\boldsymbol{x}^*$. 注意，当$0 < m \ll L$时，这个线性速率常数约为$(1 - 2m/L)$.

这里分析的投影梯度法是 9.3 节中描述的近端梯度算法的一个特例. 对于这里所分析的情况以外的情形，例如，f是凸的但不是强凸的，我们将参考该节进行分析.

7.3.4　动量变体

投影梯度法的一些版本利用了第 4 章的动量思想. 根据式（4.7），Nesterov 法可以通过如下变化以满足式（7.1）：

$$\boldsymbol{y}^k = \boldsymbol{x}^k + \beta_k(\boldsymbol{x}^k - \boldsymbol{x}^{k-1}) \tag{7.9a}$$

$$\boldsymbol{x}^{k+1} = P_\Omega(\boldsymbol{y}^k - \alpha_k \nabla f(\boldsymbol{y}^k)) \tag{7.9b}$$

其中，我们像从前一样定义$\boldsymbol{x}^{-1} = \boldsymbol{x}^0$，从而$\boldsymbol{y}^0 = \boldsymbol{x}^0$.［当$\beta_k \equiv 0$时，该方法退化为式（7.4）中的投影梯度法.］注意，序列$\{\boldsymbol{x}^k\}$是可行的，而$\boldsymbol{y}^k$则不一定是可行的. 当我们选择适当的α_k和β_k，且将该算法用到强凸函数f时，式（7.9）将以$(1-\sqrt{m/L})$的近似线性速率收敛.

7.3.5　其他搜索方向

在 3.1 节中，我们展示了除负梯度方向之外，可以和线搜索相结合使用在平滑无约束优化算法中的搜索方向$\boldsymbol{d}^k$. 试问，该$\boldsymbol{d}^k$是否可以用于投影梯度法以解决约束优化问题［见式（7.1）］. 也就是说，我们是否可以定义形式为$\boldsymbol{x}^{k+1} = P_\Omega(\boldsymbol{x}^k + \alpha_k \boldsymbol{d}^k)$的步骤，使

得$\boldsymbol{d}^k$满足类似式（3.22）的条件？一般来说，答案是否定的．这用一幅图来说明就可以了（见图 7.3）．这里我们展示了一个二次函数的最小化，其轮廓线如图 7.3 所示．该优化的约束为$\boldsymbol{x} \in \Omega$，其中，$\Omega$是图中直线下方的半空间．该问题的解在图中$\boldsymbol{x}^*$点处．从点$\boldsymbol{x}$出发，我们显示了方向$-\boldsymbol{g} = -\nabla f(\boldsymbol{x})$，即负梯度方向，该方向与轮廓线垂直．显然，如果我们沿着这个方向走步长为$\alpha > 0$的一步，并投影到Ω上，那么我们就会向着$\boldsymbol{x}^*$走，且函数值减小（只要α不是太大）．现在我们考虑方向$\boldsymbol{d}$，其满足式（3.22）的条件，即该方向与$-\nabla f(\boldsymbol{x})$的夹角明显小于 π/2 弧度，并且其长度与$-\nabla f(\boldsymbol{x})$相近．即使我们可以通过沿着$\boldsymbol{d}$移动步长为$\alpha > 0$的一步来减小$f$，但当我们把$\boldsymbol{x} + \alpha\boldsymbol{d}$投影到$\Omega$上时，情况就不一样了．事实上，对于任意$\alpha > 0$，沿着$P_\Omega(\boldsymbol{x} + \alpha\boldsymbol{d})$所定义的路径走，函数值会增加．

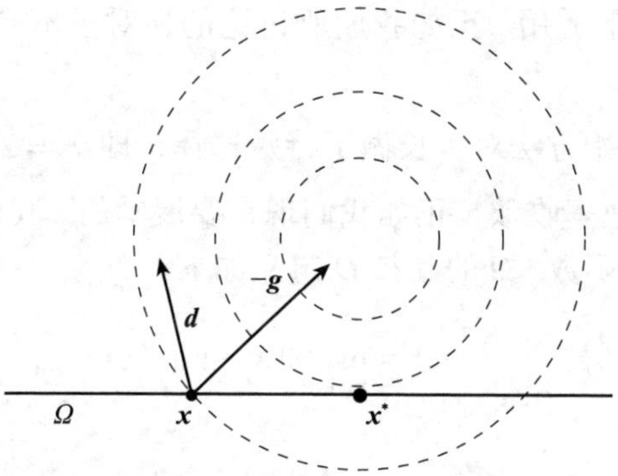

图 7.3　沿一个方向$\boldsymbol{d} \neq -\boldsymbol{g} = -\nabla f(\boldsymbol{x})$搜索并投影到$\Omega$上，即使对于小步长$\alpha$，也无法在$f$中产生下降

7.4　条件梯度（Frank-Wolfe）法

对于一些可行集Ω，投影算子P_Ω的计算成本可能很高，而在相同集合上最小化线性目标函数则相对更合适．例如，在单纯形$\left\{\boldsymbol{x} \in \mathbf{R}^n \mid \boldsymbol{x} \geqslant \mathbf{0},\ \sum_{i=1}^{n} x_i = 1\right\}$上最小化线性目标函数只需要简单地找到梯度的最小元素，然而将任意向量$\boldsymbol{y}$投影到该单纯形集合上则需要（最直观的方法）对$\boldsymbol{y}$的元素进行排序．Frank 和 Wolfe（1956）提出了条件梯度法的第一个变体，其为约束优化提供了一种有效算法．该算法只需要进行线性最小化而不是进行欧几里得投影．

条件梯度法将式（7.1）中的目标函数替换为当前迭代点$\boldsymbol{x}^k$处的线性泰勒级数近似，并解决以下子问题：

$$\bar{\boldsymbol{x}}^k := \arg\min_{\bar{x}\in\Omega} f(\boldsymbol{x}^k)+\nabla f(\boldsymbol{x}^k)^{\mathrm{T}}(\bar{\boldsymbol{x}}-\boldsymbol{x}^k)=\arg\min_{\bar{x}\in\Omega}\nabla f(\boldsymbol{x}^k)^{\mathrm{T}}\bar{\boldsymbol{x}} \tag{7.10}$$

下一次迭代是通过从$\boldsymbol{x}^k$向$\bar{\boldsymbol{x}}^k$移动一步得到的，如下所示：

$$\boldsymbol{x}^{k+1}=\boldsymbol{x}^k+\alpha_k\left(\bar{\boldsymbol{x}}^k-\boldsymbol{x}^k\right),\quad \alpha_k\in(0,1] \tag{7.11}$$

注意，如果初始迭代$\boldsymbol{x}^0$是可行的（也就是说，$\boldsymbol{x}^0\in\Omega$），那么所有后续迭代$\boldsymbol{x}^k, k=1,2,\cdots$以及所有线性子问题的解$\bar{\boldsymbol{x}}^k\,(k=0,1,2,\cdots)$都是可行的．该方法通常只在当可行集$\Omega$是紧的（即封闭且有界的）且凸的情况下使用，这样，式（7.10）中的$\bar{\boldsymbol{x}}^k$对于所有的k是被很好定义的．条件梯度法只在式（7.10）的线性化子问题比式（7.1）的原问题更容易解决的情况下适用．正如我们所讨论的，对于不同的Ω的选择，这种情况是成立的．

Frank 和 Wolfe 的原始方法对步长做了特殊选择，即$\alpha_k=2/(k+2),\ k=0,1,2,\cdots$．由此产生的方法以次线性速率收敛，正如我们现在要展示的．我们再次假设Ω=$\mathbf{R}^n$是有界闭凸集，f是一个平滑凸函数．Ω的直径D定义如下：

$$D := \max_{x,y\in\Omega}\|\boldsymbol{x}-\boldsymbol{y}\| \tag{7.12}$$

我们有以下结论．

定理 7.9　假设f是凸函数，f的梯度在一个Ω的开邻域内是利普希茨连续可微的，且具有利普希茨常数L. 其中Ω是一个直径为D的有界闭凸集，且令$\boldsymbol{x}^*$是关于式（7.1）的解．然后如果从$\boldsymbol{x}^0\in\Omega$处开始应用式（7.10）和式（7.11），且步长为$\alpha_k=2/(k+2)$，我们有

$$f(\boldsymbol{x}^k)-f(\boldsymbol{x}^*)\leqslant\frac{2LD^2}{k+2},\quad k=1,2,\cdots$$

证明　因为f有L利普希茨梯度，我们有

$$\begin{aligned} f(\boldsymbol{x}^{k+1}) &\leqslant f(\boldsymbol{x}^k)+\alpha_k\nabla f(\boldsymbol{x}^k)^{\mathrm{T}}(\bar{\boldsymbol{x}}^k-\boldsymbol{x}^k)+\frac{1}{2}\alpha_k^2L\|\bar{\boldsymbol{x}}^k-\boldsymbol{x}^k\|^2 \\ &\leqslant f(\boldsymbol{x}^k)+\alpha_k\nabla f(\boldsymbol{x}^k)^{\mathrm{T}}(\bar{\boldsymbol{x}}^k-\boldsymbol{x}^k)+\frac{1}{2}\alpha_k^2LD^2 \end{aligned} \tag{7.13}$$

其中，第二个不等式源自D的定义．对于一阶项，我们通过$\bar{\boldsymbol{x}}^k$的定义［见式（7.10）］

以及$\boldsymbol{x}^*$的可行性，可知

$$\nabla f(\boldsymbol{x}^k)^{\mathrm{T}}\left(\bar{\boldsymbol{x}}^k-\boldsymbol{x}^k\right)\leqslant\nabla f(\boldsymbol{x}^k)^{\mathrm{T}}(\boldsymbol{x}^*-\boldsymbol{x}^k)\leqslant f(\boldsymbol{x}^*)-f(\boldsymbol{x}^k)$$

将此不等式代入式（7.13）且两边同时减去$f(\boldsymbol{x}^*)$，我们有

$$f(\boldsymbol{x}^{k+1})-f(\boldsymbol{x}^*)\leqslant(1-\alpha_k)\left[f(\boldsymbol{x}^k)-f(\boldsymbol{x}^*)\right]+\frac{1}{2}\alpha_k^2LD^2$$

我们现在通过数学归纳法证明所需的界．通过设$k=0$并代入$\alpha_0=1$，我们有

$$f(\boldsymbol{x}^1)-f(\boldsymbol{x}^*)\leqslant\frac{1}{2}LD^2<\frac{2}{3}LD^2$$

对于归纳步骤，我们假设上式对于某个 k 成立，然后我们证明它对于 $k+1$ 仍然成立．我们有

$$\begin{aligned}
f(\boldsymbol{x}^{k+1})-f(\boldsymbol{x}^*)&\leqslant\left(1-\frac{2}{k+2}\right)\left[f(\boldsymbol{x}^k)-f(\boldsymbol{x}^*)\right]+\frac{1}{2}\frac{4}{(k+2)^2}LD^2\\
&=LD^2\left[\frac{2k}{(k+2)^2}+\frac{2}{(k+2)^2}\right]\\
&=2LD^2\,\frac{(k+1)}{(k+2)^2}\\
&=2LD^2\,\frac{k+1}{k+2}\,\frac{1}{k+2}\\
&\leqslant 2LD^2\,\frac{k+2}{k+3}\,\frac{1}{k+2}=\frac{2LD^2}{k+3}
\end{aligned}$$

■

注意，如果我们沿着$\boldsymbol{x}^k$到$\bar{\boldsymbol{x}}^k$的直线选择精确最小化f的α_k，以上结论也成立，且只需要对证明略作修改即可．

注释和参考

投影梯度法出自 Goldstein（1964）以及 Levitin 和 Polyak（1966）. Goldstein 在其 1974 的论文中提出了在算法 7.1 中使用的步长的可接受条件．Bertsekas（1976）和 Dunn（1981）进一步发展了投影梯度法收敛的特性．

Frank 和 Wolfe（1956）首次对凸二次规划的情况提出了条件梯度法．Dem'yanov 和 Rubinov（1967）以及 Dem'yanov 和 Rubinov（1970）这两篇论文介绍了对于式（7.1）这样类型的问题的扩展．Dunn（1980）给出了各种线搜索过程综述，包括满足类似二

阶充分条件问题的线性收敛结果，以及非凸问题的结果．机器学习界重新燃起对于条件梯度法的兴趣则很大程度上归功于 Jaggi（2013）.

习题

1. 证明：例 7.5 中关于 $P_\Omega(\boldsymbol{x})$ 的公式是正确的．
2. 证明：当$0<m<L$时，令$\alpha=2/(L+m)$，那么式（7.8）能被最小化．证明：选择步长$\alpha=1/L$会使$\|\boldsymbol{x}^k-\boldsymbol{x}^*\|$以（$1-m/L$）的线性收敛速率（类似于在 3.2.3 节中关于无约束情况下获得的速率）收敛．比较这两个不同的步长选择所需要的迭代次数 T，使得保证对于误差容忍度$\epsilon>0$，有$\|\boldsymbol{x}^T-\boldsymbol{x}^*\|\leqslant\epsilon$.
3. 通过将 4.3 节中的分析调整并应用于约束优化情形下 Nesterov 法的投影版本，且其参数α_k和β_k的选择跟式（4.23）中一致，证明该方法的线性收敛性，并且找到对应的线性速率常数．
4. 对于以下不同的可行集 Ω，找到 Ω 上$\boldsymbol{c}^{\mathrm{T}}\boldsymbol{x}$（其中，$\boldsymbol{c}\in\mathbf{R}^n\boldsymbol{c}$ 是一个常数向量；$\boldsymbol{x}\in\mathbf{R}^n$，$\boldsymbol{x}$ 是一个变量）的最小值点：

   （a）单位球：$\{\boldsymbol{x}\mid\|\boldsymbol{x}\|_2\leqslant 1\}$.

   （b）单位单纯形：$\left\{\boldsymbol{x}\in\mathbf{R}^n\mid\boldsymbol{x}\geqslant\mathbf{0},\ \sum_{i=1}^n x_i=1\right\}$.

   （c）一个盒状区域：$\{\boldsymbol{x}\mid 0\leqslant x_i\leqslant 1,\ i=1,2,\cdots,n\}$.
5. 证明：如果在式（7.11）中的α_k是通过对于$\alpha_k\in[0,1]$，最小化$f\left(\boldsymbol{x}^k+\alpha_k(\bar{\boldsymbol{x}}^k-\boldsymbol{x}^k)\right)$而得到的，而不是利用公式$\alpha_k=2/(k+2)$而得到的，定理 7.9 仍然成立．
6. 证明：对于任意$\alpha_k>0$以及式（7.4）中定义的$\boldsymbol{x}^{k+1}$，我们有

$$\boldsymbol{x}^{k+1}=\arg\min_{\boldsymbol{x}\in\Omega} f(\boldsymbol{x}^k)+\nabla f(\boldsymbol{x}^k)^{\mathrm{T}}(\boldsymbol{x}-\boldsymbol{x}^k)+\frac{1}{2\alpha_k}\|\boldsymbol{x}-\boldsymbol{x}^k\|^2$$

   且

$$\|P_\Omega\left(\boldsymbol{x}^k-\alpha_k\nabla f(\boldsymbol{x}^k)\right)-\boldsymbol{x}^k\|^2\leqslant\alpha_k\nabla f(\boldsymbol{x}^k)^{\mathrm{T}}\left[\boldsymbol{x}^k-P_\Omega\left(\boldsymbol{x}^k-\alpha_k\nabla f(\boldsymbol{x}^k)\right)\right]$$

   [注意，当$\alpha_k=1/L$时，对于式（7.7）中定义的q_k，我们有$\boldsymbol{x}^{k+1}=\min_{\boldsymbol{x}\in\Omega}q_k(\boldsymbol{x})$．]

7. 利用类似于 7.3.1 节中的论证，证明：当 f 是 L 平滑时，只要 $\alpha_k \leqslant 1/L$，算法 7.1 中的充分下降条件得到满足，也就是说，

$$f\left(P_\Omega\left(\boldsymbol{x}^k-\alpha_k\nabla f(\boldsymbol{x}^k)\right)\right)\leqslant f(\boldsymbol{x}^k)+c_1\nabla f(\boldsymbol{x}^k)^{\mathrm{T}}\left(P_\Omega\left(\boldsymbol{x}^k-\alpha_k\nabla f(\boldsymbol{x}^k)\right)-\boldsymbol{x}^k\right) \quad (7.14)$$

其中，$c_1\in(0,1/2)$. 推断，只要 $\bar{\alpha}_k\geqslant 1/L$，算法 7.1 中的内循环就以 $\alpha_k\geqslant\beta/L$ 终止 .

8. 结合前面两个问题的结论，证明：对于满足式（7.14）的任意 $\alpha_k>0$，使用式（7.4），我们有

$$f(\boldsymbol{x}^{k+1})\leqslant f(\boldsymbol{x}^k)-c_1\frac{1}{\alpha_k}\|\boldsymbol{x}^{k+1}-\boldsymbol{x}^k\|^2\leqslant f(\boldsymbol{x}^k)-c_1\frac{1}{\bar{\alpha}_k}\|\boldsymbol{x}^{k+1}-\boldsymbol{x}^k\|^2$$

因此，对于 $M>0$ 以及所有的 k，取 $\bar{\alpha}_k=1/M$，推导出类似于式（7.6）的算法 7.1 的收敛界 .

第 8 章

非平滑函数和次梯度

到目前为止，我们的大部分讨论都集中在函数$f:\mathbf{R}^n \to \mathbf{R}$上，它们是平滑的，至少是可微的．但在数据分析中，有很多有趣的优化问题涉及非平滑函数．当这些函数是凸函数时，不难概括出梯度的概念．这些概括，被称为*次梯度*和*次微分*，是本章的主题．我们将在下一章及以后的章节中展示如何使用它们来构建算法，这些算法与前几章的算法相关，但具有自己的收敛性和复杂度分析．

我们从几个有趣的非平滑函数的例子开始．在 1.4 节中，我们介绍了“铰链损失”函数，它经常出现在支持向量机和深度学习中．这个函数$h:\mathbf{R}\to\mathbf{R}$有如下形式：

$$h(t)=\max(t,0)$$

它显然在 t 的每个非零值处都是可微的，因为当$t<0$时，$h'(t)=0$；当$t>0$时，$h'(t)=1$．当 t 在 0 处移动时，梯度立即从 0 切换到 1. 我们可能会倾向于将这两个值都视为 h 在$t=0$时的一种导数，这是对的！这两个值都是 h 的“次梯度”．事实上，任何介于 0 和 1 之间的值也是次梯度．$t=0$时所有次梯度的集合——闭区间 [0,1]——是$t=0$时 h 的“次微分”．

一个类似的例子是绝对值函数$h(t)=|t|$，当$t<0$时，具有导数 −1；当$t>0$时，具有导数 +1；当$t=0$时，h 的次微分是区间 [−1,1]，并且与往常一样，次微分中的每个点都是次梯度．

接下来，考虑多元函数$f(\boldsymbol{x})=\max\left(\boldsymbol{a}_1^{\mathrm{T}}\boldsymbol{x}+b_1,\boldsymbol{a}_2^{\mathrm{T}}\boldsymbol{x}+b_2\right)$，其中，$\boldsymbol{a}_1$和$\boldsymbol{a}_2$是$\mathbf{R}^n$上（不同的）向量，$b_1$和$b_2$是标量．很容易验证$f$是凸的并且是分段线性的．它只有两段：一个区域是$\boldsymbol{a}_1^{\mathrm{T}}\boldsymbol{x}+b_1\geqslant\boldsymbol{a}_2^{\mathrm{T}}\boldsymbol{x}+b_2$，另一个区域是$\boldsymbol{a}_1^{\mathrm{T}}\boldsymbol{x}+b_1\leqslant\boldsymbol{a}_2^{\mathrm{T}}\boldsymbol{x}+b_2$．这些区域都包括$\boldsymbol{a}_1^{\mathrm{T}}\boldsymbol{x}+b_1=\boldsymbol{a}_2^{\mathrm{T}}\boldsymbol{x}+b_2$定义的超平面．在每个区域内部，梯度$\nabla f(\boldsymbol{x})$为唯一定义的，我们有

$$a_1^{\mathrm{T}}x + b_1 > a_2^{\mathrm{T}}x + b_2 \Rightarrow \nabla f(x) = a_1$$
$$a_1^{\mathrm{T}}x + b_1 < a_2^{\mathrm{T}}x + b_2 \Rightarrow \nabla f(x) = a_2$$

沿着超平面$a_1^{\mathrm{T}}x + b_1 = a_2^{\mathrm{T}}x + b_2$，类似于铰链损失函数，次微分的适当定义是$\mathbf{R}^n$空间中连接$a_1$和$a_2$的直线，也就是说，$\{\alpha a_1 + (1-\alpha)a_2 \mid \alpha \in [0,1]\}$.

其他非平滑函数，包括范数，它们总是在 0 处不可微（见习题 3）. 更奇特的是，对称矩阵的最大特征值是其元素的一个凸函数，但不是可微的. 我们可以通过考虑 2×2 对角矩阵的特殊情况看到这一点.

$$\begin{bmatrix} a_{11} & 0 \\ 0 & a_{22} \end{bmatrix}$$

其最大特征值为$\max(a_{11}, a_{22})$，它关于自身元素是一个非平滑（实际上是分段线性的）函数.㊀

非平滑凸函数除了作为制定重要应用的方式本身具有意义外，还在约束优化中发挥着重要作用，它们既可以用来推导出最优性条件，也可以用来构建有用的算法.

在 8.1 节中，我们对术语进行了定义，并讨论了次梯度和次微分的一些关键属性. 次微分与一个函数的方向导数有关，正如我们将在 8.2 节中描述的. 我们将在 8.3 节中给出次微分运算的基本规则，并在此过程中说明了一个被称为 Danskin 定理的有用结果. 我们将在 8.4 节中研究一个凸集的指示函数，并表明这个函数的次微分与这个集合的法锥是相同的. 这一事实对我们在凸集上构建优化问题的方式有一些影响. 在 8.5 节中，我们将研究一个平滑函数与一个凸（可能是非平滑的）函数之和的函数，并研究数据分析中常见的这类函数的最优性条件. 最后，在 8.6 节中，我们将定义近端算子和莫罗包络，这些概念对于定义和分析第 9 章中讨论的基本算法非常重要.

8.1　次梯度和次微分

在本节中，我们允许凸函数f是扩展实值凸函数，也就是允许它在某些点上取无穷值（在稍后的一些讨论中，我们将限制f在所有x处具有无穷值）. 我们给出一些有用的定义.

- f的有效域，用 $\mathrm{dom}\, f$ 表示，定义为点$x\in\mathbf{R}^n$的集合，其中，$f(x)<+\infty$.
- f的上镜图是$\mathbf{R}^{n+1}$的凸子集，定义为

㊀ 最大特征值是一个凸函数，因为它可以由$\max_{v:\|v\|_2=1} v^{\mathrm{T}}Av$定义，它是一个关于$A$中元素线性的无穷多个函数的上确界.

$$\text{epi}\, f := \{(\boldsymbol{x},t) \in \Omega \times \mathbf{R} : t \geqslant f(\boldsymbol{x})\} \tag{8.1}$$

- 如果$f(\boldsymbol{x}) < +\infty$对于$\boldsymbol{x} \in \mathbf{R}^n$成立，以及$f(\boldsymbol{x}) > -\infty$对于全部$\boldsymbol{x} \in \mathbf{R}^n$成立，则$f$是一个正常凸函数．所有具有实际意义的凸函数都是适当的．
- 如果f是一个正常凸函数，那么它就是一个闭正常凸函数，并且集合$\{\boldsymbol{x} \in \mathbf{R}^n : f(\boldsymbol{x}) \leqslant \bar{t}\}$是所有$\bar{t} \in \mathbf{R}$的闭集．
- f在$\boldsymbol{x}$处是下半连续的，如果对于所有序列$\{\boldsymbol{y}_k\}$，使得$\boldsymbol{y}_k \to \boldsymbol{x}$，我们有$\liminf\limits_{k\to\infty} f(\boldsymbol{y}_k) \geqslant f(\boldsymbol{x})$.

下面我们将给出次梯度和次微分的定义．

定义 8.1　给定$\boldsymbol{x} \in \text{dom}\, f$，如果下式成立，则称$\boldsymbol{g} \in \mathbf{R}^n$是$f$在$\boldsymbol{x}$处的次梯度：

$$f(\boldsymbol{z}) \geqslant f(\boldsymbol{x}) + \boldsymbol{g}^{\mathrm{T}}(\boldsymbol{z}-\boldsymbol{x}), \quad \boldsymbol{z} \in \text{dom}\, f$$

f在$\boldsymbol{x}$处的次微分，记作$\partial f(\boldsymbol{x})$，是$f$在$\boldsymbol{x}$处的所有次梯度的集合．

从这个定义可以直接得出$\partial f(\boldsymbol{x})$对于所有$\boldsymbol{x}$都是闭凸的（见习题 1）．请注意，如果$\boldsymbol{z}$在$f$的有效域之外，我们有$f(\boldsymbol{z}) = \infty$，并且定义 8.1 中的不等式显然成立．因此，在前面的定义中，不需要将$\boldsymbol{z}$限制为$\text{dom}\, f$，我们可以使用以下不等式来代替：

$$f(\boldsymbol{z}) \geqslant f(\boldsymbol{x}) + \boldsymbol{g}^{\mathrm{T}}(\boldsymbol{z}-\boldsymbol{x}), \quad \boldsymbol{z} \in \mathbf{R}^n \tag{8.2}$$

定义 8.1 立即引出了凸函数的最小值点的特征．

定理 8.2（凸函数的最优性条件）　当且仅当$\boldsymbol{0} \in \partial f(\boldsymbol{x}^*)$时，点$\boldsymbol{x}^*$是凸函数$f$的一个最小值点．

证明　如果$\boldsymbol{0} \in \partial f(\boldsymbol{x}^*)$，通过将$\boldsymbol{g} = \boldsymbol{0}$代入式（8.2），对于所有$\boldsymbol{z} \in \mathbf{R}^n$，有$f(\boldsymbol{z}) \geqslant f(\boldsymbol{x}^*)$，确认$\boldsymbol{x}^*$是一个全局最小值点．相反，如果对于所有$\boldsymbol{z} \in \text{dom}\, f$，都有$f(\boldsymbol{z}) \geqslant f(\boldsymbol{x}^*)$，则$\boldsymbol{g} = \boldsymbol{0}$满足定义 8.1，所以$\boldsymbol{0} \in \partial f(\boldsymbol{x}^*)$．　■

每个次梯度都可以用一个支撑超平面来识别f的上镜图．（术语“支撑超平面”在定理 A.15 中定义．）我们有如下结果，如图 8.1 所示．

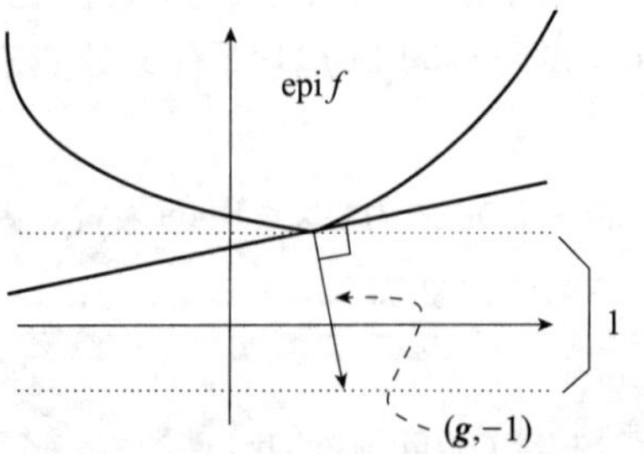

图 8.1　定理 8.3 说明：$\boldsymbol{g} \in \partial f(\boldsymbol{x})$当且仅当$(\boldsymbol{g},-1)$在点$(\boldsymbol{x}, f(\boldsymbol{x}))$处定义了一个$\text{epi}\, f$的支撑超平面

定理 8.3 $g \in \partial f(x)$当且仅当$(g,-1)$定义了一个 epi f 在点$(x, f(x))$处的支撑超平面，也就是说，

$$\begin{bmatrix} g \\ -1 \end{bmatrix}^{\mathrm{T}} \left\{ \begin{bmatrix} y \\ t \end{bmatrix} - \begin{bmatrix} x \\ f(x) \end{bmatrix} \right\} \leqslant 0, (y,t) \in \text{epi } f$$

证明 给定一个在点$(x, f(x))$处由$(g,-1)$定义的支撑超平面，对于任何y，都满足$(y, f(y)) \in$ epi f，因此

$$0 \geqslant \begin{bmatrix} g \\ -1 \end{bmatrix}^{\mathrm{T}} \begin{bmatrix} y-x \\ f(y)-f(x) \end{bmatrix} = g^{\mathrm{T}}(y-x)-(f(y)-f(x))$$
$$\Leftrightarrow f(y) \geqslant f(x)+g^{\mathrm{T}}(y-x)$$

这意味着$g \in \partial f(x)$. 反过来，给定$g \in \partial f(x)$，对于任何$(y,t) \in$ epi f都有$f(y) \geqslant f(x)+g^{\mathrm{T}}(y-x)$以及$t \geqslant f(y)$. 因此，

$$\begin{bmatrix} g \\ -1 \end{bmatrix}^{\mathrm{T}} \begin{bmatrix} y-x \\ t-f(x) \end{bmatrix} \leqslant \begin{bmatrix} g \\ -1 \end{bmatrix}^{\mathrm{T}} \begin{bmatrix} y-x \\ f(y)-f(x) \end{bmatrix} \leqslant 0$$

这就证明了$(g,-1)$定义了支撑超平面.

接下来，我们证明次梯度存在的充分条件.

引理 8.4 如果x在f的有效域以内，那么在x点存在f的次梯度g.

证明 这个假设意味着存在$\epsilon > 0$，使得对于所有具有$\| w \| \leqslant \epsilon$的$w$满足$f(x+w) < \infty$. 由于$(x, f(x))$在凸集 epi f的边界上，支撑超平面定理（见定理 A.15）意味着存在一个向量$c \in \mathbf{R}^n$和一个标量$\beta \in \mathbf{R}$——其中，c和β中至少有一个必须是非零的——以便

$$\begin{bmatrix} c \\ \beta \end{bmatrix}^{\mathrm{T}} \left(\begin{bmatrix} z \\ t \end{bmatrix} - \begin{bmatrix} x \\ f(x) \end{bmatrix} \right) \leqslant 0, \quad (z,t) \in \text{epi } f \tag{8.3}$$

我们不能让$\beta > 0$，因为我们可以令$t \to +\infty$，并且对于足够大的t，式（8.3）将不能成立. 如果$\beta = 0$，我们必须有$c \neq 0$. 但之后如果我们在式（8.3）里设$z = x + \epsilon c / \| c \|$，我们将有$\epsilon \| c \|^2 \leqslant \mathbf{0}$，这不成立. 因此我们必须有$\beta < 0$. 通过在式（8.3）中设$t = f(z)$，重新排列并将两边除以$-\beta$，我们得到

$$c^{\mathrm{T}}(z-x) \leqslant -\beta(f(z)-f(x)) \Rightarrow f(z) \geqslant f(x) + (-c/\beta)^{\mathrm{T}}(z-x)$$

这意味着$-\boldsymbol{c}/\beta$是f在$\boldsymbol{x}$处的次梯度. ■

引理 8.4 表明当$\boldsymbol{x}$在有效域内部时，次微分$\partial f(\boldsymbol{x})$是非空的. 该条件意味着$\partial f(\boldsymbol{x})$是有界的，并且事实上是紧的，如下文所示.

引理 8.5 如果$\boldsymbol{x}$在f的有效域内部，次微分$\partial f(\boldsymbol{x})$是紧的.

证明 如引理 8.4 的证明，存在$\epsilon>0$，使得对于所有具有$\|\boldsymbol{w}\|\leqslant\epsilon$的$\boldsymbol{w}$满足$f(\boldsymbol{x}+\boldsymbol{w})<\infty$. 使用反证法，假设$\partial f(\boldsymbol{x})$是无界的. 然后我们可以选择一个序列$\{\boldsymbol{g}_k\}$，使得对于所有$k=1,2,\cdots$，有$\boldsymbol{g}_k\in\partial f(\boldsymbol{x})$且$\|\boldsymbol{g}_k\|\to\infty$. 由于所有归一化向量$\boldsymbol{g}_k/\|\boldsymbol{g}_k\|$都在单位球中，即紧的，我们可以假设对于某个满足$\|\bar{\boldsymbol{g}}\|=1$的$\bar{\boldsymbol{g}}$，有$\boldsymbol{g}_k/\|\boldsymbol{g}_k\|\to\bar{\boldsymbol{g}}$，如果需要的话，可以取子序列. 注意，$\boldsymbol{g}_k^{\mathrm{T}}\bar{\boldsymbol{g}}/\|\boldsymbol{g}_k\|\to 1$，由此得出$\boldsymbol{g}_k^{\mathrm{T}}\bar{\boldsymbol{g}}\to\infty$. 根据次梯度的定义，我们有

$$f(\boldsymbol{x}+\epsilon\bar{\boldsymbol{g}})\geqslant f(\boldsymbol{x})+\epsilon\boldsymbol{g}_k^{\mathrm{T}}\bar{\boldsymbol{g}},\quad k=1,2,\cdots$$

所以通过令$k\to\infty$，我们推导出$f(\boldsymbol{x}+\epsilon\bar{\boldsymbol{g}})=\infty$，产生矛盾.

我们已经证明了有界性. 因为，正如我们之前所说，$\partial f(\boldsymbol{x})$是封闭的，由此紧性得证，至此完成证明. ■

如果f在$\boldsymbol{x}$处是凸的且可微的，则次梯度与梯度一致.

定理 8.6 如果f在$\boldsymbol{x}$处是凸的且可微的，则$\partial f(\boldsymbol{x})=\{\nabla f(\boldsymbol{x})\}$.

证明 f的可微性意味着对于所有$\|\boldsymbol{d}\|=1$的向量$\boldsymbol{d}\in\mathbf{R}^n$，我们都有$f(\boldsymbol{x}+t\boldsymbol{d})=f(\boldsymbol{x})+t\nabla f(\boldsymbol{x})^{\mathrm{T}}\boldsymbol{d}+o(|t|)$ [见式(2.6)]. 特别地，f在$\boldsymbol{x}$的邻域内的所有点处都是有限的，因此，$\boldsymbol{x}$在f的有效域内部，根据引理 8.4，$\partial f(\boldsymbol{x})$是非空的.

令$\boldsymbol{v}$为$\partial f(\boldsymbol{x})$中的任意向量. 根据定义 8.1，我们得知对于任意$\boldsymbol{d}\neq\boldsymbol{0}$，有

$$\begin{aligned}f(\boldsymbol{x}+t\boldsymbol{d})&=f(\boldsymbol{x})+t\nabla f(\boldsymbol{x})^{\mathrm{T}}\boldsymbol{d}+o(t)\\&\geqslant f(\boldsymbol{x})+t\boldsymbol{v}^{\mathrm{T}}\boldsymbol{d}\Rightarrow\left(\nabla f(\boldsymbol{x})-\boldsymbol{v}\right)^{\mathrm{T}}\boldsymbol{d}\geqslant o(t)/t\end{aligned}$$

并且通过取$t\downarrow 0$得到$\left(\nabla f(\boldsymbol{x})-\boldsymbol{v}\right)^{\mathrm{T}}\boldsymbol{d}\geqslant 0$. 通过令$\boldsymbol{d}=\boldsymbol{v}-\nabla f(\boldsymbol{x})$，我们有$-\|\boldsymbol{d}\|^2\geqslant 0$，也就是$\boldsymbol{d}=\boldsymbol{0}$，所以$\boldsymbol{v}=\nabla f(\boldsymbol{x})$，从而证明了该结果. ■

这个结果的逆命题也成立：如果一个凸函数f在$\boldsymbol{x}$点的次微分包含一个唯一的次梯度，则f在该点可微，且其梯度等于该次梯度（见 Rockafellar，1970，定理 25.1）.

8.2　次微分和方向导数

我们将讨论方向导数．给定一个函数$f:\mathbf{R}^n\to\mathbf{R}$，在$\boldsymbol{v}\neq\mathbf{0}$的方向上，$f$在$\boldsymbol{x}\in\operatorname{dom}f$处的方向导数记为$f'(\boldsymbol{x};\boldsymbol{v})$并定义为

$$f'(\boldsymbol{x};\boldsymbol{v}):=\lim_{\alpha\downarrow 0}\frac{f(\boldsymbol{x}+\alpha\boldsymbol{v})-f(\boldsymbol{x})}{\alpha} \qquad (8.4)$$

这个定义适用于任何函数f，但我们这里的重点再次放在凸函数上[⊖]．该定义表明$f'(\boldsymbol{x};\boldsymbol{v})<0$的方向$\boldsymbol{v}$是$f$的下降方向，因此，当我们的目标是最小化$f$时，这是一个有用的方向．在这种情况下，请注意，当且仅当$\boldsymbol{x}^*$是f的最小值点时，所有方向上的方向导数都是非负的．

定理 8.7　假设f是一个凸函数．那么，对于某个$\boldsymbol{x}^*\in\operatorname{dom}f$，对于所有的$\boldsymbol{v}$，当且仅当$\boldsymbol{x}^*$是$f$的最小值点时，$f'(\boldsymbol{x};\boldsymbol{v})\geqslant 0$．

证明　如果$\boldsymbol{x}^*$是f的一个最小值点，那么对于所有的$\boldsymbol{v}$和所有的$\alpha>0$，$f'(\boldsymbol{x}^*+\alpha\boldsymbol{v})\geqslant f(\boldsymbol{x}^*)$，所以，直接从引理 8.4 得出$f'\left(\boldsymbol{x}^*;\boldsymbol{v}\right)\geqslant 0$．相反，假设$\boldsymbol{x}^*$不是$f$的最小值点．那么就存在某个$\boldsymbol{z}^*\in\operatorname{dom}f$，其中，$f(\boldsymbol{z}^*)<f(\boldsymbol{x}^*)$，并且对于任意$\alpha\in(0,1)$，我们有

$$f\left(\boldsymbol{x}^*+\alpha\left(\boldsymbol{z}^*-\boldsymbol{x}^*\right)\right)\leqslant(1-\alpha)f(\boldsymbol{x}^*)+\alpha f(\boldsymbol{z}^*)$$

所以

$$\frac{f\left(\boldsymbol{x}^*+\alpha\left(\boldsymbol{z}^*-\boldsymbol{x}^*\right)\right)-f(\boldsymbol{x}^*)}{\alpha}\leqslant f(\boldsymbol{z}^*)-f(\boldsymbol{x}^*)<0,\quad \alpha\in(0,1)$$

通过将极限设为$\alpha\downarrow 0$并使用式（8.4），我们有$f'\left(\boldsymbol{x}^*;\boldsymbol{z}^*-\boldsymbol{x}^*\right)\leqslant f(\boldsymbol{z}^*)-f(\boldsymbol{x}^*)<0$．　■

在本节的剩余部分，我们将探讨方向导数和次梯度之间的关系，并表明对次微分的了解使得计算函数f的下降方向成为可能．

对于凸函数f，我们知道式（8.4）中的比是一个有关α的非递减函数，也就是说，

$$0<\alpha_1<\alpha_2\Rightarrow\frac{f\left(\boldsymbol{x}+\alpha_1\boldsymbol{v}\right)-f(\boldsymbol{x})}{\alpha_1}\leqslant\frac{f\left(\boldsymbol{x}+\alpha_2\boldsymbol{v}\right)-f(\boldsymbol{x})}{\alpha_2} \qquad (8.5)$$

[⊖] 请注意，当f是扩展值凸函数时，极限可能是无穷的．例如，凸函数$f:\mathbf{R}\to\mathbf{R}$对于$t\neq 0$，有$f(0)=0$和$f(t)=+\infty$，对于所有$\boldsymbol{v}\neq\mathbf{0}$，有$f'(\mathbf{0};\boldsymbol{v})=+\infty$．

（这个证明是凸性定义的结果，见习题 2.）我们因此可以将式（8.4）替换为

$$f'(\boldsymbol{x};\boldsymbol{v}) := \inf_{\alpha>0} \frac{f(\boldsymbol{x}+\alpha\boldsymbol{v})-f(\boldsymbol{x})}{\alpha} \tag{8.6}$$

从这些定义可以看出，方向导数是可加的，也就是说，对于两个凸函数f_1和f_2，我们有

$$\left(f_1+f_2\right)'(\boldsymbol{x};\boldsymbol{v}) = f_1'(\boldsymbol{x};\boldsymbol{v})+f_2'(\boldsymbol{x};\boldsymbol{v}) \tag{8.7}$$

此外，它关于该方向是齐次的，也就是说，

$$f'(\boldsymbol{x};\lambda\boldsymbol{v}) = \lambda f'(\boldsymbol{x};\boldsymbol{v}), \quad \lambda \geqslant 0 \tag{8.8}$$

（我们将这些结果的证明留作练习.）此外，$f'(\boldsymbol{x};\boldsymbol{v})$，被视为关于$\boldsymbol{v}$的函数，对于固定的$\boldsymbol{x}$，它是一个凸函数. 我们从以下基本论点可以看到以上性质：给定v_1和v_2以及$\gamma\in(0,1)$，考虑$f'(\boldsymbol{x};\gamma v_1+(1-\gamma)v_2)$，我们有

$$\begin{aligned}
& f'\left(\boldsymbol{x};\gamma v_1+(1-\gamma)v_2\right) \\
&= \lim_{\alpha\downarrow 0} \frac{f\left(\boldsymbol{x}+\alpha\gamma v_1+\alpha(1-\gamma)v_2\right)-f(\boldsymbol{x})}{\alpha} \\
&= \lim_{\alpha\downarrow 0} \frac{f\left(\gamma(\boldsymbol{x}+\alpha v_1)+(1-\gamma)(\boldsymbol{x}+\alpha v_2)\right)-\gamma f(\boldsymbol{x})-(1-\gamma)f(\boldsymbol{x})}{\alpha} \\
&\leqslant \lim_{\alpha\downarrow 0} \frac{\gamma\left(f(\boldsymbol{x}+\alpha v_1)-f(\boldsymbol{x})\right)+(1-\gamma)\left(f(\boldsymbol{x}+\alpha v_2)-f(\boldsymbol{x})\right)}{\alpha} \\
&= \gamma\lim_{\alpha\downarrow 0} \frac{f(\boldsymbol{x}+\alpha v_1)-f(\boldsymbol{x})}{\alpha}+(1-\gamma)\lim_{\alpha\downarrow 0} \frac{f(\boldsymbol{x}+\alpha v_2)-f(\boldsymbol{x})}{\alpha} \\
&= \gamma f'(\boldsymbol{x};v_1)+(1-\gamma)f'(\boldsymbol{x};v_2)
\end{aligned}$$

从式（8.4）和泰勒定理［具体为式（2.3）］可以得出，如果f在$\boldsymbol{x}$处可微，对于任何$\boldsymbol{v}\in\mathbf{R}^n$，我们有

$$\begin{aligned}
f'(\boldsymbol{x};\boldsymbol{v}) &= \lim_{\alpha\downarrow 0} \frac{f(\boldsymbol{x}+\alpha\boldsymbol{v})-f(\boldsymbol{x})}{\alpha} \\
&= \lim_{\alpha\downarrow 0} \frac{\nabla f(\boldsymbol{x}+\gamma\alpha\boldsymbol{v})^{\mathrm{T}}(\alpha\boldsymbol{v})}{\alpha}, \quad \gamma\in(0,1) \\
&= \nabla f(\boldsymbol{x})^{\mathrm{T}}\boldsymbol{v}
\end{aligned}$$

因此，特别地，我们有

$$f'(\boldsymbol{x};\boldsymbol{v}) = -f'(\boldsymbol{x};-\boldsymbol{v})，当 f 在 \boldsymbol{x} 处可微时 \tag{8.9}$$

对于非平滑函数的不可微点，式（8.9）是不成立的. 例如，对于铰链损失函数$h(t)=\max(t,0)$，有$h'(0;1)=1$，但是$h'\left(0;-1\right)=0$. 类似地，对于绝对值函数$h(t)=|t|$，有$h'(0;1)=1$和$h'(0;-1)=1$.

我们在推论 8.9 中给出了式（8.9）的推广．

从第二个定义［见式（8.6）］可以看出，对于凸函数 f，方向导数 $f'(\boldsymbol{x};\boldsymbol{v})$ 具有类似于次梯度的性质（与定义 8.1 比较）：

$$f(\boldsymbol{x}+\alpha\boldsymbol{v}) \geqslant f(\boldsymbol{x})+\alpha f'(\boldsymbol{x};\boldsymbol{v}), \quad \alpha \geqslant 0 \tag{8.10}$$

与这一结论相关，我们可以证明以下结果．

定理 8.8　假设 $\boldsymbol{x}$ 在凸函数 f 的有效域内部．然后，对于任意 $\boldsymbol{v} \in \mathbf{R}^n$，我们有

$$f'(\boldsymbol{x};\boldsymbol{v}) = \sup_{g \in \partial f(x)} \boldsymbol{g}^{\mathrm{T}}\boldsymbol{v} \tag{8.11}$$

证明　根据式（8.6），对任意 $\boldsymbol{g} \in \partial f(\boldsymbol{x})$，我们都有

$$f'(\boldsymbol{x};\boldsymbol{v}) = \inf_{\alpha>0} \frac{f(\boldsymbol{x}+\alpha\boldsymbol{v})-f(\boldsymbol{x})}{\alpha} \geqslant \inf_{\alpha>0} \frac{\alpha \boldsymbol{g}^{\mathrm{T}}\boldsymbol{v}}{\alpha} = \boldsymbol{g}^{\mathrm{T}}\boldsymbol{v}$$

因此，

$$f'(\boldsymbol{x};\boldsymbol{v}) \geqslant \boldsymbol{g}^{\mathrm{T}}\boldsymbol{v}, \quad \boldsymbol{g} \in \partial f(\boldsymbol{x}) \tag{8.12}$$

因为 $\partial f(\boldsymbol{x})$ 是封闭的，所以，如果我们可以找到 $\hat{\boldsymbol{g}} \in \partial f(\boldsymbol{x})$，使得 $f'(\boldsymbol{x};\boldsymbol{v}) = \hat{\boldsymbol{g}}^{\mathrm{T}}\boldsymbol{v}$，我们就可以得到式（8.11）中的等式．为得到这个结果，我们使用之前已证明过的——对于所有 $\boldsymbol{y} \in \mathbf{R}^n$，$f'(\boldsymbol{x};\boldsymbol{v})$ 相对于其第二个参数 $\boldsymbol{y}$ 是凸的．根据引理 8.4，在 $\boldsymbol{v}$ 处存在 $f'(\boldsymbol{x};\cdot)$ 的次梯度，我们称之为 $\hat{\boldsymbol{g}}$．根据次梯度的定义，连同式（8.8），对于所有 $\lambda \geqslant 0$ 和所有 $\boldsymbol{y}$，我们有

$$\lambda f'(\boldsymbol{x};\boldsymbol{y}) = f'(\boldsymbol{x};\lambda\boldsymbol{y}) \geqslant f'(\boldsymbol{x};\boldsymbol{v}) + \hat{\boldsymbol{g}}^{\mathrm{T}}(\lambda\boldsymbol{y}-\boldsymbol{v}) \tag{8.13}$$

令 $\lambda \uparrow \infty$，我们得到 $\hat{\boldsymbol{g}}^{\mathrm{T}}\boldsymbol{y} \leqslant f'(\boldsymbol{x};\boldsymbol{y})$．根据式（8.6），我们有

$$f(\boldsymbol{x}+\boldsymbol{y})-f(\boldsymbol{x}) \geqslant \inf_{\alpha>0} \frac{f(\boldsymbol{x}+\alpha\boldsymbol{y})-f(\boldsymbol{x})}{\alpha} = f'(\boldsymbol{x};\boldsymbol{y}) \geqslant \hat{\boldsymbol{g}}^{\mathrm{T}}\boldsymbol{y}, \quad \boldsymbol{y} \in \mathbf{R}^n$$

这意味着 $\hat{\boldsymbol{g}} \in \partial f(\boldsymbol{x})$，所以由式（8.12），我们有 $f'(\boldsymbol{x};\boldsymbol{v}) \geqslant \hat{\boldsymbol{g}}^{\mathrm{T}}\boldsymbol{v}$．另外，通过在式（8.13）中取 $\lambda=0$，我们有 $f'(\boldsymbol{x};\boldsymbol{v}) \leqslant \hat{\boldsymbol{g}}^{\mathrm{T}}\boldsymbol{v}$．因此，对于这个特定的 $\hat{\boldsymbol{g}} \in \partial f(\boldsymbol{x})$，$f'(\boldsymbol{x};\boldsymbol{v}) = \hat{\boldsymbol{g}}^{\mathrm{T}}\boldsymbol{v}$，证毕．■

这个结果的直接推论是式（8.9）的推广．

推论 8.9　假设 $\boldsymbol{x}$ 在凸函数 f 的有效域内部．那么，对于任意 $\boldsymbol{v} \in \mathbf{R}^n$，我们有

$$f'(\boldsymbol{x};\boldsymbol{v}) \geqslant -f'(\boldsymbol{x};-\boldsymbol{v})$$

证明　根据定理 8.8，我们得到

$$f'(\boldsymbol{x};-\boldsymbol{v})=\sup_{g\in\partial f(\boldsymbol{x})}\boldsymbol{g}^{\mathrm{T}}(-\boldsymbol{v})=-\inf_{g\in\partial f(\boldsymbol{x})}\boldsymbol{g}^{\mathrm{T}}\boldsymbol{v}\geqslant-\sup_{g\in\partial f(\boldsymbol{x})}\boldsymbol{g}^{\mathrm{T}}\boldsymbol{v}=-f'(\boldsymbol{x};\boldsymbol{v})$$ ■

下面我们给出另一个与次梯度和方向导数有关的结果 .

定理 8.10　假设对于凸函数f，有$\boldsymbol{x}\in\operatorname{dom} f$，并且存在某个向量$\boldsymbol{g}\in\mathbf{R}^n$，使得对于所有的$\boldsymbol{v}\in\mathbf{R}^n$，我们有

$$f'(\boldsymbol{x};\boldsymbol{v})\geqslant\boldsymbol{g}^{\mathrm{T}}\boldsymbol{v}$$

那么$\boldsymbol{g}\in\partial f(\boldsymbol{x})$.

证明　通过在式（8.5）中设$\alpha_2=1$和$\alpha_1\downarrow 0$，并使用式（8.4），我们有

$$\boldsymbol{g}^{\mathrm{T}}\boldsymbol{v}\leqslant f'(\boldsymbol{x};\boldsymbol{v})\leqslant f(\boldsymbol{x}+\boldsymbol{v})-f(\boldsymbol{x}),\quad \boldsymbol{v}\in\mathbf{R}^n$$

因此，$\boldsymbol{g}$ 满足式（8.2）的定义，从而$\boldsymbol{g}\in\partial f(\boldsymbol{x})$. ■

8.3　次微分运算

在这一节中，我们将描述次微分的特性，这是计算次梯度的关键 . 与可微函数不同的是，实践中常用的规则只有几条，涉及正向组合、与线性映射的组合和部分最大化 . 我们将这些规则总结为定理 8.11、定理 8.12 和定理 8.13 的内容 .（定理 8.11 和定理 8.12 的证明在本节末尾 .）

我们从次微分运算的基本规则开始讨论 .

定理 8.11　假设f,f_1,f_2是凸函数，并且α是正标量，则以下情况成立：

$$\partial\left(f_1+f_2\right)(\boldsymbol{x})\supset\partial f_1(\boldsymbol{x})+\partial f_2(\boldsymbol{x})\tag{8.14}$$

$$\partial\left(\alpha f\right)(\boldsymbol{x})=\alpha\partial f(\boldsymbol{x})\tag{8.15}$$

此外，如果$\boldsymbol{x}$在f_1和f_2的有效域内部，则等式在式（8.14）中成立 . 也就是说，$\partial\left(f_1+f_2\right)(\boldsymbol{x})=\partial f_1(\boldsymbol{x})+\partial f_2(\boldsymbol{x})$. 特别地，如果f_1和f_2是有限值凸函数，那么对于所有的$\boldsymbol{x}$，都有$\partial\left(f_1+f_2\right)(\boldsymbol{x})=\partial f_1(\boldsymbol{x})+\partial f_2(\boldsymbol{x})$.

我们强调式（8.14）中的关系不是一般的等式 . 我们将在下一节中看到一个严格包含的例子 . 然而，等号在一些相关的特殊情况下仍然成立（例如，参见 Burachik 和 Jeyakumar，2005）.

下面这个结论使我们能够在仿射变换下计算次微分 .

定理 8.12［Bertsekas et al., 2003, 定理 4.2.5(a)］ 假设$f:\mathbf{R}^m \to \mathbf{R}$是一个凸函数，并且对某个矩阵$\boldsymbol{A}\in \mathbf{R}^{m\times n}$和向量$\boldsymbol{b}\in \mathbf{R}^m$定义$h(\boldsymbol{x}) := f(\boldsymbol{A}\boldsymbol{x}+\boldsymbol{b})$. 假设$\boldsymbol{A}\boldsymbol{x}+\boldsymbol{b}$在 dom f的内部，那么，$\partial h(\boldsymbol{x}) = \boldsymbol{A}^{\mathrm{T}}\partial f(\boldsymbol{A}\boldsymbol{x}+\boldsymbol{b})$.

第三个结论是定理 8.13，称为 Danskin 定理，它向我们展示了如何计算函数的次微分，该函数被定义为一个可能无穷的函数集的逐点最大值 . 这些函数是优化中普遍存在的对象，特别是在数据分析的应用中 .

令$I\subset \mathbf{R}^n$为紧集（具有有限基数的集合 I 是一个有用的特例）. 设$\varphi:\mathbf{R}^d\times I \to \mathbf{R}$为一个函数族，在 $(\boldsymbol{x},i)$ 中连续，并假设每个$\varphi(\cdot,i)(i\in I)$是凸的 . 我们定义

$$f(\boldsymbol{x}) := \max_{i\in I}\varphi(\boldsymbol{x},i) \tag{8.16}$$

注意，f是凸的，因为它是凸函数的逐点最大值（见习题 6）. 根据 8.2 节，我们用$\varphi'(\boldsymbol{x},i;\boldsymbol{y})$来表示$\varphi(\cdot,i)$在 $\boldsymbol{x}$ 点沿着 $\boldsymbol{y}$ 方向的方向导数 . 对于每个 $\boldsymbol{x}$，我们定义$I_{\max}(\boldsymbol{x})$为 I 的子集，它的最大值在式（8.16）中得出，也就是说，

$$I_{\max}(\boldsymbol{x}) := \arg\max_{j\in I}\varphi(\boldsymbol{x},j) = \{j : f(\boldsymbol{x}) = \varphi(\boldsymbol{x},j)\} \tag{8.17}$$

注意，$I_{\max}(\boldsymbol{x})$是非空的（通过 I 的紧性），并且通过$\varphi(\boldsymbol{x},\cdot)$关于其第二个参数的连续性可知，它对所有 $\boldsymbol{x}$ 都是紧的 . Danskin 定理描述了 f 的方向导数和次微分 .［有趣的是，这个定理最初源于 Danskin 冷战时期进行的研究，出现在 1967 年的专著《最大 - 最小理论及其对武器分配问题的应用》（Danskin,1967）中 .］

定理 8.13（Danskin 定理）（a）式（8.16）定义的 f 在 $\boldsymbol{x}$ 点沿 $\boldsymbol{y}$ 方向的方向导数由下式给出：

$$f'(\boldsymbol{x},\boldsymbol{y}) = \max_{i\in I_{\max}(\boldsymbol{x})}\varphi'(\boldsymbol{x},i;\boldsymbol{y})$$

（b）如果除了前面提到的函数族φ，对于所有$i\in I$，我们有$\varphi(\cdot,i)$是 $\boldsymbol{x}$ 的可微函数，且对于所有 $\boldsymbol{x}$，$\nabla_x\varphi(\boldsymbol{x},\cdot)$在 I 上连续，则

$$\partial f(\boldsymbol{x}) = \operatorname{conv}\{\nabla_x\varphi(\boldsymbol{x},i) : i\in I_{\max}(\boldsymbol{x})\}$$

我们参考 Bertsekas（1999，B.5 节）和 Bertsekas et al.（2003，命题 4.5.1）对定理 8.13 的证明，它们都是相当有技巧性的 .

我们现在提供定理 8.11 和定理 8.12 的证明 . 一般来说，包含关系的一个方向是很直接的，而另一个方向需要使用分离超平面论证 . 实践者可以跳过这些证明，但我们注

意到这些论证具有重要的结构性质，可以突出凸优化的一些重要方面．

定理 8.11 的证明　式（8.14）和式（8.15）的证明是次梯度定义的直接结果．对于 $\boldsymbol{x}$ 在 $\mathrm{dom}\, f_1$ 和 $\mathrm{dom}\, f_2$ 内部的情况，引理 8.4 和引理 8.5 表明 $\partial f_1(\boldsymbol{x})$，$\partial f_2(\boldsymbol{x})$，以及 $\partial\left(f_1+f_2\right)(\boldsymbol{x})$ 都是非空的、凸的和紧的集合．使用反证法，假设在这种情况下，式（8.14）是严格的，也就是说，存在 $\boldsymbol{g}\in\partial\left(f_1+f_2\right)(\boldsymbol{x})$，使得 $\boldsymbol{g}\notin\partial f_1(\boldsymbol{x})+\partial f_2(\boldsymbol{x})$．通过引理 A.12 的严格分离结果，设 $X=\left(\partial f_1(\boldsymbol{x})+\partial f_2(\boldsymbol{x})\right)-\{\boldsymbol{g}\}$，存在向量 $\overline{\boldsymbol{t}}\in\mathbf{R}^n$ 和标量 $\alpha>0$，使得

$$\overline{\boldsymbol{t}}^{\mathrm{T}}\left(\boldsymbol{g}_1+\boldsymbol{g}_2\right)\leqslant\overline{\boldsymbol{t}}^{\mathrm{T}}\boldsymbol{g}-\alpha,\quad \boldsymbol{g}_1\in\partial f_1(\boldsymbol{x}),\quad \boldsymbol{g}_2\in\partial f_2(\boldsymbol{x})$$

从关于次微分和方向导数之间关系的结果——式（8.7）以及定理 8.8——我们有

$$\begin{aligned}\left(f_1+f_2\right)'(\boldsymbol{x};\overline{\boldsymbol{t}}) &= f_1'(\boldsymbol{x};\overline{\boldsymbol{t}})+f_2'(\boldsymbol{x};\overline{\boldsymbol{t}})\\ &=\sup_{\boldsymbol{g}_1\in\partial f_1(\boldsymbol{x})}\boldsymbol{g}_1^{\mathrm{T}}\overline{\boldsymbol{t}}+\sup_{\boldsymbol{g}_2\in\partial f_2(\boldsymbol{x})}\boldsymbol{g}_2^{\mathrm{T}}\overline{\boldsymbol{t}}\leqslant\overline{\boldsymbol{t}}^{\mathrm{T}}\boldsymbol{g}-\alpha<\boldsymbol{g}^{\mathrm{T}}\overline{\boldsymbol{t}}\end{aligned}$$

因此，由定理 8.8，我们得到 $\boldsymbol{g}\notin\partial f_1(\boldsymbol{x})+\partial f_2(\boldsymbol{x})$，矛盾．

当 f_1 和 f_2 是有限值时，我们有 $\mathrm{dom}\, f_1=\mathrm{dom}\, f_2=\mathbf{R}^n$，所以有效域条件对所有 $\boldsymbol{x}\in\mathbf{R}^n$ 成立，结果随之得出．■

定理 8.12 的证明　因为 $\boldsymbol{Ax}+\boldsymbol{b}$ 在 $\mathrm{dom}\, f$ 的内部，$\boldsymbol{x}$ 在 $\mathrm{dom}\, h$ 的内部．因此，根据引理 8.4 和引理 8.5，次微分 $\partial h(\boldsymbol{x})$ 和 $\partial f(\boldsymbol{Ax}+\boldsymbol{b})$ 是非空且紧的．由方向导数的定义［见式（8.4）］可以得出：

$$h'(\boldsymbol{x};\boldsymbol{y})=f'(\boldsymbol{Ax}+\boldsymbol{b};\boldsymbol{Ay}),\quad \boldsymbol{y}\in\mathbf{R}^n$$

由定理 8.8，我们得到，对于任意 $\boldsymbol{z}\in\mathbf{R}^m$，有

$$\boldsymbol{g}^{\mathrm{T}}\boldsymbol{z}\leqslant f'(\boldsymbol{Ax}+\boldsymbol{b};\boldsymbol{z}),\quad \boldsymbol{g}\in\partial f(\boldsymbol{Ax}+\boldsymbol{b})$$

通过令 $\boldsymbol{z}=\boldsymbol{Ay}$，我们有

$$\left(\boldsymbol{A}^{\mathrm{T}}\boldsymbol{g}\right)^{\mathrm{T}}\boldsymbol{y}=\boldsymbol{g}^{\mathrm{T}}(\boldsymbol{Ay})\leqslant f'(\boldsymbol{Ax}+\boldsymbol{b};\boldsymbol{Ay})=h'(\boldsymbol{x};\boldsymbol{y}),\quad \boldsymbol{y}\in\mathbf{R}^n$$

从定理 8.10 可以得出 $\boldsymbol{A}^{\mathrm{T}}\boldsymbol{g}\in\partial h(\boldsymbol{x})$，并且由于这个结果对所有的 $\boldsymbol{g}\in\partial f(\boldsymbol{Ax}+\boldsymbol{b})$ 都成立，所以我们有 $\boldsymbol{A}^{\mathrm{T}}\partial f(\boldsymbol{Ax}+\boldsymbol{b})\subset\partial h(\boldsymbol{x})$．

为了证明相等，为反证法假设有一个向量 $\boldsymbol{v}\in\partial h(\boldsymbol{x})$，使得 $\boldsymbol{v}\notin\boldsymbol{A}^{\mathrm{T}}\partial f(\boldsymbol{Ax}+\boldsymbol{b})$．由于集合 $\Omega:=\boldsymbol{A}^{\mathrm{T}}\partial f(\boldsymbol{Ax}+\boldsymbol{b})$ 是紧的，我们调用严格分离结果（见定理 A.14）来推导出存在向量 $\boldsymbol{y}$ 和标量 β，使得

$$\boldsymbol{y}^{\mathrm{T}}\left(\boldsymbol{A}^{\mathrm{T}}\boldsymbol{g}\right)<\beta<\boldsymbol{y}^{\mathrm{T}}\boldsymbol{v},\quad \boldsymbol{g}\in\partial f(\boldsymbol{A}\boldsymbol{x}+\boldsymbol{b})$$

它遵循紧性

$$\sup_{\boldsymbol{g}\in\partial f(\boldsymbol{A}\boldsymbol{x}+\boldsymbol{b})}(\boldsymbol{A}\boldsymbol{y})^{\mathrm{T}}\boldsymbol{g}<\boldsymbol{y}^{\mathrm{T}}\boldsymbol{v}$$

定理 8.8 意味着

$$h'(\boldsymbol{x},\boldsymbol{y})=f'(\boldsymbol{A}\boldsymbol{x}+\boldsymbol{b};\boldsymbol{A}\boldsymbol{y})<\boldsymbol{y}^{\mathrm{T}}\boldsymbol{v}$$

与$\boldsymbol{v}\in\partial h(\boldsymbol{x})$的假设相矛盾，证毕 . ■

8.4　凸集和凸约束优化

在本节中，我们研究闭凸集和这些集合的指示函数之间的关系（指示函数是扩展值凸函数，也就是说，它们可能在某些点上取无穷值）.

令$\Omega\subset\mathbf{R}^n$为一个凸集［凸性的定义见式（2.14）］. 这个凸集Ω的指示函数I_Ω定义为

$$I_\Omega(\boldsymbol{x})=\begin{cases}0, & 若\boldsymbol{x}\in\Omega\\ \infty, & 若\boldsymbol{x}\notin\Omega\end{cases}$$

这个函数是凸的扩展值函数（除了简单的情况$\Omega=\mathbf{R}^n$），并且具有$\operatorname{dom} I_\Omega=\Omega$. 当$\Omega$是一个闭集时，$I_\Omega(\boldsymbol{x})$是下半连续的 . 我们得到以下结果 .

定理 8.14　对于一个闭凸集$\Omega\subset\mathbf{R}^n$，对于所有的$\boldsymbol{x}\in\Omega$，我们有$N_\Omega(\boldsymbol{x})=\partial I_\Omega(\boldsymbol{x})$.

证明　给定$\boldsymbol{v}\in N_\Omega(\boldsymbol{x})$，我们有

$$I_\Omega(\boldsymbol{y})-I_\Omega(\boldsymbol{x})=0-0=0\geqslant\boldsymbol{v}^{\mathrm{T}}(\boldsymbol{y}-\boldsymbol{x}),\quad \boldsymbol{y}\in\Omega=\operatorname{dom} I_\Omega$$

根据定义 8.1，这意味着$\boldsymbol{v}\in\partial I_\Omega(\boldsymbol{x})$. 反之，假设$\boldsymbol{v}\in\partial I_\Omega(\boldsymbol{x})$，那么有

$$0=I_\Omega(\boldsymbol{y})\geqslant I_\Omega(\boldsymbol{x})+\boldsymbol{v}^{\mathrm{T}}(\boldsymbol{y}-\boldsymbol{x})=\boldsymbol{v}^{\mathrm{T}}(\boldsymbol{y}-\boldsymbol{x}),\quad \boldsymbol{y}\in\Omega$$

这意味着$\boldsymbol{v}\in N_\Omega(\boldsymbol{x})$，证毕 . ■

在优化中，我们经常遇到闭凸集的交集 . 对于此类交集的法锥，我们有以下结果 .

定理 8.15　令$\Omega_i(i=1,2,\cdots,m)$为闭凸集，并且令$\Omega=\bigcap_{i=1,2,\cdots,m}\Omega_i$. 那么对于$\boldsymbol{x}\in\Omega$，我们有

$$N_\Omega(\boldsymbol{x})\supset N_{\Omega_1}(\boldsymbol{x})+N_{\Omega_2}(\boldsymbol{x})+\cdots+N_{\Omega_m}(\boldsymbol{x})\tag{8.18}$$

证明　这个结论可通过将定理 8.14 中的参数进行对应替换来直接得到．为了直接证明，我们可以按以下方式进行．考虑对于所有$i=1,2,\cdots,m$的向量$\boldsymbol{v}_i\in N_{\Omega_i}(\boldsymbol{x})$，并定义$\boldsymbol{v}:=\sum_{i=1}^{m}\boldsymbol{v}_i$．令$\boldsymbol{z}$为交集$\Omega=\bigcap_{i=1}^{m}\Omega_i$中的任意点．因为$\boldsymbol{z}\in\Omega_i$，对于所有$i=1,2,\cdots,m$，我们有$\boldsymbol{v}_i^{\mathrm{T}}(\boldsymbol{z}-\boldsymbol{x})\leqslant 0$，因此，$\boldsymbol{v}^{\mathrm{T}}(\boldsymbol{z}-\boldsymbol{x})=\left(\sum_{i=1}^{m}\boldsymbol{v}_i\right)^{\mathrm{T}}(\boldsymbol{z}-\boldsymbol{x})\leqslant 0$，因此，$\boldsymbol{v}\in N_{\Omega}(\boldsymbol{x})$．■

以下例子（如图 8.2 所示）显示了式（8.18）在严格包含的情况下也成立．定义以下两个$\mathbf{R}^2$的凸子集：

$$\Omega_1:=\{\boldsymbol{x}\in\mathbf{R}^2:x_1\leqslant 0\},\quad \Omega_2:=\{\boldsymbol{x}\in\mathbf{R}^2:\left(x_1-1\right)^2+x_2^2\leqslant 1\}\qquad(8.19)$$

显然，$\Omega_1\bigcap\Omega_2=\{0\}$．在点 0 处的法锥是

$$N_{\Omega_1}(0)=\left\{\begin{bmatrix}v_1\\0\end{bmatrix}:v_1\geqslant\mathbf{0}\right\},\quad N_{\Omega_2}(0)=\left\{\begin{bmatrix}v_1\\0\end{bmatrix}:v_1\leqslant\mathbf{0}\right\},\quad N_{\Omega_1\cap\Omega_2}(0)=\mathbf{R}^2$$

由于$N_{\Omega_1}(0)+N_{\Omega_1}(0)=\mathbf{R}\times\{0\}$，严格包含成立．注意，这个例子还表明，当我们用指示函数次微分来识别法锥时，严格包含在式（8.14）中可以成立，如定理 8.14 所述．

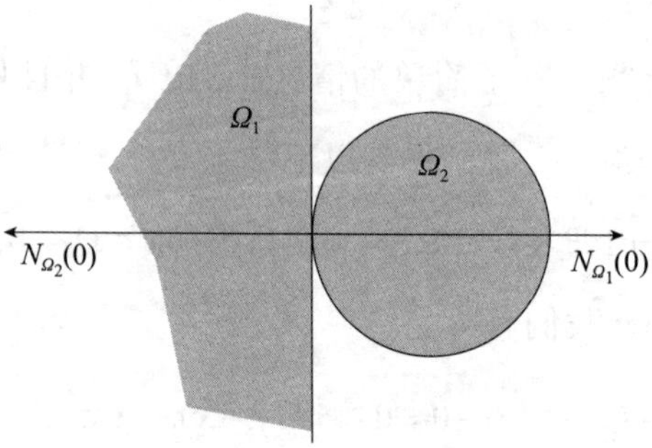

图 8.2　式（8.18）中严格包含的例子

有时会假定一些额外的条件来确保式（8.18）成立，这些条件被称为约束条件．有些约束条件是用集合的几何学来表达的，而另一些约束条件则侧重于它们的代数描述．约束条件中的一个共同主题是，有关点附近的集合的线性近似需要捕捉到该点附近的集合自身的基本几何形状．前面的例子就不是这样的，在$\boldsymbol{x}=\mathbf{0}$处，$\Omega_1$和$\Omega_2$的切线（线性近似）都是以纵轴为界的半平面，所以它们的线性近似的交点也是纵轴．另外，这两个集合的实际交点是单点 {0}，它是一个具有完全不同几何形状的集合．

回顾第 7 章中关于在闭凸集Ω［见式（7.1）］上最小化平滑凸函数f的问题．我们

在定理 7.2 中证明了$\boldsymbol{x}^*$最优性的一阶必要条件是$-\nabla f(\boldsymbol{x}^*)\in N_\Omega(\boldsymbol{x}^*)$. 根据定理 8.14 中的恒等式，我们可以将这个条件写为

$$\boldsymbol{0}\in\nabla f(\boldsymbol{x}^*)+\partial I_\Omega(\boldsymbol{x}^*) \tag{8.20}$$

此外，由式（8.14）和定理 8.6 知，这是式（8.20）的结果：

$$\boldsymbol{0}\in\partial\Big(f(\boldsymbol{x}^*)+I_\Omega(\boldsymbol{x}^*)\Big) \tag{8.21}$$

根据定理 8.2，当且仅当$\boldsymbol{x}^*$是以下“无约束”问题的一个极小值点时，这个条件为真：

$$\min_{\boldsymbol{x}} f(\boldsymbol{x})+I_\Omega(\boldsymbol{x})$$

我们可以很容易地看到这个问题等价于式（7.1）.

8.5 复合非平滑函数的最优性条件

我们现在考虑具有以下形式的函数的一阶最优性条件：

$$\phi(\boldsymbol{x}):=f(\boldsymbol{x})+\psi(\boldsymbol{x}) \tag{8.22}$$

其中，f是一个平滑函数，ψ（可能）是非平滑凸有限值函数（由于后者的性质，ψ的有效域是整个空间$\mathbf{R}^n$，因此我们可以对所有$\boldsymbol{x}$应用定理 8.11 的结果）. 我们在机器学习应用中经常遇到这种类型的目标函数（见第 1 章）.

我们先来研究f是凸的情形.

定理 8.16　当f是凸可微函数，ψ是凸有限值函数时，当且仅当$\boldsymbol{0}\in\nabla f(\boldsymbol{x}^*)+\partial\psi(\boldsymbol{x}^*)$，点$\boldsymbol{x}^*$是式（8.22）中的$\phi$的一个极小值点.

证明　根据定理 8.6，我们有$\partial f(\boldsymbol{x})=\{\nabla f(\boldsymbol{x})\}$，所以通过使用$\psi(\boldsymbol{x})$具有有效域$\mathbf{R}^n$这个事实，并应用定理 8.11，我们有

$$\partial\phi(\boldsymbol{x})=\nabla f(\boldsymbol{x})+\partial\psi(\boldsymbol{x})$$

从定理 8.2 可以很容易推导出结果. ■

当f是强凸函数时，式（8.22）有一个极小值点且它是唯一的.

定理 8.17　假设定理 8.16 的条件成立，且f是强凸函数. 那么式（8.22）有一个唯一极小值点.

证明　我们首先证明对于ϕ域中的任意点$\boldsymbol{x}^0$，水平集$\{\boldsymbol{x}\,|\,\phi(\boldsymbol{x})\leqslant\phi(\boldsymbol{x}^0)\}$是有界闭集，因此是紧的. 使用反证法，假设有一个序列$\{\boldsymbol{x}^\ell\}$使得$\|\boldsymbol{x}^\ell\|\to\infty$，并且

$$f(\boldsymbol{x}^{\ell})+\psi(\boldsymbol{x}^{\ell}) \leqslant f(\boldsymbol{x}^{0})+\psi(\boldsymbol{x}^{0}) \tag{8.23}$$

根据ψ的凸性，对于任意$\boldsymbol{g} \in \partial\psi(\boldsymbol{x}^{0})$，我们有$\psi(\boldsymbol{x}^{\ell}) \geqslant \psi(\boldsymbol{x}^{0})+\boldsymbol{g}^{\mathrm{T}}\left(\boldsymbol{x}^{\ell}-\boldsymbol{x}^{0}\right)$. 由$f$的强凸性，对于某个$m>0$，我们有

$$f\left(\boldsymbol{x}^{\ell}\right) \geqslant f\left(\boldsymbol{x}^{0}\right)+\nabla f\left(\boldsymbol{x}^{0}\right)^{\mathrm{T}}\left(\boldsymbol{x}^{\ell}-\boldsymbol{x}^{0}\right)+\frac{m}{2}\|\boldsymbol{x}^{\ell}-\boldsymbol{x}^{0}\|^{2}$$

通过将这些关系代入式（8.23），并稍微重新排列，我们得到

$$\frac{m}{2}\|\boldsymbol{x}^{\ell}-\boldsymbol{x}^{0}\|^{2} \leqslant -\left(\nabla f(\boldsymbol{x}^{0})+\boldsymbol{g}\right)^{\mathrm{T}}\left(\boldsymbol{x}^{\ell}-\boldsymbol{x}^{0}\right) \leqslant \|\nabla f(\boldsymbol{x}^{0})+\boldsymbol{g}\|\|\boldsymbol{x}^{\ell}-\boldsymbol{x}^{0}\|$$

两边除以$(m/2)\|\boldsymbol{x}^{\ell}-\boldsymbol{x}^{0}\|$，我们得到对于所有$l$，有$\|\boldsymbol{x}^{\ell}-\boldsymbol{x}^{0}\| \leqslant (2/m)\|\nabla f(\boldsymbol{x}^{0})+\boldsymbol{g}\|$，这与序列$\{\boldsymbol{x}^{\ell}\}$的无界性相矛盾．因此，水平集是有界的．

由于ϕ是连续的，它在水平集上达到最小值，这也是$\min\limits_{\boldsymbol{x}} \phi(\boldsymbol{x})$的解，我们用$\boldsymbol{x}^{*}$表示．根据定理 8.16，存在$\boldsymbol{g} \in \partial\phi(\boldsymbol{x}^{*})$，使得$\mathbf{0}=\nabla f(\boldsymbol{x}^{*})+\boldsymbol{g}=\mathbf{0}$．由$f$的强凸性，对于任意$\boldsymbol{x} \neq \boldsymbol{x}^{*}$，我们有

$$f(\boldsymbol{x})+\psi(\boldsymbol{x}) \geqslant f(\boldsymbol{x}^{*})+\psi(\boldsymbol{x}^{*})+\left(\nabla f(\boldsymbol{x}^{*})+\boldsymbol{g}\right)^{\mathrm{T}}\left(\boldsymbol{x}-\boldsymbol{x}^{*}\right)+ \frac{m}{2}\|\boldsymbol{x}-\boldsymbol{x}^{*}\|^{2} > f(\boldsymbol{x}^{*})+\psi(\boldsymbol{x}^{*})$$

这就证明了$\boldsymbol{x}^{*}$是唯一极小值点． ■

对于f可能是非凸的更一般的情况，我们有一个一阶必要条件．

定理 8.18 假设f是连续可微函数，并且ψ是凸有限值函数，ϕ由式（8.22）定义．那么，如果$\boldsymbol{x}^{*}$是ϕ的一个局部极小值点，我们有$\mathbf{0} \in \nabla f(\boldsymbol{x}^{*})+\partial\psi(\boldsymbol{x}^{*})$．

证明 假设$\mathbf{0} \notin \nabla f(\boldsymbol{x}^{*})+\partial\psi(\boldsymbol{x}^{*})$，我们证明$\boldsymbol{x}^{*}$不是局部极小值点．我们定义以下对$\phi(\boldsymbol{x}+\boldsymbol{d})$的凸近似：

$$\bar{\phi}(\boldsymbol{d}) := f(\boldsymbol{x}^{*})+\nabla f(\boldsymbol{x}^{*})^{\mathrm{T}}\boldsymbol{d}+\psi\left(\boldsymbol{x}^{*}+\boldsymbol{d}\right)$$

根据f的连续可微性，对于所有$\alpha \in [0,1]$以及任意$\boldsymbol{d}$，我们有$\bar{\phi}(\alpha\boldsymbol{d})=\phi(\boldsymbol{x}+\alpha\boldsymbol{d})+o(\alpha\|\boldsymbol{d}\|)$．因为根据假设，$\mathbf{0} \notin \partial\bar{\phi}(\mathbf{0})=\nabla f(\boldsymbol{x}^{*})+\partial\psi(\boldsymbol{x}^{*})$，根据定理 8.2，$\mathbf{0}$不是$\bar{\phi}(\boldsymbol{d})$的极小值点．因此，存在$\bar{\boldsymbol{d}}$，$\bar{\phi}\left(\bar{\boldsymbol{d}}\right)<\bar{\phi}(\mathbf{0})$，使得$c:=\bar{\phi}(\mathbf{0})-\bar{\phi}\left(\bar{\boldsymbol{d}}\right)$是严格大于零的．由于$\bar{\phi}$的凸性，对于所有$\alpha \in [0,1]$，我们有

$$\bar{\phi}\left(\alpha\bar{\boldsymbol{d}}\right) \leqslant \bar{\phi}(\boldsymbol{0}) - \alpha\left(\bar{\phi}(\boldsymbol{0}) - \bar{\phi}\left(\bar{\boldsymbol{d}}\right)\right) = \phi(\boldsymbol{x}^*) - \alpha c$$

因此，

$$\phi\left(\boldsymbol{x}^* + \alpha\bar{\boldsymbol{d}}\right) \leqslant \phi(\boldsymbol{x}^*) - \alpha c + o(\alpha \| \boldsymbol{d} \|)$$

因此，对于所有足够小的所有$\alpha > 0$，都有$\phi\left(\boldsymbol{x}^* + \alpha\bar{\boldsymbol{d}}\right) < \phi(\boldsymbol{x}^*)$，所以$\boldsymbol{x}^*$不是$\phi$的一个局部极小值点．■

8.6　近端算子和莫罗包络

我们将在这里定义近端算子，它是正则化优化算法的一个关键组成部分，我们将分析它的一些特性，为 9.3 节中的近端梯度算法的收敛分析做好准备．近端算子是对欧几里得投影的一个有力概括，它极大增强了我们的非平滑优化工具箱．

对于一个闭的正常凸函数 h，我们定义函数 h 的近端算子或者近似算子为

$$\operatorname{prox}_h(\boldsymbol{x}) := \arg\min_{\boldsymbol{u}} \left\{ h(\boldsymbol{u}) + \frac{1}{2} \| \boldsymbol{u} - \boldsymbol{x} \|^2 \right\} \tag{8.24}$$

注意，由于欧几里得范数的强凸性，这是一个定义明确的函数．

当$h(\boldsymbol{x}) = I_\Omega(\boldsymbol{x})$时，闭凸集$\Omega$的指示函数为$\operatorname{prox}_{I_\Omega}(\boldsymbol{x})$，我们可以从以下算式看到，它采用欧几里得投影将 $\boldsymbol{x}$ 投影到集合Ω：

$$\operatorname{prox}_{I_\Omega}(\boldsymbol{x}) = \arg\min_{\boldsymbol{u}} \left\{ I_\Omega(\boldsymbol{u}) + \frac{1}{2} \| \boldsymbol{u} - \boldsymbol{x} \|^2 \right\} = \arg\min_{\boldsymbol{u} \in \Omega} \frac{1}{2} \| \boldsymbol{u} - \boldsymbol{x} \|^2$$

近端算子比欧几里得投影更通用，但两者满足类似的非扩张性质．

命题 8.19　*假设 h 是一个凸函数．那么*

$$\| \operatorname{prox}_h(\boldsymbol{x}) - \operatorname{prox}_h(\boldsymbol{y}) \| \leqslant \| \boldsymbol{x} - \boldsymbol{y} \|$$

证明　根据最优性性质，我们从式（8.24）得到

$$\boldsymbol{0} \in \partial h(\operatorname{prox}_h(\boldsymbol{x})) + (\operatorname{prox}_h(\boldsymbol{x}) - \boldsymbol{x}) \tag{8.25}$$

重新排列这些表达式，在两个点 $\boldsymbol{x}$ 和 $\boldsymbol{y}$ 上，我们有

$$\boldsymbol{x} - \operatorname{prox}_h(\boldsymbol{x}) \in \partial\left(\operatorname{prox}_h(\boldsymbol{x})\right), \quad \boldsymbol{y} - \operatorname{prox}_h(\boldsymbol{y}) \in \partial\left(\operatorname{prox}_h(\boldsymbol{y})\right)$$

现在，对于凸函数f，根据次梯度的定义，如果$\boldsymbol{a} \in \partial f(\boldsymbol{x})$和$\boldsymbol{b} \in \partial f(\boldsymbol{y})$，我们有$(\boldsymbol{a} - \boldsymbol{b})^{\mathrm{T}}(\boldsymbol{x} - \boldsymbol{y}) \geqslant 0$．应用这个不等式，我们有

$$\left((\boldsymbol{x}-\operatorname{prox}_h(\boldsymbol{x}))-(\boldsymbol{y}-\operatorname{prox}_h(\boldsymbol{y}))\right)^{\mathrm{T}}\left(\operatorname{prox}_h(\boldsymbol{x})-\operatorname{prox}_h(\boldsymbol{y})\right)\geqslant 0$$

通过重新排列和应用 Cauchy-Schwartz 不等式，得到

$$\begin{aligned}\|\operatorname{prox}_h(\boldsymbol{x})-\operatorname{prox}_h(\boldsymbol{y})\|^2 &\leqslant (\boldsymbol{x}-\boldsymbol{y})^{\mathrm{T}}\left(\operatorname{prox}_h(\boldsymbol{x})-\operatorname{prox}_h(\boldsymbol{y})\right)\\ &\leqslant \|\boldsymbol{x}-\boldsymbol{y}\|\|\operatorname{prox}_h(\boldsymbol{x})-\operatorname{prox}_h(\boldsymbol{y})\|\end{aligned}$$

我们从中得到命题． ■

我们注意到近端算子的几个特殊情况，它们在后面的章节中很有用．

- 对于所有的 $\boldsymbol{x}$，$h(\boldsymbol{x})=0$，我们有 $\operatorname{prox}_h(\boldsymbol{x})=\boldsymbol{x}$．这一结论有助于证明第 9 章的近端梯度法当目标函数不包含正则化项时可简化为熟悉的最速下降法．
- $h(\boldsymbol{x})=\lambda\|\boldsymbol{x}\|_1$．通过把它代入式（8.24），我们看到该最小化可分解为 n 个单独的分量，并且 $\operatorname{prox}_{\lambda\|\cdot\|_1}$ 的第 i 个分量是

$$\left[\operatorname{prox}_{\lambda\|\cdot\|_1}\right]_i=\arg\min_{u_i}\left\{\lambda|u_i|+\frac{1}{2}(u_i-x_i)^2\right\}$$

  很容易验证如下算式，它被称为软阈值算子：

$$\left[\operatorname{prox}_{\lambda\|\cdot\|_1}(\boldsymbol{x})\right]_i=\begin{cases}x_i-\lambda, & 若 x_i>\lambda\\ 0, & 若 x_i\in[-\lambda,\ \lambda]\\ x_i+\lambda, & 若 x_i<-\lambda\end{cases} \tag{8.26}$$

- $h(\boldsymbol{x})=\lambda\|\boldsymbol{x}\|_0$，其中，$\|\boldsymbol{x}\|_0$ 表示向量 $\boldsymbol{x}$ 的基数，也就是它的非零分量的个数．虽然这个 h 不是一个凸函数（我们可以通过考虑 $\mathbf{R}^2$ 中向量 $(0,1)^{\mathrm{T}}$ 和 $(1,0)^{\mathrm{T}}$ 的凸组合验证），但是它的近端算子被很好地定义为硬阈值操作：

$$\left[\operatorname{prox}_{\lambda\|\cdot\|_0}(\boldsymbol{x})\right]_i=\begin{cases}x_i, & 若 |x_i|\geqslant\sqrt{2\lambda}\\ 0, & 若 |x_i|<\sqrt{2\lambda}\end{cases}$$

  对于基数函数，式（8.24）分为 n 个单独分量，当且仅当 $|x_i|\geqslant\sqrt{2\lambda}$，允许 u_i 非零的固定成本 λ 才具有经济性．

近端算子与凸函数的平滑近似密切相关．对于一个闭的正常凸函数 h 和一个正标量 λ，我们定义莫罗包络为

$$M_{\lambda,h}(\boldsymbol{x}):=\inf_{\boldsymbol{u}}\left\{h(\boldsymbol{u})+\frac{1}{2\lambda}\|\boldsymbol{u}-\boldsymbol{x}\|^2\right\}=\frac{1}{\lambda}\inf_{\boldsymbol{u}}\left\{\lambda h(\boldsymbol{u})+\frac{1}{2}\|\boldsymbol{u}-\boldsymbol{x}\|^2\right\} \tag{8.27}$$

莫罗包络可以被看作是对函数 h 的平滑化或正则化．它对所有的 $\boldsymbol{x}$ 都有一个有穷

值，即使 h 对某个 $\boldsymbol{x}\in\mathbf{R}^n$ 有无穷值 . 事实上，它在任何地方都是可微的 . 它的梯度是

$$\nabla M_{\lambda,h}(\boldsymbol{x})=\frac{1}{\lambda}\left(\boldsymbol{x}-\operatorname{prox}_{\lambda h}(\boldsymbol{x})\right)$$

此外，对于任意 $\lambda>0$，$\boldsymbol{x}^*$ 是 h 的一个极小值点，当且仅当它是 $M_{\lambda,h}$ 的一个极小值点 .

注释和参考

本章的部分内容来自 Vandenberghe（2016）关于“次梯度”的幻灯片 .

进一步了解关于莫罗包络和近似映射的背景，可以参考 Parikh 和 Boyd（2013）的资料 .

凸分析领域的经典参考书是 Rockafellar（1970）的著作，其中包含了许多关于次微分及其运算规则的基本内容 . Bertsekas 等人（2003）侧重于优化方面的较新处理方法，我们在 8.3 节中使用了这本书中的两个结果 . Danskin 定理的证明可以参考 Bertsekas 等人（2003，命题 4.5.1）.

习题

1. 证明：如果 f 是凸的且 $\boldsymbol{x}\in\operatorname{dom} f$，则次微分 $\partial f(\boldsymbol{x})$ 是闭凸的 .
2. 通过引用凸函数的定义［见式（2.15）］来证明式（8.5）.
3. 证明任意范数 $f(\boldsymbol{x}):=\|\boldsymbol{x}\|$ 在 $\boldsymbol{x}=\mathbf{0}$ 处的次梯度为 $\mathbf{0}$，即 $\mathbf{0}\in\partial f(\mathbf{0})$. 证明：$f(\boldsymbol{x})$ 在 $\boldsymbol{x}=\mathbf{0}$ 处不可微 .［提示：范数 $\|\cdot\|$ 具有以下性质：（a）$\|\boldsymbol{x}\|=0$ 当且仅当 $\boldsymbol{x}=\mathbf{0}$；（b）$\|\alpha\boldsymbol{x}\|=|\alpha|\|\boldsymbol{x}\|$ 对于所有标量 α 和向量 $\boldsymbol{x}$ 成立；（c）$\|\boldsymbol{x}+\boldsymbol{y}\|\leqslant\|\boldsymbol{x}\|+\|\boldsymbol{y}\|$ 对于所有 $\boldsymbol{x}$，$\boldsymbol{y}$ 成立 .］
4. 证明方向导数的可加性［见式（8.7）］和一致性［见式（8.8）］.
5. 对于以下 $\mathbf{R}^n$ 上的范数函数 f，对于所有的 $\boldsymbol{x}$ 和 $\boldsymbol{v}$，求 $\partial f(\boldsymbol{x})$ 和 $f'(\boldsymbol{x};\boldsymbol{v})$.

   （a）ℓ_1 范数：$f(\boldsymbol{x})=\|\boldsymbol{x}\|_1$.

   （b）ℓ_∞ 范数：$f(\boldsymbol{x})=\|\boldsymbol{x}\|_\infty$.

   （c）ℓ_2 范数（欧几里得范数）：$f(\boldsymbol{x})=\|\boldsymbol{x}\|_2$.
6. 证明：在对 $\varphi(\boldsymbol{x},i)$ 的所述条件下，$\boldsymbol{x}\in\mathbf{R}^d$ 和 $i\in I$，其中，I 是一个紧集，由式（8.16）定义的逐点最大化函数 f 是凸的 .
7. 求分段线性凸函数 $f:\mathbf{R}^n\to\mathbf{R}$ 的次微分，f 的定义如下：

$$f(\boldsymbol{x})=\max_{i=1,2,\cdots,m}\boldsymbol{a}_i^{\mathrm{T}}\boldsymbol{x}+b_i$$

其中，$\boldsymbol{a}_i\in\mathbf{R}^n,b_i\in\mathbf{R},i=1,2,\cdots,n$.

8. 假设f被定义为m个凸函数的最大值，也就是说，$f(\boldsymbol{x}):=\max\limits_{i=1,2,\cdots,m}f_i(\boldsymbol{x})$，其中，每个$f_i$都是凸的 . 证明：对于$f$的有效域内部的任意$\boldsymbol{x}$，我们有

$$\partial f(\boldsymbol{x})=\left\{\sum_{i:f_i(\boldsymbol{x})=f(\boldsymbol{x})}\lambda_i v_i : v_i\in\partial f_i(\boldsymbol{x}),\lambda_i\geqslant 0,\sum_{i:f_i(\boldsymbol{x})=f(\boldsymbol{x})}\lambda_i=1\right\}$$

（提示：证明定理 8.11 时用到的方法可能有帮助 .）

9. （a）证明：I_Ω是凸函数，当且仅当Ω是凸集 .

　（b）证明：Ω是非空闭凸集，当且仅当$I_\Omega(\boldsymbol{x})$是一个闭的正常凸函数 .

10. 证明：一个闭的正常凸函数h和它的莫罗包络$M_{\lambda,h}$有完全相同的最小值点 .

11. 当$h(\boldsymbol{x})=\dfrac{1}{2}\|\boldsymbol{x}\|_2^2$时，计算$\mathrm{prox}_{\lambda h}(\boldsymbol{x})$和$M_{\lambda,h}$的值 .

第 9 章

非平滑优化方法

第 3 章中描述的平滑函数 f 的最速下降法很直观，因为它在每次迭代中都遵循负梯度方向，这是保证 f 下降的方向. 将这种方法推广到非平滑函数 f 并不简单，因为"梯度"在一般情况下不是唯一的，即使对于凸函数 f，正如我们在第 8 章中看到的. 一个自然的想法是选择搜索方向为次微分 ∂f 的向量的负值，但这样的方向可能不会在 f 中得到下降.

考虑绝对值函数 $f(x)=|x|$，其中，$x\in\mathbf{R}$. 在最小值点 $x=0$ 处，次微分为 $\partial|0|=[-1,1]$，从这个区间取得的任意向量（除了非常特殊的 $\boldsymbol{g}=\mathbf{0}$）将远离 $\mathbf{0}$，从而增加函数值. 更高维度的情况类似. 考虑二维函数 $f:\mathbf{R}^2\to\mathbf{R}$，其定义为

$$f(x_1,x_2)=|x_1|+2|x_2|$$

它的最优值为（0,0）. 在点（1,0），次微分是紧集

$$\partial f(1,0)=\{(1,z)\,|\,|z|\leqslant 2\}$$

对于特定的次梯度 $\boldsymbol{g}=(1,2)$，该方向负方向上的方向导数为

$$f'\big((1,0);(-1,-2)\big)=\sup_{g\in\partial f(1,0)}(-g_1-2g_2)=-1+4=3$$

表明函数沿这个方向上增加. 这些简单的例子，以及图 9.1 所示的 $\boldsymbol{x}\in\mathbf{R}^2$ 的例子 $f(\boldsymbol{x})=\max\left(\boldsymbol{a}_1^{\mathrm{T}}\boldsymbol{x}+b_1,\boldsymbol{a}_2^{\mathrm{T}}\boldsymbol{x}+b_2\right)$，表明如何设计一个遵循次梯度的方法并不是一件容易的事情.

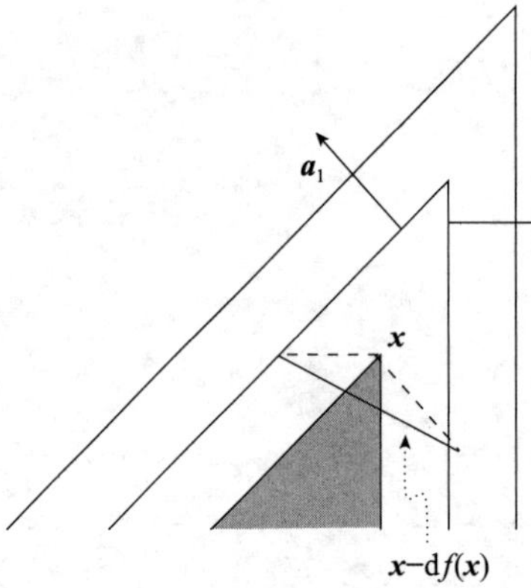

图 9.1 函数$f(\boldsymbol{x})=\max\left(\boldsymbol{a}_1^{\mathrm{T}}\boldsymbol{x}+b_1,\boldsymbol{a}_2^{\mathrm{T}}\boldsymbol{x}+b_2\right)$的次梯度，它是向量$\boldsymbol{a}_1$和$\boldsymbol{a}_2$定义的两个平面的最大值．给定两个平面都达到最大值点$\boldsymbol{x}$，次梯度为$\partial f(\boldsymbol{x})=\{\lambda\boldsymbol{a}_1+(1-\lambda)\boldsymbol{a}_2 \mid \lambda\in[0,1]\}$．点集$\{\boldsymbol{x}-\boldsymbol{g}\mid \boldsymbol{g}\in\partial f(\boldsymbol{x})\}$是一条线段（见图 9.1）．阴影区域是函数值小于$f(\boldsymbol{x})$的点的集合．注意，对于$\alpha>0,\boldsymbol{g}\in\partial f(\boldsymbol{x})$，一些具有$\boldsymbol{x}-\alpha\boldsymbol{g}$形式的点满足$f(\boldsymbol{x}-\alpha\boldsymbol{g})<f(\boldsymbol{x})$．但是，对于所有$\alpha>0$，还有其他具有相同形式的点满足$f(\boldsymbol{x}-\alpha\boldsymbol{g})>f(\boldsymbol{x})$．也就是说，一些但不是所有的负次梯度在$f$中产生下降

然而，基于次梯度的方法是存在的，而且是有效的，我们在本章中介绍了其中的几种．在 9.1 节中，我们将展示如何计算一个凸的非平滑函数的最速下降方向，表明这个方向是一个特定的次梯度的负值——在所有次微分中达到最小范数的那个．在 9.2 节中，我们将展示如何使用精心选择的步长和迭代次数的平均化，使我们能够遵循任意的次梯度，甚至是增加函数值的次梯度，但仍然能得到可证明的长期收敛行为．（这些方法的收敛非常慢，无论是从理论上还是实际应用中都是如此．）在 9.3 节中，我们将描述近端梯度法，它利用了一些相关的非平滑函数的特殊情况的结构来获得比次梯度法更快的收敛．在 9.4 节中，我们将描述近端坐标下降法，这是第 6 章的坐标下降法在一类非平滑函数（即复合非平滑目标函数）上的扩展，其中（可能是非平滑的）正则化项在 $\boldsymbol{x}$ 的分量中是可分离的．在 9.5 节中，我们将介绍近端点法，这是一种基本方法，对最小化所有凸函数（平滑和非平滑的）都可能有用．

在本章中，我们将重点讨论凸目标函数，尽管有些方法也可以应用于非凸情况．

9.1 次梯度下降

当 $\boldsymbol{x}$ 不是 f 的极小值点时，次微分 $\partial f(\boldsymbol{x})$ 总是包含一个向量 $\boldsymbol{g}$ 使得 $-\boldsymbol{g}$ 是 f 的下降方向．$\partial f(\boldsymbol{x})$ 中具有最小范数的向量 $\boldsymbol{g}_{\min}$ 满足这个性质，事实上，$-\boldsymbol{g}_{\min}$ 是最速下降的方向．

我们定义

$$\boldsymbol{g}_{\min} := \arg \lim_{z\in\partial f(\boldsymbol{x})} \| \boldsymbol{z} \|_2 \tag{9.1}$$

注意，当$\partial f(\boldsymbol{x})$非空时，$\boldsymbol{g}_{\min}$存在并是唯一定义的，因为$\partial f(\boldsymbol{x})$总是闭凸的 .

命题 9.1　对于一个凸函数f及其定义域内的非最小值点$\boldsymbol{x}\in \operatorname{dom} f$，由式（9.1）定义的向量$-\boldsymbol{g}_{\min}$是$f$在$\boldsymbol{x}$处最速下降的方向 .

证明　注意，对于所有$\hat{\boldsymbol{g}}\in\partial f(\boldsymbol{x})$和所有$t\in[0,1]$，我们有

$$\| \boldsymbol{g}_{\min} + t(\hat{\boldsymbol{g}} - \boldsymbol{g}_{\min}) \|^2 \geqslant \| \boldsymbol{g}_{\min} \|^2$$

我们通过扩展这个表达式的左边得到

$$\langle \boldsymbol{g}_{\min}, \hat{\boldsymbol{g}} - \boldsymbol{g}_{\min} \rangle \geqslant 0,\ \hat{\boldsymbol{g}} \in \partial f(\boldsymbol{x})$$

由此得出，对于所有$\hat{\boldsymbol{g}}\in\partial f(\boldsymbol{x})$，有$\langle \hat{\boldsymbol{g}}, \boldsymbol{g}_{\min}\rangle \geqslant \| \boldsymbol{g}_{\min} \|_2^2$，所以

$$f'(\boldsymbol{x}; -\boldsymbol{g}_{\min}) = \sup_{g\in\partial f(\boldsymbol{x})} \langle -\boldsymbol{g}_{\min}, \boldsymbol{g} \rangle = -\inf_{g\in\partial f(\boldsymbol{x})} \langle \boldsymbol{g}_{\min}, \boldsymbol{g} \rangle = -\| \boldsymbol{g}_{\min} \|_2^2$$

证明当$-\boldsymbol{g}_{\min}$不为零时，它是下降方向 . 我们使用极小 - 极大方法得出$-\boldsymbol{g}_{\min}$是最速下降方向 . 注意，

$$\begin{aligned} \inf_{\|\boldsymbol{v}\|\leqslant 1} f'(\boldsymbol{x}; \boldsymbol{v}) &= \inf_{\|\boldsymbol{v}\|\leqslant 1} \sup_{g\in\partial f(\boldsymbol{x})} \langle \boldsymbol{v}, \boldsymbol{g} \rangle \\ &\geqslant \sup_{g\in\partial f(\boldsymbol{x})} \inf_{\|\boldsymbol{v}\|\leqslant 1} \langle \boldsymbol{v}, \boldsymbol{g} \rangle = \sup_{g\in\partial f(\boldsymbol{x})} (-\| \boldsymbol{g} \|) = -\| \boldsymbol{g}_{\min} \| \end{aligned} \tag{9.2}$$

这个表达式中的不等式来自弱对偶性，它表示对于任意函数$\varphi(\boldsymbol{x}, z)$，我们有

$$\inf_{\boldsymbol{x}} \sup_{z} \varphi(\boldsymbol{x}, z) \geqslant \sup_{z} \inf_{\boldsymbol{x}} \varphi(\boldsymbol{x}, z)$$

（见命题 10.1）事实上，我们在式（9.2）中通过设$\boldsymbol{v} = -\boldsymbol{g}_{\min} / \| \boldsymbol{g}_{\min} \|$使等式成立 .　■

例 9.2　考虑函数$f(\boldsymbol{x}) = \| \boldsymbol{x} \|_1$，它的最小值点是$\boldsymbol{x}=\boldsymbol{0}$. 在任意非零点$\boldsymbol{x}$处，次微分$\partial \| \boldsymbol{x} \|_1$由向量$\boldsymbol{g}$组成，使得

$$g_i \in \begin{cases} \{+1\}, & 若 x_i > 0 \\ \{-1\}, & 若 x_i < 0 \\ \{-1, 1\}, & 若 x_i = 0 \end{cases}$$

因此，最小范数次梯度为$\boldsymbol{g}_{\min}$，其中

$$(g_{\min})_i = \begin{cases} +1, & 若 x_i > 0 \\ -1, & 若 x_i < 0 \\ 0, & 若 x_i = 0 \end{cases}$$

命题 9.1 提出了一种最小化凸的非平滑函数的自然算法．该算法通过计算次微分的最小范数元素，并沿着这个方向的负方向搜索来进行优化．这种方法的问题是，寻找完整的次微分和计算其最小范数元素的过程的代价高．受这种方法启发，我们可以使用捆绑法来近似求解．通常情况下，这些方法假设在每次迭代中获取一个单一的次微分，并且通过凸包来近似次微分，这个凸包由最近几次迭代中所得到的次微分组成．当这些捆绑的次梯度与当前的次微分值相差太远时，就需要将其删除．（关于这些方法的更多参考文献，可以在本章结尾处找到．）

在 9.2 节中，结果表明，在适当选择步长的情况下，一个在每次迭代中简单遵循任意次梯度的简单算法可以收敛．

9.2　次梯度法

在次梯度法的每一步 k，我们只需要选择次微分 $\boldsymbol{g}^k \in \partial f(\boldsymbol{x}^k)$ 的任意元素并设

$$\boldsymbol{x}^{k+1} = \boldsymbol{x}^k - \alpha_k \boldsymbol{g}^k$$

尽管前文已经指出，这种方法可能会在某些迭代步增大 f 的值，但通过引入加权平均策略，即对迄今为止遇到过的所有迭代点进行加权平均：

$$\bar{\boldsymbol{x}}^T = \lambda_T^{-1} \sum_{k=1}^{T} \alpha_k \boldsymbol{x}^k，其中，\lambda_T := \sum_{j=1}^{T} \alpha_j \tag{9.3}$$

式（9.3）可能收敛到 f 的最小值点．

该方法的分析与有界随机梯度的凸函数的随机梯度法的收敛性证明几乎相同．我们假设

$$\|\boldsymbol{g}\|_2 \leqslant G，对于所有的 \boldsymbol{g} \in \partial f(\boldsymbol{x}) 和所有的 \boldsymbol{x}$$

注意，这个假设意味着 f 必须是具有常数 G 的利普希茨（为什么？）我们还用 $\boldsymbol{x}^*$ 表示 f 的最小值点，并定义

$$D_0 := \|\boldsymbol{x}^1 - \boldsymbol{x}^*\| \tag{9.4}$$

这是初始点 $\boldsymbol{x}^1$ 到 f 的最小值点的距离．

为了继续分析加权平均迭代 $\bar{\boldsymbol{x}}^T$ 的行为，我们扩大迭代 $\boldsymbol{x}^{k+1}$ 的最佳解的距离：

$$\begin{aligned}\|\boldsymbol{x}^{k+1}-\boldsymbol{x}^*\|^2&=\|\boldsymbol{x}^k-\alpha_k\boldsymbol{g}^k-\boldsymbol{x}^*\|^2\\&=\|\boldsymbol{x}^k-\boldsymbol{x}^*\|^2-2\alpha_k(\boldsymbol{g}^k)^{\mathrm{T}}(\boldsymbol{x}^k-\boldsymbol{x}^*)+\alpha_k^2\|\boldsymbol{g}^k\|^2\\&\leqslant\|\boldsymbol{x}^k-\boldsymbol{x}^*\|^2-2\alpha_k(\boldsymbol{g}^k)^{\mathrm{T}}(\boldsymbol{x}^k-\boldsymbol{x}^*)+\alpha_k^2G^2\end{aligned}\tag{9.5}$$

此表达式看起来与次梯度法［见式（5.26）］的基本不等式相同，只是这里没有期望值．我们可以重新排列式（9.5）获得

$$\alpha_k(\boldsymbol{g}^k)^{\mathrm{T}}(\boldsymbol{x}^k-\boldsymbol{x}^*)\leqslant\frac{1}{2}\|\boldsymbol{x}^k-\boldsymbol{x}^*\|^2-\frac{1}{2}\|\boldsymbol{x}^{k+1}-\boldsymbol{x}^*\|^2+\frac{1}{2}G^2\alpha_k^2\tag{9.6}$$

由于$\boldsymbol{g}^k\in\partial f(\boldsymbol{x}^k)$，根据次梯度的定义，我们有

$$f(\boldsymbol{x}^k)-f(\boldsymbol{x}^*)\leqslant(\boldsymbol{g}^k)^{\mathrm{T}}(\boldsymbol{x}^k-\boldsymbol{x}^*)\tag{9.7}$$

将式（9.7）两边乘以$\alpha_k>0$，结合式（9.6），将等式两边都从 $k=1$ 到 $k=T$ 求和，并利用 f 的凸性，我们得到

$$\begin{aligned}f(\bar{\boldsymbol{x}}^T)-f(\boldsymbol{x}^*)&\leqslant\lambda_T^{-1}\sum_{k=1}^{T}\alpha_k\left(f(\boldsymbol{x}^k)-f(\boldsymbol{x}^*)\right)\\&\leqslant\lambda_T^{-1}\frac{1}{2}\sum_{k=1}^{T}\left(\|\boldsymbol{x}^k-\boldsymbol{x}^*\|^2-\|\boldsymbol{x}^{k+1}-\boldsymbol{x}^*\|^2\right)+\frac{1}{2}\lambda_T^{-1}G^2\sum_{k=1}^{T}\alpha_k^2\\&\leqslant\lambda_T^{-1}\frac{1}{2}\left(\|\boldsymbol{x}^1-\boldsymbol{x}^*\|^2-\|\boldsymbol{x}^{T+1}-\boldsymbol{x}^*\|^2)\right)+\frac{1}{2}\lambda_T^{-1}G^2\sum_{k=1}^{T}\alpha_k^2\\&\leqslant\frac{D_0^2+G^2\sum_{k=1}^{T}\alpha_k^2}{2\sum_{k=1}^{T}\alpha_k}\end{aligned}\tag{9.8}$$

进而，有

$$\min_{t\leqslant T}f(\boldsymbol{x}^t)-f(\boldsymbol{x}^*)\leqslant\lambda_T^{-1}\sum_{k=1}^{T}\alpha_k\left(f(\boldsymbol{x}^k)-f(\boldsymbol{x}^*)\right)$$

所以，我们的分析对前 T 次迭代的加权平均数和这些迭代的最佳结果都有效．

步长

让我们看看步长$\alpha_k(k=1,2,\cdots)$的不同可能性．

固定步长

首先，我们可以为所有 k 选择$\alpha_k=\alpha$．在这种情况下，我们从式（9.8）知道

$$f(\overline{\boldsymbol{x}}^T)-f(\boldsymbol{x}^*)\leqslant\frac{D_0^2+TG^2\alpha^2}{2T\alpha}$$

对于某个参数$\theta>0$，选择$\alpha=\frac{\theta D_0}{G\sqrt{T}}$，有

$$f(\overline{\boldsymbol{x}}^T)-f(\boldsymbol{x}^*)\leqslant\frac{1}{2}\left(\theta+\theta^{-1}\right)\frac{D_0G}{\sqrt{T}} \tag{9.9}$$

当我们设$\theta=1$时，界被最小化 .

恒定步长范数

另一种方法是选择$\alpha_k=\frac{\alpha}{\|\boldsymbol{g}^k\|}$，使得每一步$\alpha_k\boldsymbol{g}^k$的范数是常数 . 对前面的分析稍作修改产生如下约束：

$$f(\overline{\boldsymbol{x}}^T)-f(\boldsymbol{x}^*)\leqslant\frac{D_0^2+T\alpha^2}{2T\alpha/G}$$

设$\alpha=\frac{\theta D_0}{\sqrt{T}}$，我们得到式（9.9），其与固定步长的边界匹配 . 注意，此步长选择仅取决于D_0（x^1到最优解的距离），而不是最大次梯度范数 G.

到目前为止讨论的两种选择的一个有趣特征是收敛速率的界对D_0和 G 的估计误差不是很敏感 . 这种误差可以用参数θ来捕捉，我们看到，当θ远离其最优值 1 时，界只按$\frac{1}{2}\left(\theta+\theta^{-1}\right)$这个小系数增大 .

递减步长

前面的固定步长要求我们事先选择 T，即要进行的迭代次数 . 现在我们考虑对α_k进行选择，这些选择取决于 k，并且随着 k 的增加而减少 . 这种选择不需要我们事先选择 T，而且它们保证在迭代次数达到 ∞ 时收敛到 f 的最优值 .

从式（9.8）中，我们看到对于任意序列$\alpha_k>0$使得$\alpha_k\to0$，但当$T\to\infty$时，$\sum_{k=1}^{T}\alpha_k\uparrow\infty$，那么

$$\lim_{T\to\infty}f(\overline{\boldsymbol{x}}^T)=f(\boldsymbol{x}^*)$$

如果$\sum_k\alpha_k^2=M<\infty$，就更容易看出来，因为由式（9.8），我们有

$$f(\overline{\boldsymbol{x}}^T)-f^*\leqslant\frac{D_0^2+G^2\sum_{j=1}^{T}\alpha_j^2}{2\sum_{t=1}^{T}\alpha_t}\leqslant\frac{D_0^2+G^2M}{2\sum_{j=1}^{T}\alpha_j}$$

当$T \to \infty$时，左侧明显趋于零．要想看到这个方法适用于一般递减步长，我们需要证明当α_k趋于零但$\sum_{k=1}^{T}\alpha_k$发散时，都有

$$\frac{\sum_{j=1}^{T}\alpha_j^2}{\sum_{j=1}^{T}\alpha_j} \to 0\text{，当}T \to \infty\text{时}$$

我们把这个极限的证明留作练习．

在本节的最后，我们为明确选择的步长推导出更多的定量界限．设$\alpha_k = \dfrac{\theta}{\sqrt{k}}$，我们得到

$$f(\bar{\boldsymbol{x}}^T) - f^* \leqslant \frac{D_0^2 + G^2\theta^2\sum_{j=1}^{T} j^{-1}}{2\theta\sum_{j=1}^{T} j^{-1/2}} \leqslant \frac{D_0^2 + G^2\theta^2\left(\log T + 1\right)}{2\theta\sqrt{T}} \tag{9.10}$$

分子的上界来自黎曼和的界

$$\sum_{j=1}^{T} j^{-1} \leqslant 1 + \int_{t=1}^{T}\frac{1}{t}\mathrm{d}t \leqslant \log T + 1$$

而分母的下界来自

$$\sum_{j=1}^{T} j^{-1/2} \geqslant \sum_{j=1}^{T} T^{-1/2} = T^{1/2}$$

注意，此界以$\log(T)/\sqrt{T}$的速率趋于零．比恒定步长$1/\sqrt{T}$的速率慢，但我们可以保证渐近收敛到零，并且可以在远远超出固定迭代次数后继续迭代．

另一种递减步长的选择为$\alpha_k \propto k^{-p}$，其中，$p \in (0,1)$，这会得到比$p = 1/2$更差的收敛界（见习题 2）．

选择步长的更复杂方案涉及固定步长和递减步长的组合．步长在连续的迭代次数中是固定的（有时称为轮次），然后减少到一个较小的值，这个值在接下来连续的迭代次数中仍然保持固定．

9.3　正则化优化的近端梯度法

虽然次梯度法的收敛速率是可以证明的，但与平滑函数的可实现速率相比要慢得多. 在本节中，我们将探讨如何利用复合非平滑目标函数的结构来加速收敛速率. 特别地，我们将描述一种基本但强大的方法来解决如下这个问题：

$$\min_{x \in \mathbf{R}^n} \phi(\boldsymbol{x}) := f(\boldsymbol{x}) + \tau\psi(\boldsymbol{x}) \tag{9.11}$$

其中，f是平滑凸函数，ψ是凸正则化函数（通常简称为"正则化器"），$\tau \geqslant 0$是正则化参数. 我们在这里描述的方法是最速下降法的自然扩展，当正则化项不存在($\tau = 0$)时，它可以简化为定理 3.3 中分析的应用在f上的最速下降法. 当正则化器ψ有一个简单的结构，易于明确说明时，这种方法是有用的. 在数据分析中出现的许多正则化器都是如此，包括ℓ_1函数($\psi(\boldsymbol{x}) = \|\boldsymbol{x}\|_1$)和简单集合$\Omega$的指示函数$[\psi(\boldsymbol{x}) = I_\Omega(\boldsymbol{x})]$，例如，盒状空间$\Omega = [l_1, u_1] \otimes [l_2, u_2] \otimes \cdots \otimes [l_n, u_n]$. 此外，正如我们将看到的，收敛速率将由式（9.11）中分解的平滑部分决定，即使函数ϕ不是平滑的.

算法的每一步定义如下：

$$\boldsymbol{x}^{k+1} := \operatorname{prox}_{\alpha_k \tau\psi}\left(\boldsymbol{x}^k - \alpha_k \nabla f(\boldsymbol{x}^k)\right) \tag{9.12}$$

对于某些步长$\alpha_k > 0$，以及在式（8.24）中定义的近似算子. 通过代入这个定义，我们可以验证$\boldsymbol{x}^{k+1}$是式（9.11）的目标函数ϕ的近似解，即

$$\boldsymbol{x}^{k+1} := \arg\min_{z} \nabla f(\boldsymbol{x}^k)^{\mathrm{T}}(\boldsymbol{z} - \boldsymbol{x}^k) + \frac{1}{2\alpha_k}\|\boldsymbol{z} - \boldsymbol{x}^k\|^2 + \tau\psi(\boldsymbol{z}) \tag{9.13}$$

验证这种等价性的一种方法是，式（9.13）中的目标函数可以写成

$$\frac{1}{\alpha_k}\left\{\frac{1}{2}\|\boldsymbol{z} - \left(\boldsymbol{x}^k - \alpha_k \nabla f(\boldsymbol{x}^k)\right)\|^2 + \alpha_k \tau\psi(\boldsymbol{x})\right\}$$

（对不涉及$\boldsymbol{z}$的项$\alpha_k \|\nabla f(\boldsymbol{x}^k)\|^2$取模，因此不会改变式（9.13）的最小值点）. 式（9.13）中的子问题目标包括一个线性项$\nabla f(\boldsymbol{x}^k)^{\mathrm{T}}(\boldsymbol{z} - \boldsymbol{x}^k)$（泰勒级数展开中的一阶项）、一个随着$\alpha_k \downarrow 0$变得更严格的邻近项$\frac{1}{2\alpha_k}\|\boldsymbol{z} - \boldsymbol{x}^k\|^2$，以及保持不变的正则化项$\tau\psi(\boldsymbol{x})$. 当$\tau = 0$时，我们有$\boldsymbol{x}^{k+1} = \boldsymbol{x}^k - \alpha_k \nabla f(\boldsymbol{x}^k)$，所以式（9.12）[或者式（9.13）] 在这种情况下会化简

为第 3 章讨论过的普通的最速下降法．继续认为α_k扮演着步长参数的角色是很有用的，尽管这里的线搜索是通过一个近似项来隐含表达的．

近端梯度法背后的关键思想概括在以下命题中，这表明式（9.12）的每一个固定点都是ϕ的最小值点．

命题 9.3　令f为凸可微函数，令ψ为凸函数．当且仅当对于所有$\alpha>0$，有$\boldsymbol{x}^*=\operatorname{prox}_{\alpha\tau\psi}\left(\boldsymbol{x}^*-\alpha\nabla f(\boldsymbol{x}^*)\right)$，$\boldsymbol{x}^*$为式（9.11）的一个解．

证明　$\boldsymbol{x}^*$是一个解，当且仅当$-\nabla f(\boldsymbol{x}^*)\in\partial\tau\psi(\boldsymbol{x}^*)$．这个条件相当于

$$\left(\boldsymbol{x}^*-\alpha\nabla f(\boldsymbol{x}^*)\right)-\boldsymbol{x}^*\in\alpha\partial\tau\psi(\boldsymbol{x}^*)$$

这又等价于$\boldsymbol{x}^*=\operatorname{prox}_{\alpha\tau\psi}\left(\boldsymbol{x}^*-\alpha\nabla f(\boldsymbol{x}^*)\right)$．

当f为强凸函数时，近端梯度法的线性收敛可以通过与投影梯度法类似的方式推导出来．事实上，我们只需要调用近端算子的非扩展属性（见命题 8.19），然后按照 7.3.3 节中的结论来获得以下结果．

命题 9.4　令f是具有L利普希茨梯度和凸性模$m>0$的强凸函数，并且ψ是凸函数．令$\boldsymbol{x}^*$为$\phi=f+\tau\psi$的唯一最小值点．然后用步长$\dfrac{2}{m+L}$进行近端梯度法的迭代：

$$\|\boldsymbol{x}^k-\boldsymbol{x}^*\|\leqslant\left(\frac{\kappa-1}{\kappa+1}\right)^k\|\boldsymbol{x}^0-\boldsymbol{x}^*\| \tag{9.14}$$

其中，$\kappa=L/m$．

一般凸函数的收敛性分析更为精细．接下来我们将展示，与平滑凸函数的情况一样，$1/T$ 的速率也可以实现．

凸函数f的收敛速率

我们将证明式（9.12）以次线性速率收敛于凸函数f，对于固定步长$\alpha_k=1/L$，其梯度满足具有利普希茨常数L的利普希茨连续性属性［见式（2.7）］．

证明利用了一个“梯度映射”，它定义为

$$G_\alpha(\boldsymbol{x}):=\frac{1}{\alpha}\left(\boldsymbol{x}-\operatorname{prox}_{\alpha\tau\psi}\left(\boldsymbol{x}-\alpha\nabla f(\boldsymbol{x})\right)\right) \tag{9.15}$$

通过与式（9.12）比较，我们看到该映射定义了迭代k所采取的步骤：

$$\boldsymbol{x}^{k+1}=\boldsymbol{x}^k-\alpha_k G_{\alpha_k}(\boldsymbol{x}^k)\Leftrightarrow G_{\alpha_k}=\frac{1}{\alpha_k}(\boldsymbol{x}^k-\boldsymbol{x}^{k+1}) \tag{9.16}$$

以下引理揭示了$G_\alpha(\boldsymbol{x})$的一些有用性质．

引理 9.5　假设在式（9.11）中，ψ是一个闭凸函数，并且f是在$\mathbf{R}^n$上具有利普希茨连续梯度且具有利普希茨常数L的凸函数．那么对于式（9.15），其中，$\alpha>0$，以下结论成立：

（a）$G_\alpha(\boldsymbol{x})\in\nabla f(\boldsymbol{x})+\tau\partial\psi\left(\boldsymbol{x}-\alpha G_\alpha(\boldsymbol{x})\right)$

（b）对于任意$\boldsymbol{z}$和任意$\alpha\in(0,1/L]$，我们有

$$\phi\left(\boldsymbol{x}-\alpha G_\alpha(\boldsymbol{x})\right)\leqslant\phi(\boldsymbol{z})+G_\alpha(\boldsymbol{x})^{\mathrm{T}}(\boldsymbol{x}-\boldsymbol{z})-\frac{\alpha}{2}\|G_\alpha(\boldsymbol{x})\|^2$$

证明　对于（a）部分，我们用近端算子的以下最优性：

$$\mathbf{0}\in\lambda\partial h\left(\operatorname{prox}_{\lambda h}(\boldsymbol{x})\right)+\left(\operatorname{prox}_{\lambda h}(\boldsymbol{x})-\boldsymbol{x}\right)$$

我们进行代换：用$\boldsymbol{x}-\alpha\nabla f(\boldsymbol{x})$代替$\boldsymbol{x}$，用$\alpha$代替$\lambda$，用$\tau\psi$代替$h$，以获得$\mathbf{0}\in\alpha\tau\partial\psi\left(\operatorname{prox}_{\alpha\tau\psi}\left(\boldsymbol{x}-\alpha\nabla f(\boldsymbol{x})\right)\right)+(\operatorname{prox}_{\alpha\tau\psi}\left(\boldsymbol{x}-\alpha\nabla f(\boldsymbol{x})\right)-\left(\boldsymbol{x}-\alpha\nabla f(\boldsymbol{x})\right)$．使用式（9.15）得到$\operatorname{prox}_{\alpha\tau\psi}\left(\boldsymbol{x}-\alpha\nabla f(\boldsymbol{x})\right)=\boldsymbol{x}-\alpha G_\alpha(\boldsymbol{x})$，然后得到

$$\mathbf{0}\in\alpha\tau\partial\psi\left(\boldsymbol{x}-\alpha G_\alpha(\boldsymbol{x})\right)-\alpha\left(G_\alpha(\boldsymbol{x})-\nabla f(\boldsymbol{x})\right)$$

除以α后，即得到想要的结果．

对于（b），我们从以下∇f的利普希茨连续性的结果开始，根据引理 2.2，有

$$f(\boldsymbol{y})\leqslant f(\boldsymbol{x})+\nabla f(\boldsymbol{x})^{\mathrm{T}}\left(\boldsymbol{y}-\boldsymbol{x}\right)+\frac{L}{2}\|\boldsymbol{y}-\boldsymbol{x}\|^2$$

通过设$\boldsymbol{y}=\boldsymbol{x}-\alpha G_\alpha(\boldsymbol{x})$，其中，$\alpha\in(0,1/L]$，我们得到

$$\begin{aligned}f\left(\boldsymbol{x}-\alpha G_\alpha(\boldsymbol{x})\right)&\leqslant f(\boldsymbol{x})-\alpha G_\alpha(\boldsymbol{x})^{\mathrm{T}}\nabla f(\boldsymbol{x})+\frac{L\alpha^2}{2}\|G_\alpha(\boldsymbol{x})\|^2\\&\leqslant f(\boldsymbol{x})-\alpha G_\alpha(\boldsymbol{x})^{\mathrm{T}}\nabla f(\boldsymbol{x})+\frac{\alpha}{2}\|G_\alpha(\boldsymbol{x})\|^2\end{aligned}\tag{9.17}$$

（第二个不等式使用$\alpha\in(0,1/L]$．）根据f的凸性和ψ，对于任意$\boldsymbol{z}$和任意$\boldsymbol{v}\in\partial\psi\left(\boldsymbol{x}-\alpha G_\alpha(\boldsymbol{x})\right)$，如下不等式都成立：

$$\begin{aligned}f(\boldsymbol{z})&\geqslant f(\boldsymbol{x})+\nabla f(\boldsymbol{x})^{\mathrm{T}}(\boldsymbol{z}-\boldsymbol{x})\\\psi(\boldsymbol{z})&\geqslant\psi\left(\boldsymbol{x}-\alpha G_\alpha(\boldsymbol{x})\right)+\boldsymbol{v}^{\mathrm{T}}\left(\boldsymbol{z}-\left(\boldsymbol{x}-\alpha G_\alpha(\boldsymbol{x})\right)\right)\end{aligned}\tag{9.18}$$

由（a）部分知，$\boldsymbol{v}=\left[\left(G_\alpha(\boldsymbol{x})-\nabla f(\boldsymbol{x})\right)/\tau\right]\in\partial\psi\left(\boldsymbol{x}-\alpha G_\alpha(\boldsymbol{x})\right)$，因此，通过将$\boldsymbol{v}$代入式

（9.18）中，并使用式（9.17），对于任意$\alpha \in (0,1/L]$，都有

$$\begin{aligned}
&\phi\left(\boldsymbol{x}-\alpha G_\alpha(\boldsymbol{x})\right) \\
&\quad = f\left(\boldsymbol{x}-\alpha G_\alpha(\boldsymbol{x})\right)+\tau\psi\left(\boldsymbol{x}-\alpha G_\alpha(\boldsymbol{x})\right) \\
&\quad \leqslant f(\boldsymbol{x})-\alpha G_\alpha(\boldsymbol{x})^{\mathrm{T}}\nabla f(\boldsymbol{x})+\frac{\alpha}{2}\| G_\alpha(\boldsymbol{x})\|^2+\tau\psi\left(\boldsymbol{x}-\alpha G_\alpha(\boldsymbol{x})\right) \\
&\quad \leqslant f(\boldsymbol{z})+\nabla f(\boldsymbol{x})^{\mathrm{T}}(\boldsymbol{x}-\boldsymbol{z})-\alpha G_\alpha(\boldsymbol{x})^{\mathrm{T}}\nabla f(\boldsymbol{x})+\frac{\alpha}{2}\| G_\alpha(\boldsymbol{x})\|^2+ \\
&\qquad \tau\psi(\boldsymbol{z})+\left(G_\alpha(\boldsymbol{x})-\nabla f(\boldsymbol{x})\right)^{\mathrm{T}}\left(\boldsymbol{x}-\alpha G_\alpha(\boldsymbol{x})-\boldsymbol{z}\right) \\
&\quad = f(\boldsymbol{z})+\tau\psi(\boldsymbol{z})+G_\alpha(\boldsymbol{x})^{\mathrm{T}}(\boldsymbol{x}-\boldsymbol{z})-\frac{\alpha}{2}\| G_\alpha(\boldsymbol{x})\|^2
\end{aligned}$$

其中，第一个不等式来自式（9.17），第二个不等式来自式（9.18），最后的等式来自取消前面一行的几项．因此，（b）得证． ■

定理 9.6 假设在式（9.11）中，ψ是一个闭凸函数，并且f是凸函数，在$\mathbf{R}^n$上具有利普希茨连续梯度，具有利普希茨常数L. 假设式（9.11）具有一个极小值点$\boldsymbol{x}^*$（不一定是唯一的），它对应最佳目标函数值ϕ^*．那么，如果对于式（9.12）中的所有k都有$\alpha_k = 1/L$，我们有$\{\phi(\boldsymbol{x}^k)\}$是一个递减序列，并且

$$\phi(\boldsymbol{x}^k)-\phi^* \leqslant \frac{L\|\boldsymbol{x}^0-\boldsymbol{x}^*\|^2}{2k},\quad k=1,2,\cdots$$

证明 由于$\alpha_k = 1/L$满足引理 9.5 的条件，我们可以使用引理 9.5 的（b）部分来表明序列$\{\phi(\boldsymbol{x}^k)\}$是递减的，并且与最优解$\boldsymbol{x}^*$的距离在每次迭代时也会减小．在引理 9.5 中设$\boldsymbol{x}=\boldsymbol{z}=\boldsymbol{x}^k$以及$\alpha=\alpha^k$，并且根据式（9.16），我们有

$$\phi(\boldsymbol{x}^{k+1})=\phi\left(\boldsymbol{x}^k-\alpha_k G_{\alpha_k}(\boldsymbol{x}^k)\right)\leqslant \phi(\boldsymbol{x}^k)-\frac{\alpha_k}{2}\| G_{\alpha_k}(\boldsymbol{x}^k)\|^2$$

由此证明第一个结论的合理性．对于第二个结论，我们通过在引理 9.5 中设$\boldsymbol{x}=\boldsymbol{x}^k$，$\alpha=\alpha_k$和$\boldsymbol{z}=\boldsymbol{x}^*$，有

$$\begin{aligned}
0\leqslant \phi(\boldsymbol{x}^{k+1})-\phi^* &= \phi\left(\boldsymbol{x}^k-\alpha_k G_{\alpha_k}(\boldsymbol{x}^k)\right)-\phi^* \\
&\leqslant G_{\alpha_k}(\boldsymbol{x}^k)^{\mathrm{T}}(\boldsymbol{x}^k-\boldsymbol{x}^*)-\frac{\alpha_k}{2}\| G_{\alpha_k}(\boldsymbol{x}^k)\|^2 \\
&= \frac{1}{2\alpha_k}\left(\|\boldsymbol{x}^k-\boldsymbol{x}^*\|^2-\|\boldsymbol{x}^k-\boldsymbol{x}^*-\alpha_k G_{\alpha_k}(\boldsymbol{x}^k)\|^2\right) \\
&= \frac{1}{2\alpha_k}\left(\|\boldsymbol{x}^k-\boldsymbol{x}^*\|^2-\|\boldsymbol{x}^{k+1}-\boldsymbol{x}^*\|^2\right)
\end{aligned} \tag{9.19}$$

由此可以得出$\| \boldsymbol{x}^{k+1} - \boldsymbol{x}^* \| \leqslant \| \boldsymbol{x}^k - \boldsymbol{x}^* \|$.

通过在式（9.19）中设$\alpha_k = 1/L$，并对$k = 0,1,2,\cdots,K-1$求和，我们从右边的一个可伸缩总和中得到

$$\sum_{k=0}^{K-1}\left(\phi(\boldsymbol{x}^{k+1}) - \phi^*\right) \leqslant \frac{L}{2}\left(\| \boldsymbol{x}^0 - \boldsymbol{x}^* \|^2 - \| \boldsymbol{x}^K - \boldsymbol{x}^* \|^2\right) \leqslant \frac{L}{2} \| \boldsymbol{x}^0 - \boldsymbol{x}^* \|^2$$

由于$\{\phi(\boldsymbol{x}^k)\}$是单调递减的，我们有

$$K\left(\phi(\boldsymbol{x}^K) - \phi^*\right) \leqslant \sum_{k=0}^{K-1}\left(\phi(\boldsymbol{x}^{k+1}) - \phi^*\right)$$

通过组合最后两个表达式，就可以立即得到结果. ■

9.4　结构化非平滑函数的近端坐标下降法

坐标下降法和近端梯度法可以结合使用，且以相当直接的方式应用于可分离的有以下形式的正则化目标函数：

$$\min_{\boldsymbol{x} \in \mathbf{R}^n} h(\boldsymbol{x}) := f(\boldsymbol{x}) + \lambda \sum_{i=1}^{n} \Omega_i(\boldsymbol{x}_i) \tag{9.20}$$

其中，f是凸函数，并且每个正则化项$\Omega_i : \mathbf{R} \to \mathbf{R}$是凸函数，但有可能是非平滑的. 镜像近端梯度法，代替沿坐标i_k的步骤［见式（6.2）］，我们通过解决以下标量子问题得到下一个迭代结果：

$$\chi^k := \arg\min_{\chi} (\chi - x_{i_k}^k)^{\mathrm{T}} \nabla_{i_k} f(\boldsymbol{x}^k) + \frac{1}{2\alpha_k}\left|\chi - x_{i_k}^k\right|^2 + \lambda \Omega_{i_k}(\chi) \tag{9.21}$$

我们认为

$$x_i^{k+1} = \operatorname{prox}_{\alpha\lambda\Omega_{i_k}}\left(x_i^k - \alpha_k \nabla_{i_k} f(\boldsymbol{x}^k)\right) \tag{9.22}$$

在本节中，我们将证明随机 CD 法的结果，该方法将式（9.21）、式（9.22）应用于在每次迭代中从$\{1,2,\cdots,n\}$中随机均匀选择的分量i_k. 我们使用 Richtarik 和 Takac（2014）的分析的简化版本来证明强凸f情况的结果. 它利用了以下假设.

假设 1　式（9.20）中的函数f是均匀利普希茨连续可微的并且具有凸性模$m > 0$的强凸函数［见式（2.18）］. 函数$\Omega_i\left(i = 1,2,\cdots,n\right)$是凸函数.

在此假设下，h 在唯一点$\boldsymbol{x}^*$处达到其最小值h^*.

我们的结果使用式（6.5）中定义的∇f的坐标利普希茨常数$L_{\max}$. 注意，f的凸性模 m 也是 h 的凸性模 . 通过凸函数的基本结果，我们有

$$h\left(\alpha\boldsymbol{x}+(1-\alpha)\boldsymbol{y}\right)\leqslant\alpha h(\boldsymbol{x})+(1-\alpha)h(\boldsymbol{y})-\frac{1}{2}m\alpha(1-\alpha)\|\boldsymbol{x}-\boldsymbol{y}\|^2 \tag{9.23}$$

定理 9.7　假设假设 1 成立 . 假设式（9.21）中的索引i_k对于每个 k 都是独立地从$\{1,2,\cdots,n\}$中均匀选择的，并且$\alpha_k\equiv 1/L_{\max}$. 那么对于所有$k\geqslant 0$，我们都有

$$E\left(h(\boldsymbol{x}^k)\right)-h^*\leqslant\left(1-\frac{m}{nL_{\max}}\right)^k\left(h(\boldsymbol{x}^0)-h^*\right) \tag{9.24}$$

证明　定义函数

$$H(\boldsymbol{x}^k,\boldsymbol{z}):=f(\boldsymbol{x}^k)+\nabla f(\boldsymbol{x}^k)^{\mathrm{T}}(\boldsymbol{z}-\boldsymbol{x}^k)+\frac{1}{2}L_{\max}\|\boldsymbol{z}-\boldsymbol{x}^k\|^2+\lambda\Omega(\boldsymbol{z})$$

注意这个函数在 $\boldsymbol{z}$ 的分量中是可分离的，并且在向量$\boldsymbol{z}^k$处达到其在 $\boldsymbol{z}$ 上的最小值，向量$\boldsymbol{z}^k$的i_k分量在式（9.21）中定义 . 注意，根据强凸性［见式（2.18）］，我们有

$$\begin{aligned}H(\boldsymbol{x}^k,\boldsymbol{z})&\leqslant f(\boldsymbol{z})-\frac{1}{2}m\|\boldsymbol{z}-\boldsymbol{x}^k\|^2+\frac{1}{2}L_{\max}\|\boldsymbol{z}-\boldsymbol{x}^k\|^2+\lambda\Omega(\boldsymbol{z})\\&=h(\boldsymbol{z})+\frac{1}{2}\left(L_{\max}-m\right)\|\boldsymbol{z}-\boldsymbol{x}^k\|^2\end{aligned} \tag{9.25}$$

通过关于 $\boldsymbol{z}$ 最小化这个表达式的两边，我们得到

$$\begin{aligned}H(\boldsymbol{x}^k,\boldsymbol{z}^k)&=\min_{\boldsymbol{z}}H(\boldsymbol{x}^k,\boldsymbol{z})\\&\leqslant\min_{\boldsymbol{z}}h(\boldsymbol{z})+\frac{1}{2}\left(L_{\max}-m\right)\|\boldsymbol{z}-\boldsymbol{x}^k\|^2\\&\leqslant\min_{\alpha\in[0,1]}h\left(\alpha\boldsymbol{x}^*+(1-\alpha)\boldsymbol{x}^k\right)+\frac{1}{2}(L_{\max}-m)\alpha^2\|\boldsymbol{x}^k-\boldsymbol{x}^*\|^2\\&\leqslant\min_{\alpha\in[0,1]}\alpha h^*+(1-\alpha)h(\boldsymbol{x}^k)+\\&\quad\frac{1}{2}\left[(L_{\max}-m)\alpha^2-m\alpha(1-\alpha)\right]\|\boldsymbol{x}^k-\boldsymbol{x}^*\|^2\\&\leqslant\frac{m}{L_{\max}}h^*+\left(1-\frac{m}{L_{\max}}\right)h(\boldsymbol{x}^k)\end{aligned} \tag{9.26}$$

其中，我们将式（9.25）用于第一个不等式，式（9.23）用于第三个不等式，并将特定值$\alpha=m/L_{\max}$用于第四个不等式（对于该值，$\|\boldsymbol{x}^k-\boldsymbol{x}^*\|^2$的系数消失）. 通过在索引$i_k$上取$h(\boldsymbol{x}^{k+1})$的期望值，我们有

$$
\begin{aligned}
E_{i_k} h(\boldsymbol{x}^{k+1}) &= \frac{1}{n}\sum_{i=1}^{n}\left[f\left(\boldsymbol{x}^k + (z_i^k - x_i^k)\boldsymbol{e}_i\right) + \lambda\Omega_i\left(z_i^k\right) + \lambda\sum_{j\neq i}\Omega_j(x_j^k)\right] \\
&\leqslant \frac{1}{n}\sum_{i=1}^{n}\Big\{ f(\boldsymbol{x}^k) + \left[\nabla f(\boldsymbol{x}^k)\right]_i (z_i^k - x_i^k) + \frac{1}{2}L_{\max}(z_i^k - x_i^k)^2 + \\
&\quad \lambda\Omega_i(z_i^k) + \lambda\sum_{j\neq i}\Omega_j(x_j^k)\Big\} \\
&= \frac{n-1}{n}h(\boldsymbol{x}^k) + \frac{1}{n}\left[f(\boldsymbol{x}^k) + \nabla f(\boldsymbol{x}^k)^{\mathrm{T}}(\boldsymbol{z}^k - \boldsymbol{x}^k) + \frac{1}{2}L_{\max}\|\boldsymbol{z}^k - \boldsymbol{x}^k\|^2 + \lambda\Omega(\boldsymbol{z}^k)\right] \\
&= \frac{n-1}{n}h(\boldsymbol{x}^k) + \frac{1}{n}H(\boldsymbol{x}^k, \boldsymbol{z}^k)
\end{aligned}
$$

通过从这个表达式的两边减去h^*，并用式（9.26）代入$H(\boldsymbol{x}^k,\boldsymbol{z}^k)$，我们得到

$$
E_{i_k} h(\boldsymbol{x}^{k+1}) - h^* \leqslant \left(1 - \frac{m}{nL_{\max}}\right)\left(h(\boldsymbol{x}^k) - h^*\right)
$$

通过对这个表达式两边关于随机索引$i_0, i_1, i_2, \cdots, i_{k-1}$取期望，我们得到

$$
E\left(h(\boldsymbol{x}^{k+1})\right) - h^* \leqslant \left(1 - \frac{m}{nL_{\max}}\right)\left(E\left(h(\boldsymbol{x}^k)\right) - h^*\right)
$$

通过以上公式的递归应用，得到结果．■

对于f是凸函数，但不是强凸函数的情况，可以证明与式（6.7）类似的结果，但有一些方法上的复杂问题．详情请参考 Richtarik 和 Takac（2014）．

9.5 近端点法

Rockafellar（1976b）的近端点法是解决如下问题的基本方法：

$$
\min_{\boldsymbol{x}\in\mathbf{R}^n} \psi(\boldsymbol{x}) \tag{9.27}
$$

其中，ψ是凸函数．迭代是从以下定义得到的：

$$
\boldsymbol{x}^{k+1} := \arg\min_{z} \psi(z) + \frac{1}{2\alpha_k}\|\boldsymbol{z} - \boldsymbol{x}^k\|^2 = \operatorname{prox}_{\alpha_k\psi}(\boldsymbol{x}^k) \tag{9.28}
$$

其中，$\alpha_k > 0$是步长参数．请注意，不需要ψ是平滑的．式（9.27）是式（9.11）的一个特例，其中，我们设f=0 和$\tau = 1$．因此我们可以将收敛结果作为 9.3 节结果的推论．

式（9.28）中要解决的近点法的子问题包含原始目标函数ψ，因此看起来与原始问题一样难以解决．然而，式（9.28）中的二次正则化项起着重要的稳定作用．在重要的

特殊情况下（例如，10.5 节中描述的增广拉格朗日函数法），它的存在可以使解决近端子问题［见式（9.28）］比解决原始问题［见式（9.27）］更容易 .

因为式（9.27）中没有平滑部分 f［当我们比较式（9.11）和式（9.27）中的目标函数时］，所以对步长 α_k 没有限制 . 在式（9.28）的恒定步长变体中，我们对任意 $\alpha>0$，可以固定 $\alpha_k\equiv\alpha$ 并在定理 9.6 中设 $L=1/\alpha$ 以获得以下收敛结果 .

定理 9.8　假设 ψ 是一个闭凸函数，并且式（9.27）有一个具有最优目标值 ψ^* 的最小值点 $\boldsymbol{x}^*$（不一定是唯一的）. 那么，如果对于式（9.28）中的所有 k，$\alpha_k=\alpha>0$，我们有

$$\psi(\boldsymbol{x}^k)-\psi^*\leqslant\frac{\|\boldsymbol{x}^0-\boldsymbol{x}^*\|^2}{2\alpha k},\ k=1,2,\cdots$$

我们再次观察一个次线性收敛速率 $1/k$，其中的常数项与 α 成反比 . 对 α 的依赖有直观的意义 . 如果 α 被选得很大，式（9.28）中的二次正则化是温和的，收敛表达式中的常数因子 $\|\boldsymbol{x}^0-\boldsymbol{x}^*\|^2/(2\alpha)$ 很小 . 在极端情况下，当 $\alpha\to\infty$ 时，正则化的影响消失了，式（9.28）的方法几乎一步就收敛 . 这并不奇怪，因为在这种情况下，式（9.28）接近于原始问题［见式（9.27）］. 当 α 较小，二次正则化更显著时，收敛式中的常数也相应较大，因此以迭代次数衡量，整体收敛速率较慢 . 然而，在后一种情况下，每个子问题可能更容易解决，因为我们利用子问题的强凸性，并且可以把一个子问题的近似解作为后面子问题的“热启动”. 总之，参数 α 的最佳选择将在很大程度上取决于 ψ 的结构 .

注释和参考

捆绑法是由 Lemaréchal（1975）和 Wolfe（1975）提出的 . 在接下来的几年里，它们得到了广泛的研究和发展，包括 Kiwiel（1990）和 Lemaréchal 等人（1995）的一些重要贡献 . Teo 等人（2010）描述了在机器学习中应用捆绑法来解决正则化优化问题的方法 .

我们在 9.3 节中使用的是凸优化情况下近端梯度法的收敛性证明，该证明来自 Vandenberghe（2016）在其“近端梯度法”讲座的幻灯片 .

Wright 等人（2009）介绍了近端梯度法在压缩感知中的应用 . Beck 和 Teboulle（2009）则对近端梯度法的加速版本进行了著名的描述 .

习题

1. 令 $\{\alpha_k\}_{k=1,2,\cdots}$ 为一个正数序列，当 $T\to\infty$ 时，$\alpha_k\downarrow 0$ 但 $\sum_{k=1}^{T}\alpha_k\uparrow\infty$. 证明：

$$\frac{\sum_{j=1}^{T}\alpha_j^2}{\sum_{j=1}^{T}\alpha_j} \to 0,\ T \to \infty$$

2. 考虑形式为$\alpha_k = \theta / k^p$的步长递减的次梯度法，对于（0,1）范围内的某个固定的p值 . 使用 9.2 节的方法，在$f(\bar{\boldsymbol{x}}^T) - f(\boldsymbol{x}^*)$上找到一个可以概括式（9.10）的界 . 验证$p = 1/2$可以产生对于$p \in (0,1)$最严格的界 .

3. 定义$f(x,y) := |x-y| + 0.1(x^2 + y^2)$.

（a）证明f是凸的 .

（b）计算f在任意点（x,y）的次微分 .

（c）考虑从点$(x_0, y_0) = (1,1)$开始的坐标下降法 . 确定算法收敛到哪一点并给出解释 . 从这个例子中，对于非平滑函数的坐标下降法，你能得出什么结论？

4. 令f为强凸函数，凸性模为m并具有L利普希茨梯度 . 定义函数

$$f_m(\boldsymbol{x}) := f(\boldsymbol{x}) - \frac{m}{2}\|\boldsymbol{x}\|_2^2$$

（a）证明：f_m是凸函数，且具有$L-m$利普希茨梯度 .

（b）写出函数$f_m(\boldsymbol{x}) + \frac{m}{2}\|\boldsymbol{x}\|^2$的近端梯度算法，其中，我们将$f_m$视为“平滑”部分，将$\frac{m}{2}\|\cdot\|^2$视为“凸但不一定平滑”部分 .

（c）是否存在步长α，使得这个近端梯度算法具有与应用于f的固定步长（可能不同的值）的梯度下降法相同的迭代次数？请给出解释 .

（d）求近端梯度法的步长，使得

$$\|\boldsymbol{x}^k - \boldsymbol{x}^*\| \leqslant \left(1 - \frac{m}{L}\right)\|\boldsymbol{x}^{k-1} - \boldsymbol{x}^*\|$$

其中，$\boldsymbol{x}^*$是f的唯一极小值点 .

第 10 章

对偶性和算法

迄今为止，我们已经讨论了针对简单集合的优化问题——这些集合很容易最小化线性目标函数或计算欧几里得投影．我们所描述的方法具有强大的理论性质，通常表现出良好的性能．但在许多情况下，这些方法不能很好地扩展到具有更复杂结构的可行集上，例如，当这些集合是交集或者是通过代数等价或不等价方式隐含定义时．在本章中，我们将探讨利用对偶性来获得在这种情况下可能表现更好的各类优化方法．对于任何约束优化问题，对偶性都定义了一个相应的凹面最大化问题——对偶问题——它的解提供了原始问题最优值的下界．实际上，在适度的假设下，我们可以通过先解决对偶问题来解决原始问题（在此也称为主要问题）．虽然有大量关于约束优化的一般方法的文献，但我们强调利用对偶性的方法，并建立在前几章研究的算法基础之上．

我们首先讨论在可行集Ω是超平面和闭凸集χ的交点的问题中如何产生二重性．我们将引入拉格朗日函数并讨论这种形式的约束问题的最优性条件．然后，我们提出两种基于拉格朗日函数的方法来解决这种类型的问题．最后，我们介绍几个特别适合使用这些算法的相关问题．

10.1 二次惩罚函数

对于具有集合约束$\boldsymbol{x} \in \mathcal{X}$和线性等式约束$\boldsymbol{A}\boldsymbol{x}=\boldsymbol{b}$的优化问题，考虑以下公式：

$$\begin{aligned} &\min_{\boldsymbol{x}} f(\boldsymbol{x}) \\ &\text{约束条件：} \boldsymbol{A}\boldsymbol{x}=\boldsymbol{b}, \boldsymbol{x} \in \mathcal{X} \end{aligned} \tag{10.1}$$

这里，$\mathcal{X}$是一个闭凸集；$f: \mathbf{R}^n \to \mathbf{R}$是可微的；$\boldsymbol{A} \in \mathbf{R}^{m \times n}$具有行满秩 m（因此，$m \leqslant n$）．我们在第 7 章中描述了仅存在集合包含约束的情况的一阶方法．添加等式约束使事情变

得复杂．

处理等式约束的一种方法是通过惩罚将其移动到目标函数中．也就是说，当违反约束时，我们在目标函数中添加一个正项，更大的违反会受到更大的惩罚．一种简单形式的惩罚是二次惩罚，它得出了式（10.1）的以下近似：

$$\min_{x\in\mathcal{X}} f(\boldsymbol{x})+\frac{1}{2\alpha}\|\boldsymbol{Ax}-\boldsymbol{b}\|^2 \tag{10.2}$$

其中，$\alpha>0$是惩罚项．随着α趋于零，违反约束$\boldsymbol{Ax}=\boldsymbol{b}$的惩罚变得更加严重，因此，式（10.2）的解会更接近于满足该约束．

求解式（10.1）的一种直观方法是用较大的α值求解式（10.2）以产生最小值点$\boldsymbol{x}^*(\alpha)$．然后减小α的值（例如，减少2或5倍）并再次求解式（10.2），从在先前α值处获得的解“热启动”．一般来说，当$\alpha\downarrow 0$时，我们有$\boldsymbol{Ax}^*(\alpha)-\boldsymbol{b}\to 0$．在极限中，当$\alpha\downarrow 0$时，我们希望$\boldsymbol{x}(\alpha)$接近式（10.1）的解．

我们可以通过考虑以下惩罚min-max问题（也称为鞍点问题），使式（10.2）和式（10.1）之间的关系更加清晰：

$$\min_{x\in\mathcal{X}}\max_{\lambda\in\mathbf{R}^m} f(\boldsymbol{x})-\boldsymbol{\lambda}^{\mathrm{T}}(\boldsymbol{Ax}-\boldsymbol{b})-\frac{\alpha}{2}\|\boldsymbol{\lambda}\|^2 \tag{10.3}$$

为了证明该问题等价于式（10.2），请注意我们可以显式地对$\boldsymbol{\lambda}$进行最大化，因为该函数在$\boldsymbol{\lambda}$上是强凹的，并且具有简单的黑塞矩阵．最优值是$\boldsymbol{\lambda}=-(\boldsymbol{Ax}-\boldsymbol{b})/\alpha$．通过将这个值代入式（10.3），我们得到式（10.2）．

在式（10.3）中，当$\alpha=0$时，我们有

$$\min_{x\in\mathcal{X}}\max_{\lambda\in\mathbf{R}^m} f(\boldsymbol{x})-\boldsymbol{\lambda}^{\mathrm{T}}(\boldsymbol{Ax}-\boldsymbol{b}) \tag{10.4}$$

这个问题等价于式（10.1）．注意，如果$\boldsymbol{Ax}\neq\boldsymbol{b}$，那么关于$\boldsymbol{\lambda}$的最大化是无穷的．另外，如果$\boldsymbol{Ax}=\boldsymbol{b}$，那么对于所有$\boldsymbol{\lambda}$，有$f(\boldsymbol{x})-\boldsymbol{\lambda}^{\mathrm{T}}(\boldsymbol{Ax}-\boldsymbol{b})=f(\boldsymbol{x})$，因此，在这种情况下，式（10.4）中关于$\boldsymbol{\lambda}$的内部最大化产生$f(\boldsymbol{x})$．因此，式（10.4）中的外部最小化仅需要考虑$\mathcal{X}$中$\boldsymbol{Ax}=\boldsymbol{b}$的点，并且在这些点的集合上最小化$f$. 式（10.4）是我们讨论对偶性的起点．

10.2　拉格朗日函数和对偶性

函数$\mathcal{L}:\mathbf{R}^n\times\mathbf{R}^m\to\mathbf{R}$定义为

$$\mathcal{L}(\boldsymbol{x},\boldsymbol{\lambda}):=f(\boldsymbol{x})-\boldsymbol{\lambda}^{\mathrm{T}}(\boldsymbol{Ax}-\boldsymbol{b}) \tag{10.5}$$

它称为拉格朗日函数（通常简称为拉格朗日），与约束优化问题［见式（10.1）］相关．这个函数经常出现在约束优化的理论和算法中，它用于对凸或非凸函数的约束优化问题建模．向量$\boldsymbol{\lambda}$被称为拉格朗日乘数，具体来说，它与约束$\boldsymbol{Ax}=\boldsymbol{b}$相关．正如我们在式（10.4）中看到的，问题

$$\min_{\boldsymbol{x}\in\mathcal{X}}\max_{\boldsymbol{\lambda}\in\mathbf{R}^m}\mathcal{L}(\boldsymbol{x},\boldsymbol{\lambda}) \tag{10.6}$$

等同于式（10.1）．当我们切换最小化和最大化的顺序时，我们得到了以下与式（10.1）相关的对偶问题：

$$\max_{\boldsymbol{\lambda}\in\mathbf{R}^m} q(\boldsymbol{\lambda}),\ \ q(\boldsymbol{\lambda}):=\min_{\boldsymbol{x}\in\mathcal{X}}\mathcal{L}(\boldsymbol{x},\boldsymbol{\lambda}) \tag{10.7}$$

在讨论对偶性时，我们经常将原始公式［见式（10.1）］称为主要问题．

注意，式（10.7）中定义的函数$q(\boldsymbol{\lambda})$始终是凹函数，可以从第一原理证明．因此，对偶问题是一个凹的最大化问题，无论f是否为凸函数或者$\mathcal{X}$是否为凸集．我们现在要说明，式（10.7）的解总是能降低原始问题［见式（10.1）］的最优目标函数值的范围．

命题 10.1　对于任意函数$\varphi(\boldsymbol{x},z)$，我们有

$$\min_{\boldsymbol{x}}\max_{z}\varphi(\boldsymbol{x},z)\geqslant\max_{z}\min_{\boldsymbol{x}}\varphi(\boldsymbol{x},z) \tag{10.8}$$

证明　该证明本质上是同义反复的．注意，我们总有

$$\varphi(\boldsymbol{x},z)\geqslant\min_{\boldsymbol{x}}\varphi(\boldsymbol{x},z)$$

通过对第二个参数进行最大化，我们得到

$$\max_{z}\varphi(\boldsymbol{x},z)\geqslant\max_{z}\min_{\boldsymbol{x}}\varphi(\boldsymbol{x},z)\text{，对于所有的 }\boldsymbol{x}$$

将这个表达式的左手边与$\boldsymbol{x}$有关的部分最小化，得到式（10.8）．■

当将命题 10.1 应用于式（10.6）和式（10.7）时，就会产生一个被称为弱对偶性的结果：函数q的最大值给出了式（10.1）中最优目标函数值的下界．（这两个值之间的差称为对偶性间隙．）如果式（10.8）为等式，即对偶性间隙为零，这个结果将特别有用．在这种情况下，了解对偶最大值将告诉我们原始问题［见式（10.1）］的最优值，因此，我们将知道何时要终止解决后一个问题的算法．然而，式（10.8）中的不等式可以是严格的，正如下面的例子所示．

例 10.2（Bertsekas et al., 2003, p. 203）　对于$\boldsymbol{x}\in\mathbf{R}^2$和$z\in\mathbf{R}$，定义

$$\varphi(\boldsymbol{x},z):=\exp\left(-\sqrt{x_1x_2}\right)+zx_1+I_X(\boldsymbol{x})+I_Z(z)$$

其中，I_X和I_Z是集合 X 和 Z 的指示函数，由$X=\{\boldsymbol{x}\in\mathbf{R}^2\mid\boldsymbol{x}\geqslant\mathbf{0}\}$和$Z=\{z\in\mathbf{R}\mid z\geqslant 0\}$定义．我们有

$$1=\min_{x}\max_{z}\varphi(\boldsymbol{x},z)>\max_{z}\min_{x}\varphi(\boldsymbol{x},z)=0 \tag{10.9}$$

我们将在后面看到，如果最小化问题是凸的，那么原始问题和对偶问题通常会达到相等的最优值（即对偶性间隙为零），并且我们能够从对偶问题的解中重构原始问题的最小值点．不过，即使在凸的情况下，也有例外：不等式仍然可以是严格的．

例 10.3（Todd，2001） 在半定规划中，我们使用的矩阵变量必须是对称半定的．我们还操作一个内积运算$\langle\cdot,\cdot\rangle$，它定义在两个$n\times n$对称矩阵 $\boldsymbol{X}$ 和 $\boldsymbol{Y}$ 上，如下所示：$\langle\boldsymbol{X},\boldsymbol{Y}\rangle=\sum_{i=1}^{n}\sum_{j=1}^{n}X_{ij}Y_{ij}$．考虑以下半定规划的拉格朗日函数：

$$\varphi(\boldsymbol{X},\boldsymbol{\lambda})=\langle\boldsymbol{C},\boldsymbol{X}\rangle-\lambda_1\left(\langle\boldsymbol{A}_1,\boldsymbol{X}\rangle-b_1\right)-\lambda_2\left(\langle\boldsymbol{A}_2,\boldsymbol{X}\rangle-b_2\right)+I_{\boldsymbol{X}\succeq\boldsymbol{O}} \tag{10.10}$$

其中，

$$\boldsymbol{X}=\begin{bmatrix}X_{11}&X_{12}&X_{13}\\X_{21}&X_{22}&X_{23}\\X_{31}&X_{32}&X_{33}\end{bmatrix},\ \boldsymbol{C}=\begin{bmatrix}0&0&0\\0&0&0\\0&0&1\end{bmatrix},$$

$$\boldsymbol{A}_1=\begin{bmatrix}1&0&0\\0&0&0\\0&0&0\end{bmatrix},\ \boldsymbol{A}_2=\begin{bmatrix}0&1&0\\1&0&0\\0&0&2\end{bmatrix}$$

并且$b_1=0$，$b_2=2$，其中，$\boldsymbol{X}\in\mathbf{R}^{3\times3}$，$\boldsymbol{\lambda}\in\mathbf{R}^2$．式（10.10）中的最后一项是半正定法锥的一个指示函数，也就是说，当 $\boldsymbol{X}$ 是半正定矩阵时，它等于零，其他情况下，它等于∞．通过将 $\boldsymbol{C}$，$\boldsymbol{A}_1$ 等的定义代入式（10.10），我们得到

$$\varphi(\boldsymbol{X},\boldsymbol{\lambda})=X_{33}-\lambda_1X_{11}-\lambda_2\left(2X_{12}+2X_{33}-2\right)+I_{\boldsymbol{X}\succeq\boldsymbol{O}} \tag{10.11}$$

考虑$\max_{\boldsymbol{\lambda}}\varphi(\boldsymbol{X},\boldsymbol{\lambda})$，注意，如果$\lambda_1$或$\lambda_2$的系数是非零的，则该值将是无穷的．(例如，如果$X_{11}<0$，我们可以令$\lambda_1\to+\infty$，以使$\varphi(\boldsymbol{X},\boldsymbol{\lambda})=\infty$．) 因此，在寻找$(\boldsymbol{X},\boldsymbol{\lambda})$以实现$\varphi(\boldsymbol{X},\boldsymbol{\lambda})$为有限值时，我们只需要考虑$X_{11}=0$和$X_{12}+X_{33}=1$，以及 $\boldsymbol{X}$ 为半正定矩阵．只有当$X_{11}=X_{12}=X_{13}=0$和$X_{33}=1$时，$\boldsymbol{X}$ 上的这些条件才得到满足．因此，我们有$\min_{\boldsymbol{X}}\max_{\boldsymbol{\lambda}}\varphi(\boldsymbol{X},\boldsymbol{\lambda})=1$．

在考虑$\max_{\boldsymbol{\lambda}}\min_{\boldsymbol{X}}\varphi(\boldsymbol{X},\boldsymbol{\lambda})$时，我们将式（10.11）重写为

$$\varphi(\boldsymbol{X},\boldsymbol{\lambda})=\langle \boldsymbol{X},\boldsymbol{S}\rangle+I_{X\succeq O},\quad \boldsymbol{S}=\begin{bmatrix}-\lambda_1 & -\lambda_2 & 0\\ -\lambda_2 & 0 & 0\\ 0 & 0 & 1-2\lambda_2\end{bmatrix}$$

如果 $\boldsymbol{S}$ 有一个负特征值 μ，对应的特征向量为 $\boldsymbol{v}$，我们有 $\langle \boldsymbol{v}\boldsymbol{v}^{\mathrm{T}},\boldsymbol{S}\rangle=\mu\|\boldsymbol{v}\|^2$，所以对于 $\beta>0$，通过设 $\boldsymbol{X}=\beta\boldsymbol{v}\boldsymbol{v}^{\mathrm{T}}$，我们得到，当 $\beta\uparrow\infty$ 时，$\varphi\left(\beta\boldsymbol{v}\boldsymbol{v}^{\mathrm{T}},\boldsymbol{\lambda}\right)=\mu\beta\|\boldsymbol{v}\|^2\downarrow-\infty$. 因此，对于使得 $\boldsymbol{S}$ 具有负特征值的任意 $\boldsymbol{\lambda}$，都无法获得 $\min\limits_{\boldsymbol{X}}\varphi\left(\boldsymbol{X},\boldsymbol{\lambda}\right)$ 关于 $\boldsymbol{\lambda}$ 的最大值 . 因此，我们有

$$\boldsymbol{S}=\begin{bmatrix}-\lambda_1 & -\lambda_2 & 0\\ -\lambda_2 & 0 & 0\\ 0 & 0 & 1-2\lambda_2\end{bmatrix}\succeq \boldsymbol{O}$$

仅当 $\lambda_2=0$ 且 $\lambda_1\leqslant 0$ 时才满足，对于这些值，我们有

$$\varphi(\boldsymbol{X},\boldsymbol{\lambda})=\boldsymbol{X}\,\boldsymbol{S}+I_{X\succeq O}=-\lambda_1X_{11}+X_{33}+I_{X\succeq O}$$

在 $\boldsymbol{X}$ 上的最小值是在 $\boldsymbol{X}=\mathbf{0}$ 处得到的，因此，我们有 $\max\limits_{\boldsymbol{\lambda}}\min\limits_{\boldsymbol{X}}\varphi(\boldsymbol{X},\boldsymbol{\lambda})=0$.

总之，我们有

$$1=\min_{\boldsymbol{X}}\max_{\boldsymbol{\lambda}}\varphi(\boldsymbol{X},\boldsymbol{\lambda})>\max_{\boldsymbol{\lambda}}\min_{\boldsymbol{X}}\varphi(\boldsymbol{X},\boldsymbol{\lambda})=0$$

因此，对于 φ 的这种选择，命题 10.1 中的不等式是严格的 .

在 10.3 节中，我们将明确当从约束优化问题［见式（10.1）］中得到 φ 时，式（10.8）等号成立的条件 .

10.3 一阶最优性条件

在本节中，我们将描述式（10.1）所示的约束优化问题的解所满足的代数和几何条件 . 这样的问题具有“可检验”条件，使我们能够识别解并构建实用算法 . 这些条件与式（10.5）的驻点有关 . 在下一节中，我们将描述寻找满足这些最优性条件的点的算法 .

我们将基于基本的一阶最优性条件进行构建，例如，针对问题 $\min\limits_{\boldsymbol{x}\in\Omega}f(\boldsymbol{x})$ 在 Ω 闭凸集情况下所证明的定理 7.2 中的条件，即 $-\nabla f(\boldsymbol{x}^*)\in N_\Omega(\boldsymbol{x}^*)$. 对于 $\Omega=\mathcal{X}\cap\{\boldsymbol{x}\mid \boldsymbol{A}\boldsymbol{x}=\boldsymbol{b}\}$［见式（10.1）］的情况，法锥有一个特殊的结构，当特征化时，可以得到最优性条件 . 下

面的结果描述了这一特征，它使用了式（A.3）中集合 C 的相对内部的定义［用 $\mathrm{ri}(C)$ 表示］.

定理 10.4　假设 $\mathcal{X}\in\mathbf{R}^n$ 是一个闭凸集并且对于某个 $\boldsymbol{A}\in\mathbf{R}^{m\times n}$ 和 $\boldsymbol{b}\in\mathbf{R}^m$，有 $\mathcal{A}:=\{\boldsymbol{x}\mid\boldsymbol{A}\boldsymbol{x}=\boldsymbol{b}\}$，并定义 $\Omega:=\mathcal{X}\cap\mathcal{A}$. 那么对于任意 $\boldsymbol{x}\in\Omega$，我们有

$$N_{\Omega}(\boldsymbol{x})\supset N_{\mathcal{X}}(\boldsymbol{x})+\{\boldsymbol{A}^{\mathrm{T}}\boldsymbol{\lambda}\mid\boldsymbol{\lambda}\in\mathbf{R}^m\} \tag{10.12}$$

此外，如果集合 $\mathrm{ri}(\mathcal{X})\cap\mathcal{A}$ 是非空的，那么这个结果的等式成立，也就是说，

$$N_{\Omega}(\boldsymbol{x})=N_{\mathcal{X}}(\boldsymbol{x})+\{\boldsymbol{A}^{\mathrm{T}}\boldsymbol{\lambda}\mid\boldsymbol{\lambda}\in\mathbf{R}^m\} \tag{10.13}$$

这个结果的证明在附录（见定理 A.18）中提供. 我们用一个例子来证明假设 $\mathrm{ri}(\mathcal{X})\cap\mathcal{A}\neq\varnothing$ 对于式（10.13）中“$\subset$”包含关系的必要性. 考虑

$$\mathcal{X}=\{\boldsymbol{x}\in\mathbf{R}^2\mid\|\boldsymbol{x}\|_2\leqslant 1\},\ \boldsymbol{A}=\begin{bmatrix}0 & 1\end{bmatrix},\ \boldsymbol{b}=[1]$$

其中，$\mathrm{ri}(\mathcal{X})\cap\mathcal{A}=\varnothing$ 以及 $\Omega=\mathcal{X}\cap\mathcal{A}=(0,1)^{\mathrm{T}}$. 我们有 $N_{\Omega}\left((0,1)^{\mathrm{T}}\right)=\mathbf{R}^2$，而

$$N_{\mathcal{X}}\left((0,1)^{\mathrm{T}}\right)+\{\boldsymbol{A}^{\mathrm{T}}\lambda\mid\lambda\in\mathbf{R}\}=\{(0,\tau)^{\mathrm{T}}\mid\tau\in\mathbf{R}\}$$

所以式（10.13）中的左手集是右手集的超集.

条件 $\mathrm{ri}(\mathcal{X})\cap\mathcal{A}\neq\varnothing$ 是约束条件的一个示例. 这些条件经常出现在约束优化的理论中，特别是在优化条件的定义中. 从广义上讲，约束条件是指一个集合的局部几何——特别是它在某一点的法锥——被某种替代性的表示所准确捕获的条件，通常比几何更方便、更“算术”. 就前面定义的集合而言，在确定 $N_{\Omega}(\boldsymbol{x})$ 的归属时，式（10.13）右边的法锥表示比直接检查这个条件更容易使用.

使用定理 10.4，我们可以写出式（10.1）的一阶最优性条件.

定理 10.5　考虑式（10.1），其中，f 是连续可微的，$\mathcal{X}$ 是闭凸集，$\mathrm{ri}(\mathcal{X})\cap\mathcal{A}\neq\varnothing$，$\mathcal{A}=\{\boldsymbol{x}\mid\boldsymbol{A}\boldsymbol{x}=\boldsymbol{b}\}$. 如果 $\boldsymbol{x}^*$ 是式（10.1）的一个局部解，则存在 $\boldsymbol{\lambda}^*\in\mathbf{R}^m$ 使得

$$\boldsymbol{x}^*\in\Omega=\mathcal{X}\cap\mathcal{A},\quad -\nabla f(\boldsymbol{x}^*)+\boldsymbol{A}^{\mathrm{T}}\boldsymbol{\lambda}^*\in N_{\mathcal{X}}(\boldsymbol{x}^*) \tag{10.14}$$

证明　通过结合定理 7.2 和定理 10.4 可以得到证明，注意，Ω 是一个闭凸集.　■

我们接下来表明，当我们额外假设 f 是凸函数的时候，这个结果的逆命题也成立. 注意，对于这个结果，不需要假设 $\mathrm{ri}(\mathcal{X})\cap\mathcal{A}\neq\varnothing$.

定理 10.6　考虑式（10.1），其中，f 是连续可微的凸函数，$\mathcal{X}$ 是闭凸集. 如果存在 $\boldsymbol{\lambda}^*\in\mathbf{R}^m$，使得式（10.14）在某个 $\boldsymbol{x}^*$ 处成立，那么 $\boldsymbol{x}^*$ 是式（10.1）的一个局部解.

证明 根据定理 10.4 的第一部分，式（10.14）意味着$-\nabla f(\boldsymbol{x}^*)\in N_{\Omega}(\boldsymbol{x}^*)$. 然后可以应用定理 7.2 的第二部分来获得结果 . ■

下面是定理 10.5 和定理 10.6 的直接推论，适用于形如式（10.1）的约束性凸优化问题 .

推论 10.7 考虑式（10.1），其中，f是连续可微的凸函数，$\mathcal{X}$是闭凸集，且有$\mathrm{ri}(\mathcal{X})\cap\mathcal{A}\neq\varnothing$，$\mathcal{A}=\{\boldsymbol{x}\mid \boldsymbol{A}\boldsymbol{x}=\boldsymbol{b}\}$. 那么，式（10.14）是$\boldsymbol{x}^*$为式（10.1）的一个解的充分必要条件 .

例 10.8 考虑问题

$$\min_{x\in\mathbf{R}^n}\sum_{i=1}^{n}x_i$$

$$\text{约束条件：}\|\boldsymbol{x}\|_2\leqslant 1, x_1=1/2, x_2=1/2 \tag{10.15}$$

其中，$n\geqslant 3$. 请注意，我们可以消除变量x_1和x_2，并将问题等效地写为

$$\min_{x_3,x_4,\cdots,x_n}\sum_{i=3}^{n}x_i$$

$$\text{约束条件：}\sqrt{\sum_{i=3}^{n}x_i^2}\leqslant\frac{1}{\sqrt{2}} \tag{10.16}$$

通过使用定理 7.2，我们可以检验点

$$(x_3,x_4,\cdots,x_n)^{\mathrm{T}}=\frac{-1}{\sqrt{2(n-2)}}(1,1,\cdots,1)^{\mathrm{T}} \tag{10.17}$$

是式（10.16）的全局解 . 从这里能得到式（10.15）的解是

$$\boldsymbol{x}^*=\left(\frac{1}{2},\frac{1}{2},\frac{-1}{\sqrt{2(n-2)}},\frac{-1}{\sqrt{2(n-2)}},\dots,\frac{-1}{\sqrt{2(n-2)}}\right) \tag{10.18}$$

我们可以使用推论 10.7 来直接验证这一点的最优性，注意，式（10.15）具有式（10.1）的形式，其中，$\mathcal{X}=\left\{\boldsymbol{x}\in\mathbf{R}^n \mid \|\boldsymbol{x}\|_2\leqslant 1\right\}$且

$$\boldsymbol{A}=\begin{bmatrix}1&0&0&\cdots&0\\0&1&0&\cdots&0\end{bmatrix},\ \boldsymbol{b}=\begin{bmatrix}1/2\\1/2\end{bmatrix}$$

注意，条件$\mathrm{ri}(\mathcal{X})\cap\mathcal{A}\neq\varnothing$已经被满足，因为$\mathrm{ri}(\mathcal{X})=\{\boldsymbol{x}\in\mathbf{R}^n \mid \|\boldsymbol{x}\|_2<1\}$，且我们还有，例

如，$(1/2,1/2,0,0,\cdots,0)^{\mathrm{T}} \in \mathrm{ri}(\mathcal{X}) \cap \mathcal{A}$. 对于任意 $\boldsymbol{x}$，并且满足$\|\boldsymbol{x}\|=1$，对于任意$\alpha \geqslant 0$，我们有$N_{\mathcal{X}}(\boldsymbol{x})=\alpha \boldsymbol{x}$. 因此，最优性条件［见式（10.14）］在式（10.18）定义的$\boldsymbol{x}^*$点处是

$$-\begin{bmatrix}1\\1\\1\\\vdots\\1\end{bmatrix}+\begin{bmatrix}1&0\\0&1\\0&0\\\vdots&\vdots\\0&0\end{bmatrix}\begin{bmatrix}\lambda_1\\\lambda_2\end{bmatrix}=\alpha\begin{bmatrix}1/2\\1/2\\\dfrac{-1}{\sqrt{2(n-2)}}\\\vdots\\\dfrac{-1}{\sqrt{2(n-2)}}\end{bmatrix}$$

其中，$\alpha \geqslant 0, \lambda_1 \in \mathbf{R}, \lambda_2 \in \mathbf{R}$. 可以容易看到当我们设$\alpha=\sqrt{2(n-2)}$，$\lambda_1=\lambda_2=1+\sqrt{\dfrac{n-2}{2}}$时，上式成立 .

例 10.9　考虑以下问题，该问题同时包含非负性约束（边界约束）和等式约束：

$$\min f(\boldsymbol{x})$$

$$约束条件：\boldsymbol{Ax}=\boldsymbol{b},\ \boldsymbol{x} \geqslant \boldsymbol{0}$$

通过定义$\mathcal{X}:=\{\boldsymbol{x} \mid \boldsymbol{x} \geqslant \boldsymbol{0}\}$，对于任意$\boldsymbol{x} \in \mathcal{X}$，都有

$$N_{\mathcal{X}}(\boldsymbol{x})=\{\boldsymbol{v} \mid v_i \in(-\infty, 0],\ x_i=0;\ v_i=0, x_i>0\}$$

因此，一阶最优性条件［见式（10.14）］变成存在$\boldsymbol{\lambda}^* \in \mathbf{R}^m$使得$\boldsymbol{Ax}^*=\boldsymbol{b}, \boldsymbol{x}^* \geqslant \boldsymbol{0}$，且

$$\left[-\nabla f(\boldsymbol{x}^*)+\boldsymbol{A}^{\mathrm{T}} \boldsymbol{\lambda}^*\right]_i \leqslant 0,\ x_i^*=0$$
$$\left[-\nabla f(\boldsymbol{x}^*)+\boldsymbol{A}^{\mathrm{T}} \boldsymbol{\lambda}^*\right]_i=0,\ x_i^*>0$$

注意，因为$\mathrm{ri}(\mathcal{X})=\{\boldsymbol{x} \mid \boldsymbol{x}>\boldsymbol{0}\}$，约束条件$\mathrm{ri}(\mathcal{X}) \cap \mathcal{A}$要求存在 $\boldsymbol{x}$ 且 $\boldsymbol{x}>\boldsymbol{0}$（所有分量为正），有 $\boldsymbol{Ax}=\boldsymbol{b}$. 事实上，可以证明在这种特殊情况下，即使这个条件不成立，式（10.13）也是成立的，因为所有的约束（等式和不等式）都是 $\boldsymbol{x}$ 的线性函数 .

10.4　强对偶

在描述了最优性条件之后，我们现在返回证明原始问题［见式（10.1）］和对偶问题［见式（10.7）］对于许多凸优化问题能达到相同的最优目标值 . 以下定理还表明，

如果我们知道对偶问题的解，那么，我们可以通过更简单的优化问题提取原始问题的解．

定理 10.10（强对偶）假设式（10.1）中的f是连续可微的凸函数，$\mathcal{X}$是闭凸的，并且条件$\mathrm{ri}\left(\mathcal{X}\right)\cap\mathcal{A}\neq\varnothing$也成立，其中，$\mathcal{A}=\{\boldsymbol{x}\mid\boldsymbol{A}\boldsymbol{x}=\boldsymbol{b}\}$．我们就能得出以下内容：

1. 如果式（10.1）有一个解$\boldsymbol{x}^*$，那么对偶问题［见式（10.7）］也有一个最优解$\boldsymbol{\lambda}^*$，并且原始问题和对偶问题的最优目标值相等．

2. 对于$\boldsymbol{x}^*$作为原始问题的最优解和$\boldsymbol{\lambda}^*$作为对偶问题的最优解，它的充分必要条件是$\boldsymbol{A}\boldsymbol{x}^*=\boldsymbol{b},\boldsymbol{x}^*\in\mathcal{X}$，且

$$\boldsymbol{x}^*\in\arg\min_{x\in\mathcal{X}}\mathcal{L}\left(\boldsymbol{x},\boldsymbol{\lambda}^*\right)=f(\boldsymbol{x})-(\boldsymbol{\lambda}^*)^{\mathrm{T}}(\boldsymbol{A}\boldsymbol{x}-\boldsymbol{b})$$

证明　对于所有$\boldsymbol{\lambda}\in\mathbf{R}^n$和式（10.1）的所有可行解$\boldsymbol{x}$，根据式（10.7），我们有

$$q(\boldsymbol{\lambda})\leqslant f(\boldsymbol{x})-\boldsymbol{\lambda}^{\mathrm{T}}\left(\boldsymbol{A}\boldsymbol{x}-\boldsymbol{b}\right)=f(\boldsymbol{x})$$

其中，因为$\boldsymbol{A}\boldsymbol{x}=\boldsymbol{b}$，所以等号成立．由推论 10.7 知，$\boldsymbol{x}^*\in\Omega$是最优的当且仅当存在一个$\boldsymbol{\lambda}^*\in\mathbf{R}^m$，使得

$$\left(\nabla f(\boldsymbol{x}^*)-\boldsymbol{A}^{\mathrm{T}}\boldsymbol{\lambda}^*\right)^{\mathrm{T}}(\boldsymbol{x}-\boldsymbol{x}^*)\geqslant 0,\ \boldsymbol{x}\in\mathcal{X}\tag{10.19}$$

但是由于$\mathcal{L}(\cdot,\boldsymbol{\lambda}^*)$关于其第一个参数是凸的，并且$\nabla_x\mathcal{L}(\boldsymbol{x},\boldsymbol{\lambda}^*)=\nabla f(\boldsymbol{x})-\boldsymbol{A}^{\mathrm{T}}\boldsymbol{\lambda}^*$，式（10.19）表明$\boldsymbol{x}^*$在$\boldsymbol{x}\in\mathcal{X}$上最小化$\mathcal{L}(\boldsymbol{x},\boldsymbol{\lambda}^*)$．现在可以得出这样的结论：

$$q(\boldsymbol{\lambda}^*)=\inf_{x\in\mathcal{X}}\mathcal{L}(\boldsymbol{x},\boldsymbol{\lambda}^*)=\mathcal{L}(\boldsymbol{x}^*,\boldsymbol{\lambda}^*)=f(\boldsymbol{x}^*)-(\boldsymbol{\lambda}^*)^{\mathrm{T}}(\boldsymbol{A}\boldsymbol{x}^*-\boldsymbol{b})=f(\boldsymbol{x}^*)$$

从而完成第一部分的证明．第二部分的证明留作练习．■

注意，即使$\boldsymbol{\lambda}$仅是近似对偶最优的，最小化关于$\boldsymbol{x}$的拉格朗日函数也给出了一个对于最初优化问题的合理近似．该断言可以通过计算下式得到：

$$\begin{aligned}f(\boldsymbol{x}^*)&=q(\boldsymbol{\lambda}^*)\leqslant q(\boldsymbol{\lambda})+\epsilon=\inf_{x\in\Omega}\mathcal{L}(\boldsymbol{x},\boldsymbol{\lambda})+\epsilon\leqslant\mathcal{L}(\boldsymbol{x},\boldsymbol{\lambda})+\epsilon\\&=f(\boldsymbol{x})-\boldsymbol{\lambda}^{\mathrm{T}}(\boldsymbol{A}\boldsymbol{x}-\boldsymbol{b})+\epsilon\end{aligned}$$

因此，如果$\|\boldsymbol{A}\boldsymbol{x}-\boldsymbol{b}\|$很小并且对偶最优值$\boldsymbol{\lambda}$在目标范围内的误差不超过$\epsilon$，那么$f(\boldsymbol{x})$是最优函数值$f(\boldsymbol{x}^*)=q(\boldsymbol{\lambda}^*)$的合理近似．

10.5 对偶算法

虽然对偶目标函数 q 是凹的，但它通常是非平滑的，所以最小化可能不是一个简单的操作．在这一节中，我们将回顾如何利用前面得出的非平滑优化的算法来解决对偶问题．

10.5.1 对偶次梯度

由于式（10.7）定义的凹对偶目标函数 q 是以原始变量 $\boldsymbol{x}$ 为参数的线性函数的最小值，我们可以通过找到最小化的 $\boldsymbol{x}$，然后应用 Danskin 定理（见定理 8.13）来计算次梯度．由于 $-q$ 是一个凸函数，我们有

$$\partial(-q)(\boldsymbol{\lambda}) := \left\{\boldsymbol{Az}-\boldsymbol{b} \mid \boldsymbol{z} \in \arg\min_{x\in\mathcal{X}} \left\{f(\boldsymbol{x})-\boldsymbol{\lambda}^{\mathrm{T}}(\boldsymbol{Ax}-\boldsymbol{b})\right\}\right\}$$

从最优值的一些初始猜测 $\boldsymbol{\lambda}^1$ 开始，将 9.2 节中第 k 步的次梯度法代入 $-q$，因此有如下形式：

$$\boldsymbol{x}^k \leftarrow \arg\min_{x\in\mathcal{X}} \mathcal{L}(\boldsymbol{x},\boldsymbol{\lambda}^k),\ \boldsymbol{\lambda}^{k+1} \leftarrow \boldsymbol{\lambda}^k - s_k(\boldsymbol{Ax}^k-\boldsymbol{b})$$

其中，$s_k \in \mathbf{R}_+$是步长．要分析这种方法，请注意 $-q$ 的任意次梯度的最大范数都受集合 $\mathcal{X}$上的等式约束的最大不可行性限制．如果我们设

$$M = \sup_{x\in\mathcal{X}} \|\boldsymbol{Ax}-\boldsymbol{b}\|$$

我们可以应用 9.2 节中关于次梯度法的分析，得到

$$q\left(\frac{1}{\sum_{k=1}^{T} s_k}\sum_{k=1}^{T} s_k\boldsymbol{\lambda}^k\right)-q^* \geqslant -\frac{\|\boldsymbol{\lambda}^1-\boldsymbol{\lambda}^*\|^2+M^2\sum_{k=1}^{T}s_k^2}{2\sum_{k=1}^{T}s_k}$$

因此，对于 9.2 节中讨论的步长s_k的选择，可以获得$O\left(T^{-1/2}\right)$的收敛速率．正如下文将介绍的，我们可以通过使用近端点法而不是次梯度法来得到更快的收敛速率．

10.5.2 增广拉格朗日函数法

将 9.5 节的近端点法应用于最大化对偶目标函数$q(\boldsymbol{\lambda})$的问题可以产生以下迭代：

$$\begin{aligned}\boldsymbol{\lambda}^{k+1} &\leftarrow \arg\max_{\boldsymbol{\lambda}} q(\boldsymbol{\lambda}) - \frac{1}{2\alpha_k}\|\boldsymbol{\lambda}-\boldsymbol{\lambda}^k\|^2 \\ &= \arg\max_{\boldsymbol{\lambda}} \inf_{\boldsymbol{x}\in\mathcal{X}} \left\{ f(\boldsymbol{x}) - \boldsymbol{\lambda}^{\mathrm{T}}(\boldsymbol{A}\boldsymbol{x}-\boldsymbol{b}) - \frac{1}{2\alpha_k}\|\boldsymbol{\lambda}-\boldsymbol{\lambda}^k\|^2 \right\}\end{aligned}$$

其中，α_k是逼近参数．这是$(\boldsymbol{x},\boldsymbol{\lambda})$中的鞍点问题．由于目标函数在$\boldsymbol{x}$处是凸的并且在$\boldsymbol{\lambda}$处是强凸的，我们可以通过 Sion 的极小极大定理（Sion，1958）交换下确界和上确界以获得等价问题

$$\inf_{\boldsymbol{x}\in\mathcal{X}} \left\{ \max_{\boldsymbol{\lambda}} f(\boldsymbol{x}) - \boldsymbol{\lambda}^{\mathrm{T}}(\boldsymbol{A}\boldsymbol{x}-\boldsymbol{b}) - \frac{1}{2\alpha_k}\|\boldsymbol{\lambda}-\boldsymbol{\lambda}^k\|^2 \right\} \tag{10.20}$$

内部问题关于$\boldsymbol{\lambda}$是二次的，并且具有平凡解$\boldsymbol{\lambda}=\boldsymbol{\lambda}^k-\alpha_k(\boldsymbol{A}\boldsymbol{x}-\boldsymbol{b})$，我们可以将其代入式（10.20），得到

$$\min_{\boldsymbol{x}\in\mathcal{X}} f(\boldsymbol{x}) - (\boldsymbol{\lambda}^k)^{\mathrm{T}}(\boldsymbol{A}\boldsymbol{x}-\boldsymbol{b}) + \frac{\alpha_k}{2}\|\boldsymbol{A}\boldsymbol{x}-\boldsymbol{b}\|^2 =: \mathcal{L}_{\alpha_k}(\boldsymbol{x},\boldsymbol{\lambda}^k)$$

函数$\mathcal{L}_{\alpha}(\boldsymbol{x},\boldsymbol{\lambda})$称为增广拉格朗日函数．它由普通的拉格朗日函数加上一个二次惩罚项组成，该惩罚项用于对违反等式约束 $\boldsymbol{A}\boldsymbol{x}=\boldsymbol{b}$ 的情况进行惩罚．这个整体方法的迭代 k 可以概括如下：

$$\boldsymbol{x}^k \leftarrow \arg\min_{\boldsymbol{x}\in\mathcal{X}} \mathcal{L}_{\alpha_k}(\boldsymbol{x},\boldsymbol{\lambda}^k),\ \ \boldsymbol{\lambda}^{k+1} \leftarrow \boldsymbol{\lambda}^k - \alpha_k(\boldsymbol{A}\boldsymbol{x}^k-\boldsymbol{b})$$

这种算法在很多已有的优化文献中被称为乘数法，但最近更常被称为增广拉格朗日函数法．

对于一个固定的参数α_k（也就是说，$\alpha_k\equiv\alpha$），根据近端点法（见定理 9.8）的收敛速率，我们有

$$q^* - q(\boldsymbol{\lambda}^{\mathrm{T}}) \leqslant \frac{\|\boldsymbol{\lambda}^*-\boldsymbol{\lambda}^1\|^2}{2\alpha T},\ \ T=1,2,\cdots$$

也就是说，对偶目标函数以$O(1/T)$的速率收敛．

增广拉格朗日函数法和对偶次梯度法之间的唯一区别是，在 $\boldsymbol{x}$ 步中，我们需要最小化增广拉格朗日函数，而不是原始拉格朗日函数．这可能会增加算法的难度，但在许多情况下并非如此．可以和非增广拉格朗日函数一样，不需要最小化增广拉格朗日函数．我们将在下文中给出几个例子．

尽管近端点法即使在恒定步长α_k的情况下也能保证收敛，但使用一些启发式方法经常能提高其实际性能．特别是 Conn 等人（1992）提出的以下方法（算法 10.1）．

算法 10.1　增广拉格朗日函数法

选择初始点 $\boldsymbol{\lambda}^1$, 初始参数 $\alpha_1>0, \delta_1=\infty$, 参数 $\eta\in(0,1)$，$\gamma>1$;

for k=1,2,$\cdots$ **do**

　令 $\boldsymbol{x}^k=\arg\min_{\boldsymbol{x}\in\mathcal{X}}\mathcal{L}_{\alpha_k}(\boldsymbol{x},\boldsymbol{\lambda}^k)$;

　令 $\delta=\|\boldsymbol{A}\boldsymbol{x}^k-\boldsymbol{b}\|^2$;

　if $\delta<\eta\delta_k$ **then**

　　$\boldsymbol{\lambda}^{k+1}\leftarrow\boldsymbol{\lambda}^k-\alpha_k(\boldsymbol{A}\boldsymbol{x}^k-\boldsymbol{b}); \alpha_{k+1}\leftarrow\alpha_k; \delta_{k+1}\leftarrow\delta$; {$\boldsymbol{x}$ 的可行性改进是可接受的，可以更新$\boldsymbol{\lambda}$.}

　else

　　$\boldsymbol{\lambda}^{k+1}\leftarrow\boldsymbol{\lambda}^k; \alpha_{k+1}\leftarrow\gamma\alpha_k; \delta_{k+1}\leftarrow\delta_k$; {可行性改进不充分，不更新$\boldsymbol{\lambda}$但下一迭代增加惩罚参数$\alpha$.}

　end if

end for

参数的典型值为$\eta=1/4$和$\gamma=10$.

10.5.3　交替方向乘数法

交替方向乘数法（ADMM）是乘数法的一个强有力的扩展，非常适用于数据分析领域和其他领域的各种相关问题 . ADMM 主要针对以下形式的问题：

$$\min_{\boldsymbol{x},\boldsymbol{z}} f(\boldsymbol{x})+g(\boldsymbol{z})$$

$$\text{约束条件：} \boldsymbol{A}\boldsymbol{x}+\boldsymbol{B}\boldsymbol{z}=\boldsymbol{c},\ \boldsymbol{x}\in\mathcal{X},\ \boldsymbol{z}\in\mathcal{Z} \tag{10.21}$$

其中，$\mathcal{X}$和 $\mathcal{Z}$是闭凸集 . 这个问题的增广拉格朗日函数是

$$\mathcal{L}_\alpha(\boldsymbol{x},\boldsymbol{z},\boldsymbol{\lambda})=f(\boldsymbol{x})+g(\boldsymbol{z})-\boldsymbol{\lambda}^{\mathrm{T}}(\boldsymbol{A}\boldsymbol{x}+\boldsymbol{B}\boldsymbol{z}-\boldsymbol{c})+\frac{\alpha}{2}\|\boldsymbol{A}\boldsymbol{x}+\boldsymbol{B}\boldsymbol{z}-\boldsymbol{c}\|^2$$

ADMM 本质上是对原始问题执行一步块坐标下降，然后更新拉格朗日乘数，如下所示：

$$\boldsymbol{x}^k=\arg\min_{\boldsymbol{x}\in\mathcal{X}}\mathcal{L}_{\alpha_k}(\boldsymbol{x},\boldsymbol{z}^{k-1},\boldsymbol{\lambda}^k) \tag{10.22a}$$

$$\boldsymbol{z}^k=\arg\min_{\boldsymbol{z}\in\mathcal{Z}}\mathcal{L}_{\alpha_k}(\boldsymbol{x}^k,\boldsymbol{z},\boldsymbol{\lambda}^k) \tag{10.22b}$$

$$\boldsymbol{\lambda}^{k+1}=\boldsymbol{\lambda}^k-\alpha_k(\boldsymbol{A}\boldsymbol{x}^k+\boldsymbol{B}\boldsymbol{z}^k-\boldsymbol{c}) \tag{10.22c}$$

注意，如果我们在前两个更新步骤上循环，直到$\mathcal{L}_{\alpha_k}(\boldsymbol{x},\boldsymbol{z},\boldsymbol{\lambda}^k)$关于原始变量（$\boldsymbol{x},\boldsymbol{z}$）被最小化，那么这种方法将成为普通乘数法的特定实现．然而，ADMM 与普通的乘数法的区别在于，在更新$\boldsymbol{\lambda}$之前只进行一轮块坐标下降步骤．在某些情况下，进行多次坐标下降步骤可能是有利的，但是 ADMM 的传统收敛证明具有“算子分裂”的特性，不能充分利用它们与增广拉格朗日函数法的关系．Eckstein 和 Yao（2015）探讨了这一点，并且还对比了 ADMM 与更接近增广拉格朗日函数法的变体的计算效率．在凸函数f和$\boldsymbol{g}$的情况下，ADMM［见式（10.22）］的收敛性证明见 Boyd 等人（2011）的 3.2 节和附录 A.

10.6 对偶算法的一些应用

在本节，我们描述几种可能非常适合本章所介绍的基于对偶的方法的应用场景．

10.6.1 共识优化

令$G=(V,E)$是一个顶点集为V和边集为E的图．考虑以下关于未知量$[\boldsymbol{x}_v]_{v\in V}$的优化问题，其中，每个$\boldsymbol{x}_v\in\mathbf{R}^{n_v}$且函数$f_v:\mathbf{R}^{n_v}\to\mathbf{R}$是凸的：

$$\min_{\boldsymbol{x}}\sum_{v\in V}f_v(\boldsymbol{x}_v)$$

$$\text{约束条件：}\boldsymbol{x}_u=\boldsymbol{x}_v,\ (u,v)\in E \tag{10.23}$$

这个问题的拉格朗日函数是

$$\begin{aligned}\mathcal{L}(\boldsymbol{x},\boldsymbol{\lambda})&=\sum_{v\in V}f_v(\boldsymbol{x}_v)-\sum_{(u,v)\in E}\boldsymbol{\lambda}_{u,v}^{\mathrm{T}}(\boldsymbol{x}_u-\boldsymbol{x}_v)\\&=\sum_{v\in V}\left\{f_v(\boldsymbol{x}_v)-\left(\sum_{(v,w)\in E}\boldsymbol{\lambda}_{v,w}-\sum_{(u,v)\in E}\boldsymbol{\lambda}_{u,v}\right)^{\mathrm{T}}\boldsymbol{x}_v\right\}\end{aligned}$$

注意，这个函数关于$\boldsymbol{x}$的分量是可分的，所以我们可以针对每个$\boldsymbol{x}_v(v\in V)$分别进行最小化，甚至可以分布式处理．$\boldsymbol{\lambda}$的更新步为

$$\boldsymbol{\lambda}_{u,v}^{k+1}=\boldsymbol{\lambda}_{u,v}^{k}-s_k(\boldsymbol{x}_u^k-\boldsymbol{x}_v^k),\quad (u,v)\in E$$

很多问题可以被描述成式（10.23）的形式．比如，我们想要最小化一个具有共享变量的有限和目标函数的情况：

$$\min_{\boldsymbol{x}} \sum_{i=1}^{m} f_i(\boldsymbol{x}) \tag{10.24}$$

其中，一些f_i甚至可能是凸集的指示函数．通过定义$V := \{1,2,\cdots,m\}$，式（10.24）可以被表述成式（10.23）的形式，为每个节点赋予其各自的变量$\boldsymbol{x}$版本，并定义一个边集E，以便图$G=(V,E)$是完全连通的．

式（10.23）的增广拉格朗日函数并不能产生一个关于$\boldsymbol{x}_v$可分的问题，因为二次惩罚项在不同节点上耦合了$\boldsymbol{x}_v$．然而，我们可以设计出一个等价的表述，使 ADMM 能够容易地进行分离．为所有$(u,v)\in E$引入新的“边变量”$\boldsymbol{z}_{u,v}$，我们将式（10.23）重写为

$$\min \sum_{v\in V} f_v(\boldsymbol{x}_v)$$

$$\text{约束条件：} \boldsymbol{x}_u = \boldsymbol{z}_{u,v}, \boldsymbol{x}_v = \boldsymbol{z}_{u,v}, (u,v)\in E \tag{10.25}$$

式（10.25）的增强拉格朗日函数是

$$\mathcal{L}_{\alpha}(\boldsymbol{x},z,\boldsymbol{\lambda},\boldsymbol{\beta}) = \sum_{v\in V} f_v(\boldsymbol{x}_v) - \sum_{(u,v)\in E} \boldsymbol{\lambda}_{u,v}^{\mathrm{T}}\left(\boldsymbol{x}_u - \boldsymbol{z}_{u,v}\right) - \sum_{(u,v)\in E} \boldsymbol{\beta}_{u,v}^{\mathrm{T}}\left(\boldsymbol{x}_v - \boldsymbol{z}_{u,v}\right) + \sum_{(u,v)\in E} \frac{\alpha}{2}\left(\boldsymbol{x}_u - \boldsymbol{z}_{u,v}\right)^2 + \sum_{(u,v)\in E} \frac{\alpha}{2}\left(\boldsymbol{x}_v - \boldsymbol{z}_{u,v}\right)^2$$

这个函数关于分量$\boldsymbol{x}_v(v\in V)$是可分的，所以，ADMM 里关于$\boldsymbol{x}$的更新步骤可以分开进行，且可以放在分布式计算平台上进行．同样，它关于变量$\boldsymbol{z}_{u,v}$是可分的，关于对偶变量$\boldsymbol{\lambda}_{u,v}$和$\boldsymbol{\beta}_{u,v}$也是可分的．注意，分布式实现需要在各节点之间、在各分量的更新之间或者向中央服务器传递信息．

对于有限和问题［见式（10.24）］的一个特殊方法是允许每个函数f_i有自己的变量$\boldsymbol{x}_i$，然后定义一个“主变量”$\boldsymbol{x}$和保证所有$\boldsymbol{x}_i$与$\boldsymbol{x}$相同的约束．因此，我们得到以下公式，等价于式（10.24）：

$$\min_{\boldsymbol{x},\boldsymbol{x}_1,\boldsymbol{x}_2,\cdots,\boldsymbol{x}_m} \sum_{i=1}^{m} f_i(\boldsymbol{x}_i)$$

$$\text{约束条件：} \boldsymbol{x}_i = \boldsymbol{x}, \quad i=1,2,\cdots,m \tag{10.26}$$

这个问题的增广拉格朗日函数是

$$\mathcal{L}_{\alpha}(\boldsymbol{x},z,\boldsymbol{\lambda}) = \sum_{i=1}^{m} f_i(\boldsymbol{x}_i) - \sum_{i=1}^{m} \boldsymbol{\lambda}_i^{\mathrm{T}}(\boldsymbol{x}_i - \boldsymbol{x}) + \frac{\alpha}{2}\sum_{i=1}^{m} \|\boldsymbol{x}_i - \boldsymbol{x}\|^2$$

其中，我们定义$\boldsymbol{z} := (\boldsymbol{x}_1, \boldsymbol{x}_2, \cdots, \boldsymbol{x}_m)$. ADMM 中 $\boldsymbol{z}$ 的更新步骤关于复制$\boldsymbol{x}_i (i = 1, 2, \cdots, m)$是可分的 . 式（10.22b）所示的步骤可以作为以下形式的 m 个单独的优化问题执行：

$$\boldsymbol{x}_i^k = \arg\min_{\boldsymbol{x}_i} f_i(\boldsymbol{x}_i) - (\boldsymbol{\lambda}_i^k)^{\mathrm{T}} \boldsymbol{x}_i + \frac{\alpha}{2} \| \boldsymbol{x}_i - \boldsymbol{x}^k \|^2$$

可以明确执行式（10.22a）中关于 $\boldsymbol{x}$ 的更新步骤，因为增广拉格朗日函数是关于 $\boldsymbol{x}$ 的简单凸二次函数 . 我们有

$$\boldsymbol{x}^k = \frac{1}{m} \sum_{i=1}^{m} \left(\boldsymbol{x}_i^{k-1} - \frac{1}{\alpha_k} \boldsymbol{\lambda}_i^k \right)$$

这个例子说明了对偶算法可能具有的灵活性 . 不同的问题表述方式能够发挥不同算法的优势，有时，由于分布式实现中的开销和通信问题，在最坏情况下具有更优复杂度的算法并不一定是最合适的 .

10.6.2　效用最大化

一般效用最大化问题是

$$\max \sum_{i=1}^{n} U_i(\boldsymbol{x}_i)$$

$$\text{约束条件：} \boldsymbol{R}\boldsymbol{x} \leqslant \boldsymbol{c}$$

其中，$\boldsymbol{R}$ 是一个 $p \times n$ 矩阵 . 每个效用函数U_i表示第 i 个代理人（或参与者）在其可用资源 $\boldsymbol{x}_i$ 下的效用 . 约束条件$\boldsymbol{R}\boldsymbol{x} \leqslant \boldsymbol{c}$表示资源约束，限制了每个用户的效用总和 . 根据式（10.1），使用最小化和松弛变量 $\boldsymbol{s}$，我们有

$$\min_{(\boldsymbol{x},\boldsymbol{s})} - \sum_{i=1}^{n} U_i(\boldsymbol{x}_i)$$

$$\text{约束条件：} -\boldsymbol{R}\boldsymbol{x} + \boldsymbol{c} - \boldsymbol{s} = \boldsymbol{0}, \ \boldsymbol{s} \geqslant \boldsymbol{0}$$

拉格朗日函数是

$$\mathcal{L}(\boldsymbol{x}, \boldsymbol{s}, \boldsymbol{\lambda}) = \sum_{i=1}^{n} -U_i(\boldsymbol{x}_i) - \boldsymbol{\lambda}^{\mathrm{T}} (-\boldsymbol{R}\boldsymbol{x} + \boldsymbol{c} - \boldsymbol{s})$$

对偶次梯度法要求我们在（$\boldsymbol{x}, \boldsymbol{s}$）且 $\boldsymbol{s} \geqslant \boldsymbol{0}$ 上最小化这个函数 . 注意，如果 $\boldsymbol{\lambda}$ 的任何分量为负，则该最小化问题无下界 . 如果$\lambda_i < 0$，我们可以令$s_i \to +\infty$ 以强制$\mathcal{L}(\boldsymbol{x}, \boldsymbol{s}, \boldsymbol{\lambda}) \to -\infty$. 因此式（10.7）的对偶问题等价于

$$\begin{aligned}&\max_{\boldsymbol{\lambda}\geqslant\boldsymbol{0}}\min_{(x,s):s\geqslant 0}\sum_{i=1}^{n}-U_i(\boldsymbol{x}_i)-\boldsymbol{\lambda}^{\mathrm{T}}(-\boldsymbol{R}\boldsymbol{x}+\boldsymbol{c}-\boldsymbol{s})\\&=\max_{\boldsymbol{\lambda}\geqslant\boldsymbol{0}}\min_{x}\sum_{i=1}^{n}-U_i(\boldsymbol{x}_i)-\boldsymbol{\lambda}^{\mathrm{T}}(-\boldsymbol{R}\boldsymbol{x}+\boldsymbol{c})\end{aligned}$$

其中，我们可以消除 $\boldsymbol{s}$，因为当 $\boldsymbol{\lambda}\geqslant\boldsymbol{0}$ 时，$\boldsymbol{s}$ 的最优值显然是 $\boldsymbol{s}=\boldsymbol{0}$. 对偶次梯度法中关于更新 $\boldsymbol{x}$ 的步骤是可分的 . 代理 i 最大化

$$U(\boldsymbol{x}_i)-\left[\sum_{j=1}^{p}R_{ji}\lambda_j^k\right]x_i$$

$\boldsymbol{\lambda}$ 更新步是一个次梯度步在由 $\boldsymbol{\lambda}\geqslant\boldsymbol{0}$ 时定义的非负正交上的投影，也就是说，

$$\boldsymbol{\lambda}^{k+1}\leftarrow\left[\boldsymbol{\lambda}^k-\alpha_k(-\boldsymbol{R}\boldsymbol{x}^k+\boldsymbol{c})\right]_+$$

这个模型的动力学特性很有趣 . $\boldsymbol{\lambda}$ 的第 j 个分量可以被解释为与资源相关的价格，这些资源由矩阵 $\boldsymbol{R}$ 的第 j 行和向量 $\boldsymbol{c}$ 表示 . 如果价格很高，用户获得更多资源 $\boldsymbol{x}$ 的成本就越高 . 当资源约束条件较宽松时，价格会下降 . 当它们被违反时，价格会上升 .

10.6.3 线性和二次规划

考虑有界约束凸二次规划，

$$\min_{x}\boldsymbol{c}^{\mathrm{T}}\boldsymbol{x}+\frac{1}{2}\boldsymbol{x}^{\mathrm{T}}\boldsymbol{Q}\boldsymbol{x}$$

$$\text{约束条件：}\boldsymbol{A}\boldsymbol{x}=\boldsymbol{b},\boldsymbol{\ell}\leqslant\boldsymbol{x}\leqslant\boldsymbol{u}\tag{10.27}$$

其中，$\boldsymbol{Q}\succeq\boldsymbol{0}$，$\boldsymbol{\ell}$ 和 $\boldsymbol{u}$ 分别表示 $\boldsymbol{x}$ 的分量上的上界和下界的向量 .（$\boldsymbol{\ell}$ 和 $\boldsymbol{u}$ 的部分或者全部分量可能是无穷的 .）当$\boldsymbol{\ell}=\boldsymbol{0}$时，$\boldsymbol{u}$ 的分量全部是$+\infty$，且$\boldsymbol{Q}=\boldsymbol{0}$，那么式（10.27）是一个线性规划——约束条件下优化的基本问题 . 式（10.27）的增广拉格朗日函数是

$$\mathcal{L}_{\alpha_k}(\boldsymbol{x},\boldsymbol{\lambda})=\boldsymbol{c}^{\mathrm{T}}\boldsymbol{x}+\frac{1}{2}\boldsymbol{x}^{\mathrm{T}}\boldsymbol{Q}\boldsymbol{x}-\boldsymbol{\lambda}^{\mathrm{T}}(\boldsymbol{A}\boldsymbol{x}-\boldsymbol{b})+\frac{\alpha_k}{2}\|\boldsymbol{A}\boldsymbol{x}-\boldsymbol{b}\|^2$$

因此，增广拉格朗日函数法中关于 $\boldsymbol{x}$ 的更新步骤可以简化为如下有界约束二次问题：

$$\boldsymbol{x}^k=\min_{\boldsymbol{\ell}\leqslant\boldsymbol{x}\leqslant\boldsymbol{u}}\boldsymbol{c}^{\mathrm{T}}\boldsymbol{x}+\frac{1}{2}\boldsymbol{x}^{\mathrm{T}}\boldsymbol{Q}\boldsymbol{x}-(\boldsymbol{\lambda}^k)^{\mathrm{T}}(\boldsymbol{A}\boldsymbol{x}-\boldsymbol{b})+\frac{\alpha_k}{2}\|\boldsymbol{A}\boldsymbol{x}-\boldsymbol{b}\|^2$$

这个问题可以通过一阶方法解决，例如，梯度投影或者第 7 章的条件梯度法 .

为了将 ADMM 应用于这个问题，我们可以将式（10.27）等价地表示为

$$\min_{(x,z)} \boldsymbol{c}^{\mathrm{T}}\boldsymbol{x}+\frac{1}{2}\boldsymbol{x}^{\mathrm{T}}\boldsymbol{Q}\boldsymbol{x}$$

$$\text{约束条件：} \boldsymbol{A}\boldsymbol{x}=\boldsymbol{b},\ \boldsymbol{\ell}\leqslant \boldsymbol{z}\leqslant \boldsymbol{u},\ \boldsymbol{z}=\boldsymbol{x} \tag{10.28}$$

这个问题的增广拉格朗日函数是

$$\mathcal{L}_{\alpha}(\boldsymbol{x},\boldsymbol{z},\boldsymbol{\lambda})=\boldsymbol{c}^{\mathrm{T}}\boldsymbol{x}+\frac{1}{2}\boldsymbol{x}^{\mathrm{T}}\boldsymbol{Q}\boldsymbol{x}-\boldsymbol{\lambda}^{\mathrm{T}}(\boldsymbol{x}-\boldsymbol{z})+\frac{\alpha}{2}\|\boldsymbol{z}-\boldsymbol{x}\|^{2}$$

其中，我们明确地选择强制执行约束$\boldsymbol{A}\boldsymbol{x}=\boldsymbol{b}$和$\boldsymbol{\ell}\leqslant \boldsymbol{x}\leqslant \boldsymbol{u}$．因此 ADMM 更新为

$$\boldsymbol{x}^{k+1}=\arg\min_{x}\mathcal{L}_{\alpha_k}\left(\boldsymbol{x},\boldsymbol{z}^{k},\boldsymbol{\lambda}^{k}\right)$$

$$\text{约束条件：} \boldsymbol{A}\boldsymbol{x}=\boldsymbol{b} \tag{10.29a}$$

$$\boldsymbol{z}^{k+1}=\arg\min_{z}\mathcal{L}_{\alpha_k}\left(\boldsymbol{x}^{k+1},\boldsymbol{z},\boldsymbol{\lambda}^{k}\right)$$

$$\text{约束条件：} \boldsymbol{\ell}\leqslant \boldsymbol{z}\leqslant \boldsymbol{u} \tag{10.29b}$$

$$\boldsymbol{\lambda}^{k+1}=\boldsymbol{\lambda}^{k}-\alpha_{k}\left(\boldsymbol{x}^{k+1}-\boldsymbol{z}^{k+1}\right) \tag{10.29c}$$

$\boldsymbol{x}$ 的更新可以通过求解等式约束二次规划来求解，它简化为求解如下线性方程组：

$$\begin{bmatrix}\boldsymbol{Q}+\alpha_{k}\boldsymbol{I} & -\boldsymbol{A}^{\mathrm{T}}\\ \boldsymbol{A} & 0\end{bmatrix}\begin{bmatrix}\boldsymbol{x}\\ \boldsymbol{v}\end{bmatrix}=\begin{bmatrix}-\boldsymbol{c}+\boldsymbol{\lambda}^{k}+\alpha_{k}\boldsymbol{z}^{k}\\ \boldsymbol{b}\end{bmatrix}$$

注意，如果α_k是常数，则只有右侧在迭代中有变化，因此在每次迭代中，可以预先计算和重复使用对于左侧的分解．对于 $\boldsymbol{z}$ 的更新，存在一个闭型解（见习题 5）．这种求解 QP 的策略是 OSQP 二次规划求解器背后的主要算法思想（Stellato 等人，2020）．

注释和参考

在凸问题中，对偶性间隙（原始目标值和对偶最优目标值之间的差距）的更多例子可见于（Luo 等人，2000；Vandenberghe 和 Boyd，1996）中．

乘数法（又称增广拉格朗日函数法）是由 Hestenes（1969）和 Powell（1969）在 20 世纪 60 年代末提出的．Rockafellar（1973, 1976a）和 Bertsekas（1982）进一步扩展了这一方法，并由 Conn 等人（1992）将其纳入用于非线性编程的通用软件包 Lancelot 中．

Boyd 等人（2011）的经典评论文章中描述了交替方向乘数法．该方法最早是于 20 世纪 70 年代在 Glowinski 和 Marrocco（1975）以及 Gabay 和 Mercier（1976）中提出

的，而 Eckstein 和 Bertsekas（1992）是重要的早期参考文献 .

习题

1. 考虑在由线性等式和不等式组合定义的多面体集上最小化平滑函数$f:\mathbf{R}^n \to \mathbf{R}$，如下所示：

$$\{\boldsymbol{x} \mid \boldsymbol{E}\boldsymbol{x}=\boldsymbol{g}, \boldsymbol{C}\boldsymbol{x} \geqslant \boldsymbol{d}\}$$

其中，$\boldsymbol{E} \in \mathbf{R}^{m\times n}$，$\boldsymbol{C} \in \mathbf{R}^{p\times n}$. 证明：$\boldsymbol{x}^*$成为这个问题的一个解的一阶必要条件是存在向量$\boldsymbol{\lambda} \in \mathbf{R}^m$和$\boldsymbol{\mu} \in \mathbf{R}^p$，使得

$$\nabla f(\boldsymbol{x}^*) - \boldsymbol{E}^{\mathrm{T}}\boldsymbol{\lambda} - \boldsymbol{C}^{\mathrm{T}}\boldsymbol{\mu} = 0,\ \boldsymbol{E}\boldsymbol{x}^* = \boldsymbol{g},\ 0 \leqslant \boldsymbol{\mu} \perp \boldsymbol{C}\boldsymbol{x}^* - \boldsymbol{d} \geqslant 0$$

其中，对于两个向量$\boldsymbol{u},\boldsymbol{v} \in \mathbf{R}^p$，有$0 \leqslant \boldsymbol{u} \perp \boldsymbol{v} \geqslant 0$，表示对于所有$i=1,2,\cdots,p$，我们有$u_i \geqslant 0, v_i \geqslant 0, u_i v_i = 0$.（提示：引入松弛变量$\boldsymbol{s} \in \mathbf{R}^p$，并将该问题等价地重新表述如下：

$$\min_{(\boldsymbol{x},\boldsymbol{s}) \in \mathbf{R}^{n+p}} f(\boldsymbol{x})$$

$$\text{约束条件：} \boldsymbol{E}\boldsymbol{x}=\boldsymbol{g}, \boldsymbol{C}\boldsymbol{x}-\boldsymbol{s}=\boldsymbol{d}, \boldsymbol{s} \geqslant \mathbf{0}$$

现在，通过适当地定义$\mathcal{X}, \boldsymbol{A}$和 $\boldsymbol{b}$，使用定理 10.5 找到重新表述问题的最优性条件 . 然后消除 $\boldsymbol{s}$ 以获得上述条件 .）

2. 证明例 10.2 中的函数的严格对偶性间隙［见式（10.9）］.
3. 证明定理 10.10 的第 2 部分 .
4. 通过检查条件$-\nabla f(\boldsymbol{x}^*) \in N_\Omega(\boldsymbol{x}^*)$来验证式（10.17）定义的点$\boldsymbol{x}^*$是式（10.16）的解 .
5. 写出式（10.29b）的闭型解 .

第 11 章

微分和伴随

在本章中，我们将描述对某些结构化函数进行高效梯度计算的方法，特别是那些在深度神经网络（DNN）训练中出现的函数．这类函数与数据同化和控制等应用中出现的目标函数有一些共同特点，在这两种应用中，优化问题与动态过程的模型相结合，该模型可以随时间演化或按阶段进行．在深度学习中，数据在网络各层中逐步转换的过程类似于一个动态过程．

11.1 向量函数嵌套组合的链式法则

我们首先引入一些关于向量值函数导数的符号约定．对于函数$h:\mathbf{R}^p\times\mathbf{R}^q\to\mathbf{R}^r$，我们用$\nabla_w h(\boldsymbol{w},\boldsymbol{y})$表示在点$(\boldsymbol{w},\boldsymbol{y})\in\mathbf{R}^p\times\mathbf{R}^q$的关于 $\boldsymbol{w}$ 的偏导数．这是$p\times r$的矩阵，其第 i 列是h_i关于 $\boldsymbol{w}$ 的梯度，其中，$i=1,2,\cdots,r$．注意，该矩阵是雅可比矩阵的转置，即行为$(\nabla_w h_i)^{\mathrm{T}}$的$r\times p$矩阵．

我们现在考虑一个函数微分的链式法则，该函数是向量函数的嵌套组合．给定一个变量向量$\boldsymbol{x}\in\mathbf{R}^n$，假设目标函数$f:\mathbf{R}^n\to\mathbf{R}$具有以下嵌套形式：

$$f(\boldsymbol{x})=\left(\phi\circ\phi_l\circ\phi_{l-1}\circ\cdots\circ\phi_1\right)(\boldsymbol{x})=\phi(\phi_l(\phi_{l-1}\left(\cdots\left(\phi_1(\boldsymbol{x})\right)\cdots\right) \tag{11.1}$$

其中，

$$\phi_1:\mathbf{R}^n\to\mathbf{R}^{m_1},\quad \phi_i:\mathbf{R}^{m_{i-1}}\to\mathbf{R}^{m_i}\ (i=2,3,\cdots,l),\quad \phi:\mathbf{R}^{m_l}\to\mathbf{R}$$

用于计算$\nabla f(\boldsymbol{x})$的链式法则得出以下公式：

$$\nabla f(\boldsymbol{x})=\left(\nabla_x \phi_1\right)\left(\nabla_{\phi_1} \phi_2\right)\left(\nabla_{\phi_2} \phi_3\right) \cdots\left(\nabla_{\phi_{l-1}} \phi_l\right)\left(\nabla_{\phi_l} \phi\right) \tag{11.2}$$

其中，所有偏导数在当前点 $\boldsymbol{x}$ 和所有一致的 $\phi_1, \phi_2, \cdots, \phi_l$ 的取值处求值．由于 $f: \mathbf{R}^n \rightarrow \mathbf{R}$，式（11.2）左侧的 $\nabla f(\boldsymbol{x})$ 是 $\mathbf{R}^n$ 中的一个（列）向量．遵循导数表示法的约定，式（11.2）中右侧的每一项的维度分别为

$$\nabla_x \phi_1 \text{是} n \times m_1 \text{矩阵；}$$

$$\nabla_{\phi_i} \phi_{i+1} \text{是} m_i \times m_{i+1} \text{矩阵，其中，} i=1,2,\cdots,l-1 \text{；}$$

$$\nabla_{\phi_l} \phi \text{是长度为} m_l \text{的列向量．}$$

式（11.2）右侧的矩阵乘法都是有效的，乘积是 $\mathbf{R}^n$ 中的一个向量．

函数求值公式［见式（11.1）］和导数公式［见式（11.2）］表明可以用以下方法来评估函数及其梯度：

算法 11.1　使用链式法则评估嵌套函数及其梯度

给定 $\boldsymbol{x} \in \mathbf{R}^n$;

定义 $\boldsymbol{x}_1 := \phi_1(\boldsymbol{x}), \boldsymbol{A}_1 := \nabla \phi_1(\boldsymbol{x})$;

for $i = 1,2,\cdots,l-1$ **do**

　评估

$$\boldsymbol{x}_{i+1} := \phi_{i+1}(\boldsymbol{x}_i), \quad \boldsymbol{A}_{i+1} := \nabla_{\phi_i} \phi_{i+1}(\boldsymbol{x}_i);$$

end for

评估 $f := \phi(\boldsymbol{x}_l), \boldsymbol{p}_l := \nabla_{\phi_1} \phi(\boldsymbol{x}_l)$;

for $i = l, l-1, \cdots, 2$ **do**

　定义 $\boldsymbol{p}_{i-1} := \boldsymbol{A}_i \boldsymbol{p}_i$;

end for

定义 $\boldsymbol{g} := \boldsymbol{A}_1 \boldsymbol{p}_1$;

输出 $f = f(\boldsymbol{x}), \boldsymbol{g} = \nabla f(\boldsymbol{x})$.

这个方案包括一个函数评估循环（该循环对一系列函数进行前向传播），以及一个用于实现反向传播的导数计算循环．在前向传播过程中，我们将偏导数信息存储在矩阵 $\boldsymbol{A}_i$（$i=1,2,\cdots,l$）中，随后在反向传播过程中应用这些信息以在式（11.2）中累积乘积．这个方法高效的原因是它只需要进行矩阵－向量乘法操作．该算法的总成本约为 $n m_1+\sum_{i=1}^{l-1} m_i m_{i+1}$ 次乘法和加法，再加上评估函数和梯度的成本．［从式（11.2）计算 $\nabla f(\boldsymbol{x})$

的更简单的方法可能涉及大量矩阵 - 矩阵乘法，而不仅仅是这里所需的矩阵 - 向量乘法 .]

11.2　伴随法

我们现在考虑一个更一般的函数评估模型，它可以捕捉到那些在简单的 DNN 和其他应用（如数据同化）中用到的函数 . 在这个模型中，变量并不像式（11.1）中所示的那样全部出现在嵌套的最内层 . 相反，它们是在函数评估的每个阶段逐步引入的 . 我们使用术语“渐进式函数”（progressive function）来表示具有这种结构的函数 . 尽管这个模型更为通用，但函数及其梯度的计算过程仍然包含一个前向传播和一个反向传播，并且只需要对算法 11.1 稍加修改 .

我们考虑变量向量 $\boldsymbol{x}$ 的如下划分：

$$\boldsymbol{x}=\left(\boldsymbol{x}_1,\boldsymbol{x}_2,\cdots,\boldsymbol{x}_l\right),\quad \boldsymbol{x}_i\in\mathbf{R}^{n_i},i=1,2,\cdots,l \tag{11.3}$$

使得$\boldsymbol{x}\in\mathbf{R}^n$且$n=n_1+n_2+\cdots+n_l$. 渐进式函数具有以下形式：

$$f(\boldsymbol{x})=\phi(\phi_l(\boldsymbol{x}_l,\phi_{l-1}(\boldsymbol{x}_{l-1},\phi_{l-2}(\boldsymbol{x}_{l-2}\ldots\left(\boldsymbol{x}_2,\phi_2\left(\boldsymbol{x}_2,\phi_1(\boldsymbol{x}_1)\right)\ldots\right) \tag{11.4}$$

其中，

$$\phi_1:\mathbf{R}^{n_1}\to\mathbf{R}^{m_1},\quad \phi_i:\mathbf{R}^{n_i}\times\mathbf{R}^{m_{i-1}}\to\mathbf{R}^{m_i}\left(i=2,3,\cdots,l\right),\quad \phi:\mathbf{R}^{m_l}\to\mathbf{R}$$

求值过程的第 i 阶段会需要变量子向量$\boldsymbol{x}_i$以及函数ϕ_{i-1}的值，这取决于先前的变量 $\boldsymbol{x}_{i-1},\boldsymbol{x}_{i-2},\cdots,\boldsymbol{x}_1$.

f 对最终子向量$\boldsymbol{x}_l$的依赖性很简单，但是要得到关于其他子向量$\boldsymbol{x}_i$的导数，就需要使用链式法则，并且随着 i 减小到 1，乘积中的因子会越来越多 . 写出由最后几个子向量$\boldsymbol{x}_l,\boldsymbol{x}_{l-1},\boldsymbol{x}_{l-2},\boldsymbol{x}_{l-3}$表示的梯度，我们得到

$$\begin{aligned}
\nabla_{\boldsymbol{x}_l}f(\boldsymbol{x})&=\left(\nabla_{\boldsymbol{x}_l}\phi_l\right)\left(\nabla_{\phi_l}\phi\right)\\
\nabla_{\boldsymbol{x}_{l-1}}f(\boldsymbol{x})&=\left(\nabla_{\boldsymbol{x}_{l-1}}\phi_{l-1}\right)\left(\nabla_{\phi_{l-1}}\phi_l\right)\left(\nabla_{\phi_l}\phi\right)\\
\nabla_{\boldsymbol{x}_{l-2}}f(\boldsymbol{x})&=\left(\nabla_{\boldsymbol{x}_{l-2}}\phi_{l-2}\right)\left(\nabla_{\phi_{l-2}}\phi_{l-1}\right)\left(\nabla_{\phi_{l-1}}\phi_l\right)\left(\nabla_{\phi_l}\phi\right)\\
\nabla_{\boldsymbol{x}_{l-3}}f(\boldsymbol{x})&=\left(\nabla_{\boldsymbol{x}_{l-3}}\phi_{l-3}\right)\left(\nabla_{\phi_{l-3}}\phi_{l-2}\right)\left(\nabla_{\phi_{l-2}}\phi_{l-1}\right)\left(\nabla_{\phi_{l-1}}\phi_l\right)\left(\nabla_{\phi_l}\phi\right)
\end{aligned}$$

我们能得出一种模式，在每个$\nabla_{\boldsymbol{x}_i}f(i=l,l-1,l-2,\cdots)$的表达式中，最后一个因子是

$\nabla_{\phi_l}\phi$，而第一个因子是ϕ_i关于$\boldsymbol{x}_i$的偏导数．中间项是其中一个嵌套函数关于序列中下一个函数的偏导数．一般公式如下：

$$\nabla_{x_i} f(\boldsymbol{x})=\left(\nabla_{x_i}\phi_i\right)\left(\nabla_{\phi_i}\phi_{i+1}\right)\left(\nabla_{\phi_{i+1}}\phi_{i+2}\right)\cdots\left(\nabla_{\phi_{l-2}}\phi_{l-1}\right)\left(\nabla_{\phi_{l-1}}\phi_l\right)\left(\nabla_{\phi_l}\phi\right) \tag{11.5}$$

（注意，不同 i 的中间项的相似性——相同的导数矩阵在多个表达式中重复出现．）通过扩展算法 11.1，我们推导出算法 11.2 中所示的计算$\nabla f(\boldsymbol{x})$的有效过程．算法 11.2 是有效的，因为它只需要矩阵 - 向量乘法，并充分利用了式（11.5）中间项中的重复结构．

算法 11.2　使用链式法则有效评估渐进式函数及其梯度

给定 $\boldsymbol{x}=(\boldsymbol{x}_1,\boldsymbol{x}_2,\cdots,\boldsymbol{x}_l)\in\mathbf{R}^{n_1+n_2+\cdots n_l}$;
评估 $\boldsymbol{s}_1:=\phi_1(\boldsymbol{x}_1),\boldsymbol{B}_1:=\nabla\phi_1(\boldsymbol{x}_1)$;
for $i=1,2,\cdots,l-1$ **do**
　评估
　$\boldsymbol{s}_{i+1}:=\phi_{i+1}(\boldsymbol{x}_{i+1},\boldsymbol{s}_i),\ \boldsymbol{A}_{i+1}:=\nabla_{\phi_i}\phi_{i+1}(\boldsymbol{x}_{i+1},\boldsymbol{s}_i),$
　　$\boldsymbol{B}_{i+1}:=\nabla\boldsymbol{x}_{i+1}\phi_{i+1}(\boldsymbol{x}_{i+1},\boldsymbol{s}_i)$;
end for
评估 $f:=\phi(\boldsymbol{s}_l),\boldsymbol{p}_l:=\nabla_{\phi_l}\phi(\boldsymbol{s}_l)$;
for $i=l,l-1,\cdots,2$ **do**
　定义 $\boldsymbol{p}_{i-1}:=\boldsymbol{A}_i\boldsymbol{p}_i,\ \boldsymbol{g}_i:=\boldsymbol{B}_i\boldsymbol{p}_i$;
end for
定义 $\boldsymbol{g}_1:=\boldsymbol{B}_1\boldsymbol{p}_1$;
输出 $f=f(\boldsymbol{x}),\boldsymbol{g}=(\boldsymbol{g}_1,\boldsymbol{g}_2,\cdots,\boldsymbol{g}_l)=\nabla f(\boldsymbol{x})$.

11.3　深度学习中的伴随

在 1.6 节描述的神经网络训练中出现的目标函数具有渐进形式［见式（11.4）］（尽管符号不同）．考虑 1.6 节中的有监督多类分类问题，假设我们有 m 个训练样例 $(\boldsymbol{a}_j,\boldsymbol{y}_j),j=1,2,\cdots,m$，其中，$\boldsymbol{a}_j$是一个特征向量且$\boldsymbol{y}_j\in\mathbf{R}^M$是一个标签向量，表示$\boldsymbol{a}_j$属于 M 类中的某个类别属性［见式（1.20）］．用于训练神经网络的损失函数是一个有 m 个形如式（11.4）的函数的有限和，每个训练输入对应其中一项．准确地说，给定特征向量$\boldsymbol{a}_j$，我们可以定义$\boldsymbol{s}_1^{(j)}=\phi_1(\boldsymbol{x}_1;\boldsymbol{a}_j)$作为式（11.4）中的 DNN 第一层的输出，其中，$\boldsymbol{a}_j$表示输入，$\boldsymbol{x}_1$表示第一层的参数．我们可以定义$\boldsymbol{s}_{i+1}^{(j)}=\phi_{i+1}\left(\boldsymbol{x}_{i+1},\boldsymbol{s}_i^{(j)}\right), i=1,2,\cdots,l-1$，如算法 11.2 所示，以最后一层的输出结束，也就是向量$\boldsymbol{s}_l^{(j)}$．注意，$m_l=M$，即最后一层的输出数量等于类 M 的数量．为定义该示例的损失函数，我们设

$$\phi^{(j)}\left(\boldsymbol{s}_l^{(j)}\right)=-\left[\sum_{c=1}^{M}(\boldsymbol{y}_j)_c\left(\boldsymbol{s}_l^{(j)}\right)_c-\log\sum_{c=1}^{M}\mathrm{e}^{\left(\boldsymbol{s}_l^{(j)}\right)_c}\right] \tag{11.6}$$

而整体损失函数为

$$f(\boldsymbol{x})=\frac{1}{m}\sum_{j=1}^{m}\phi^{(j)}\left(\boldsymbol{s}_l^{(j)}\right) \tag{11.7}$$

这是式（11.4）的一个简单概括，其中，f 被定义为 m 个训练样例的损失函数（而不是基于单个训练样例的函数）的平均值，但是请注意，变量 $\boldsymbol{x}$ 在这 m 项中是相同的，这与函数$\phi_l,\phi_{l-1},\cdots,\phi_2$一样．但是，$\phi_1$和 m 项中的每一项都不同，因为输入到第一层的特征向量$\boldsymbol{a}_j$的每一项都不同．函数ϕ在不同项间也是不同的，因为它是基于训练样例 j 的标签向量$\boldsymbol{y}_j$．算法 11.2 原则上可以适用于每个函数$\phi^{(j)}(j=1,2,\cdots,m)$来得到$\nabla f(\boldsymbol{x})$．在实践中，训练通常是用第 5 章中的某种随机梯度法的变体来完成的，我们通过从式（11.7）的总和中抽取一个单项或一个小项，并仅对这些项应用算法 11.2 来获得这些方法所需的近端梯度．

11.4 自动微分

现在考虑一下 11.2 节中方法的一般化，其中，变量不一定是逐个阶段逐步引入的，而且每个阶段可能不仅依赖于前一个阶段，还依赖于许多先前的阶段．我们只使用了一个观察结果，即函数 f 的计算可以组织成一个有向无环图（DAG），称为计算图，其中存在一个节点的枚举，使得每个节点仅依赖于编号较小的节点．（任何可以通过计算实现的函数评估程序都必然具有一个 DAG 结构．）对于函数$f:\mathbf{R}^n\to\mathbf{R}$，我们用$x_i$表示在节点 i 处计算的量，其中，前 n 个节点是变量向量 $\boldsymbol{x}$ 的 n 个分量，最后一个节点(x_N,say)是函数值．计算的每一步有如下形式：

$$x_i=\phi_i(x_{\mathcal{P}(i)}),\quad i=n+1,n+2,\cdots,N \tag{11.8}$$

其中，$\mathcal{P}(i)$代表计算图中节点 i 的父节点，即计算 x_i 所需的元素$x_j, j\in\mathcal{P}(i)$．“估计”通常是一个基本操作．例如，一个节点可以简单地将其两个输入相乘或相加，或者它

可以对其单一输入进行指数或正弦运算．该计算的DAG表示有N个节点，对于所有的$i=n+1,n+2,\cdots,N$，从$\mathcal{P}(i)$中的每个节点都有指向节点i的有向弧．节点编号使得$\mathcal{P}(i)\subset\{1,2,\cdots,i-1\}$．

$n=3$和$N=10$的样例计算图如图11.1所示．这里x_1,x_2和x_3是三个独立变量，并且我们有

$$\mathcal{P}(4)=\{1,2\},\quad \mathcal{P}(5)=\{1,2,3\},\quad \mathcal{P}(6)=\{1,4\},\quad \mathcal{P}(7)=\{2,4,5\},$$
$$\mathcal{P}(8)=\{3,5\},\quad \mathcal{P}(9)=\{6,7,8\},\quad \mathcal{P}(10)=\{6,9\}$$

从式（11.8）可以清楚地看出如何估计函数f——通过在图中从左向右移动，按顺序估计节点．但是我们如何重构梯度$\nabla f(\boldsymbol{x})$？如前几节所述，关键是在估计期间存储附加信息［见式（11.8）］．除了估计x_i，我们存储x_i关于每个参数$x_j\left(j\in\mathcal{P}(i)\right)$的偏导数．具体来说，对于每个$j\in\mathcal{P}(i)$，我们用$\partial x_i/\partial x_j=\partial\phi_i/\partial x_j$来标记从$j$到$i$的弧．这些偏导数所需的额外计算通常是最小的，每条弧仅需进行几次浮点运算．

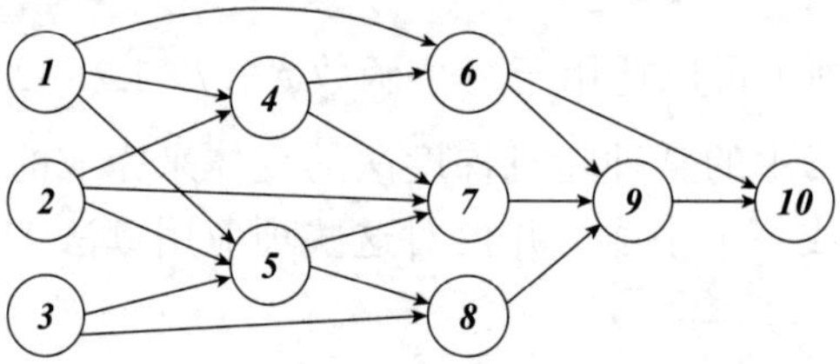

图 11.1　三个变量的函数的计算图，其中有 N=10 个节点

有了偏导数信息，我们就可以通过对计算图进行反向遍历来找到$\nabla f(\boldsymbol{x})$．在这次遍历结束时，图的节点i会包含次梯度$\partial f/\partial x_i$，因此，特别地，前n个节点将包含$\partial f/\partial x_i,i=1,2,\cdots,n$，它们是梯度$\nabla f(\boldsymbol{x})$的分量．

为了进行反向遍历，我们在每个节点$i=1,2,\cdots,N$上引入变量z_i，将它们初始化为$z_i=0(i=1,2,\cdots,N-1)$，以及$z_N=1$．在计算结束时，每个z_i将包含f关于x_i的偏导数．因为$f(\boldsymbol{x})=x_N$，我们有$\partial f/\partial x_N=1$，所以$z_N=1$已经包含了正确的值．现在遍历将会通过节点$i=N,N-1,N-2,\cdots,1$，步骤如下：第$i$步开始前，我们有$z_i=\partial f/\partial x_i$．然后，我们在节点$j$在父集$\mathcal{P}(i)$里按如下步骤更新变量$z_j$：

$$z_j\leftarrow z_j+z_i\frac{\partial\phi_i}{\partial x_j},\quad j\in\mathcal{P}(i)\tag{11.9}$$

当需要处理节点 i 时，变量 z_i 包含其所有子节点的贡献之和，因为节点 $i+1, i+2, \cdots, N$ 已经被处理过了 . 因此，我们有

$$z_j = \sum_{l:i\in\mathcal{P}(l)} z_l + \frac{\partial\phi_l}{\partial x_i} = \sum_{l:i\in\mathcal{P}(l)} \frac{\partial f}{\partial\phi_l}\frac{\partial\phi_l}{\partial x_i} \tag{11.10}$$

第二个等号是由于在更新 z_i 时，z_l 包含值 $\partial f/\partial x_l$，因为 $i\in\mathcal{P}(l)$. 由于式（11.10）捕获了 f 对 x_j 的总依赖，并且由于只有当 $i>j$ 时，$j\in\mathcal{P}(i)$，我们通过归纳论证得到，当 z_j 收集了其所有子节点 i 的贡献后，它自身也将包含偏导数 $\partial f/\partial x_j$. 式（11.10）本质上是 $\partial f/\partial x_j$ 的链式法则 .

回到图 11.1 中的例子，我们看到节点 4,5,⋯,10 的部分函数计算可以按照数值顺序进行，而偏导数计算可以按相反的顺序 10,9,8,⋯,4,3,2,1 进行计算 .

我们在这节里描述的是自动微分的反向模式（也称为“计算微分”和“算法微分”）.（该技术在机器学习领域中通常被称为“反向传播”. ）Griewank 和 Walther（2008）的专著探讨了这种技术和自动微分中的许多其他问题 . 反向模式有一个显著的特性，即获得梯度 ∇f 的计算成本受限于被评估 f 的成本的一个小倍数 . 这个事实可以很容易地从以下事实中推断出来：（a）计算图中的每条弧只对应于一个或几个在 f 求值期间的浮点运算；（b）用偏导数 $\partial x_i/\partial x_j$ 标记从 j 到 i 的弧只需要一个或几个额外的浮点运算；（c）反向遍历时每条弧只访问一次，更新公式［见式（11.9）］表明，一般情况下，每条弧都关联了两次操作（一次加法和一次乘法）.

反向模式的主要缺点是其空间复杂性 . 如前所述，该过程需要存储完整的计算图，包括存储 x_i 和 $z_i (i=1,2,\cdots,N)$ 以及弧标签 $\partial\phi_i/\partial x_j$，因此，存储需求随评估 f 所需时间线性增长 . 这样的要求对于某些函数来说可能是令人望而却步的 . 这个问题可以通过使用“检查点”来解决，它本质上是一个用存储换取额外计算的过程 . 在一个检查点，我们只保存计算图中那些在后续评估中需要的节点，而丢弃其余的 . 当反向遍历到达这一点时，我们重新计算被丢弃的节点，允许反向遍历继续到一个更早的检查点 . 详情请见 Griewank 和 Walther (2008).

11.5　通过拉格朗日函数和隐函数定理推导

我们在这里研究了关于渐进式函数［见式（11.4）］的另一种观点，该观点基于一个等式约束的优化问题的重述 . 我们还将讨论这种重新表述的算法结果以及一些扩展问题 .

11.5.1 渐进式函数的约束优化公式

回到式 (11.4) 中定义的渐进式函数，假设我们的任务是为这个函数找到一个驻点——$\nabla f(\boldsymbol{x})=\mathbf{0}$的点．通过引入变量 $\boldsymbol{s}_i$ 来存储中间的估计结果，我们可以将这个问题表述为以下等式约束的优化问题：

$$\min_{\boldsymbol{x},\boldsymbol{s}} f(\boldsymbol{x},\boldsymbol{s}) := \phi(\boldsymbol{s}_l)$$

$$\text{约束条件：} \boldsymbol{s}_1=\phi_1\left(\boldsymbol{x}_1\right), \boldsymbol{s}_i=\phi_i\left(\boldsymbol{x}_i,\boldsymbol{s}_{i-1}\right), i=2,3,\cdots,l \tag{11.11}$$

其中，$\boldsymbol{s}=(\boldsymbol{s}_1,\boldsymbol{s}_2,\cdots,\boldsymbol{s}_l)$且$\boldsymbol{x}=(\boldsymbol{x}_1,\boldsymbol{x}_2,\cdots,\boldsymbol{x}_l)$．通过为式（11.11）中的约束引入拉格朗日乘数向量$\boldsymbol{p}_1,\boldsymbol{p}_2,\cdots,\boldsymbol{p}_l$，我们可以将这个问题的拉格朗日函数写为

$$\mathcal{L}(\boldsymbol{x},\boldsymbol{s},\boldsymbol{p})=\phi\left(\boldsymbol{s}_l\right)-\sum_{i=2}^{l}\boldsymbol{p}_i^{\mathrm{T}}\left(\boldsymbol{s}_i-\phi_i\left(\boldsymbol{x}_i,\boldsymbol{s}_{i-1}\right)\right)-\boldsymbol{p}_1^{\mathrm{T}}\left(\boldsymbol{s}_1-\phi_1\left(\boldsymbol{x}_1\right)\right) \tag{11.12}$$

使（$\boldsymbol{x},\boldsymbol{s}$）成为该问题的解的一阶条件是通过对 $\boldsymbol{x},\boldsymbol{s}$ 和 $\boldsymbol{p}$ 取拉格朗日函数的偏导数并将它们全部设为零来获得的．这些偏导数如下所示：

$$\nabla_{\boldsymbol{x}_1}\mathcal{L}=\boldsymbol{B}_1\boldsymbol{p}_1, \quad \boldsymbol{B}_1=\nabla\phi_1(\boldsymbol{x}_1) \tag{11.13a}$$

$$\nabla_{\boldsymbol{x}_1}\mathcal{L}=\boldsymbol{B}_i\boldsymbol{p}_i, \quad \boldsymbol{B}_i:=\nabla_{\boldsymbol{x}_i}\phi_i(\boldsymbol{x}_i,\boldsymbol{s}_{i-1}), \quad i=2,3,\cdots,l \tag{11.13b}$$

$$\nabla_{\boldsymbol{p}_1}\mathcal{L}=-\boldsymbol{s}_i+\phi_i(\boldsymbol{x}_i,\boldsymbol{s}_{i-1}), \quad i=2,3,\cdots,l \tag{11.13c}$$

$$\nabla_{\boldsymbol{p}_1}\mathcal{L}=-\boldsymbol{s}_1+\phi_1(\boldsymbol{x}_1) \tag{11.13d}$$

$$\nabla_{\boldsymbol{s}_i}\mathcal{L}=-\boldsymbol{p}_i+\boldsymbol{A}_i\boldsymbol{p}_{i+1}, \quad \boldsymbol{A}_i:=\nabla_{\boldsymbol{s}_i}\phi_{i+1}\left(\boldsymbol{x}_{i+1},\boldsymbol{s}_i\right), i=1,2,\cdots,l-1 \tag{11.13e}$$

$$\nabla_{\boldsymbol{s}_l}\mathcal{L}=-\boldsymbol{p}_l+\nabla\phi(\boldsymbol{s}_l) \tag{11.13f}$$

注意这个非线性方程组和算法 11.2 之间的密切关系．通过将 $\boldsymbol{p}_i$ 的偏导数设为零，我们得到式（11.11）中的等式约束，当 $\boldsymbol{s}_i$ 由算法 11.2 中的前向传播定义时，这些约束得到满足．通过将 $\boldsymbol{s}_i$ 的偏导数设为零，我们得到所谓的定义 $\boldsymbol{p}_i$ 的伴随方程，它与算法 11.2 中反向遍历得到的 $\boldsymbol{p}_i$ 相同．最后，L 的偏导数相对于 $\boldsymbol{x}_i$ 产生的公式与算法 11.2 中梯度表达式的公式相同．因此，在式（11.4）中，当$\nabla f(\boldsymbol{x})=\mathbf{0}$时，式（11.13）中的所有项都是零，也就是说，$\boldsymbol{x}$ 是 f 的一个驻点．

当公式由于同时涉及 $\boldsymbol{s}$ 和 $\boldsymbol{x}$ 的约束（等式和不等式）或由于其结构比式（11.4）中

的更普遍而变得复杂时，约束优化这种方法就可能具有优势．在这种情况下，一阶条件［见式（11.13）］包含互补性条件，可以用内点框架处理，同时仍保留非线性方程［见式（11.13）］的雅可比矩阵中的稀疏性和结构性优势，从而可以对每一步进行有效计算．在无约束的公式中，将约束简化为仅涉及 $\boldsymbol{x}$ 的公式，即使这是有可能的，也会导致约束条件的结构损失，从而导致基于式（11.4）的算法的效率损失．

11.5.2　无约束和约束公式的一般观点

我们通过考虑如下无约束问题来概括 11.5.1 节的方法：

$$\min f(\boldsymbol{x}) \tag{11.14}$$

其中，$\boldsymbol{x}\in\mathbf{R}^n$，可以等价地重写为以下约束公式：

$$\min_{x,s} F(\boldsymbol{x},\boldsymbol{s})$$

$$\text{约束条件：} h(\boldsymbol{x},\boldsymbol{s})=\mathbf{0} \tag{11.15}$$

其中，$\boldsymbol{s}\in\mathbf{R}^p$，并且$h:\mathbf{R}^n\times\mathbf{R}^p\to\mathbf{R}^p$根据 $\boldsymbol{x}$ 唯一地定义了 $\boldsymbol{s}$. 由于后一个性质，我们可以写成 $\boldsymbol{s}$=$\boldsymbol{s}(\boldsymbol{x})$，其中，对于所有 $\boldsymbol{s}$，$h\left(\boldsymbol{x}(\boldsymbol{s}),\boldsymbol{s}\right)=0$，因此，式（11.15）中的目标函数变为$F\left(\boldsymbol{x},\boldsymbol{s}(\boldsymbol{x})\right)$和

$$f(\boldsymbol{x})=F\left(\boldsymbol{x},\boldsymbol{s}(\boldsymbol{x})\right) \tag{11.16}$$

在适当地假设 $p\times p$ 矩阵$\nabla_s h\left(\boldsymbol{x},\boldsymbol{s}(\boldsymbol{x})\right)$的平滑性和非奇异性后，我们从隐函数定理（参见附录中的定理 A.2）得到

$$\nabla_x \boldsymbol{s}(\boldsymbol{x})=-\nabla_x h\left(\boldsymbol{x},\boldsymbol{s}(\boldsymbol{x})\right)\left[\nabla_s h\left(\boldsymbol{x},\boldsymbol{s}(\boldsymbol{x})\right)\right]^{-1} \tag{11.17}$$

（这可以通过取h关于 $\boldsymbol{x}$ 的全导数并将其设为零得到，即$\mathbf{0}=\nabla_x h\left(\boldsymbol{x},\boldsymbol{s}(\boldsymbol{x})\right)+\nabla_x \boldsymbol{s}(\boldsymbol{x})\nabla_s h\left(\boldsymbol{x},\boldsymbol{s}(\boldsymbol{x})\right)$.）通过将式（11.17）代入式（11.16），我们得到

$$\begin{aligned}\nabla f(\boldsymbol{x})&=\nabla_x F(\boldsymbol{x},\boldsymbol{s})+\nabla_x \boldsymbol{s}(\boldsymbol{x})\nabla_s F(\boldsymbol{x},\boldsymbol{s})\\&=\nabla_x F(\boldsymbol{x},\boldsymbol{s})-\nabla_x h\left(\boldsymbol{x},\boldsymbol{s}(\boldsymbol{x})\right)\left[\nabla_s h\left(\boldsymbol{x},\boldsymbol{s}(\boldsymbol{x})\right)\right]^{-1}\nabla_s F(\boldsymbol{x},\boldsymbol{s})\end{aligned} \tag{11.18}$$

式（11.11）是式（11.15）的一个特例，其中，$\nabla_s h(\boldsymbol{x},\boldsymbol{s})$是对角线上具有单位矩阵的分块对角矩阵．因此，逆$\left[\nabla_s h\left(\boldsymbol{x},\boldsymbol{s}(\boldsymbol{x})\right)\right]^{-1}$保证存在．我们可以证明由式（11.18）得出的$\nabla f(\boldsymbol{x})$公式与算法 11.2 对式（11.4）得到的公式相同．我们将此证明留作练习．

11.5.3 扩展：控制

通过对式（11.11）进行轻微扩展，我们可以定义离散时间最优控制，这是工程学中的一类重要问题，近年来也在机器学习领域得到了应用．唯一的本质区别是，目标函数不仅取决于$\boldsymbol{s}_l$，还可能取决于所有变量$\boldsymbol{x}_i(i=1,2,\cdots,l)$和所有的中间变量$\boldsymbol{s}_i(i=1,2,\cdots,l)$，所以我们有

$$\min_{x,s} f(\boldsymbol{x},\boldsymbol{s}) := \phi(\boldsymbol{x},\boldsymbol{s}) \tag{11.19a}$$

$$\text{约束条件：} \boldsymbol{s}_1=\phi_1\left(\boldsymbol{x}_1\right), \boldsymbol{s}_i=\phi_i\left(\boldsymbol{x}_i,\boldsymbol{s}_{i-1}\right), i=2,3,\cdots,l \tag{11.19b}$$

在控制领域的术语中，变量$\boldsymbol{x}_i$被称为控制或输入，其目的是影响由函数ϕ_i描述的动态系统的演化．变量$\boldsymbol{s}_i$被称为这个系统的状态．这通常是一些已知的初始状态$\boldsymbol{s}_0$（没有包含在上述公式中，因为它是固定的），其他状态完全由式（11.19）中的方程决定．

式（11.19）的形式为式（11.15），其中，雅可比矩阵$\nabla_s h(\boldsymbol{x},\boldsymbol{s})$是对角线上具有单位矩阵的分块双对角矩阵，因此，它在结构上是非奇异的．因此，解式（11.19）的算法可以使用无约束的方法或约束的方法．后者在控制的情况下往往更有用，因为许多问题对状态$\boldsymbol{s}_i$和控制$\boldsymbol{x}_i$都有约束，且在约束公式中可以更有效地处理这些问题．（即使是对$\boldsymbol{s}_i$的约束也会转化为对控制$\boldsymbol{x}_i$的复杂约束，而消除$\boldsymbol{s}_i$，就像在无约束的表述中所做的那样，会导致阶段性结构的丧失．）

注释和参考

Griewank 和 Walther（2008）的专著是关于计算微分的标准参考书．ReLU 激活在神经网络中的广泛使用为导数计算引入了一些复杂性，因为这些函数并不平滑！ 11.2 节和 11.3 节中描述的思想是相同的，但是“导数”的概念需要被泛化．Griewank 和 Walther（2008，第 14 章）讨论了泛化问题，重点是 Clarke 次微分．泛化也被 David 等人（2020）使用，分析了基于该泛化的随机子梯度法的收敛性，该框架可应用于具有 ReLU 激活的神经网络．Bolte 和 Pauwels（2020）利用“保守场”作为导数的泛化（Clarke 次微分是一个“最小保守场”，是一个特例），给出了自动微分的反向模式的泛化和随机梯度法的小批量变体的收敛性．

（Rao 等人，1998）讨论了利用阶段性结构的最优控制问题的有效解，包括在问题的每个阶段都有额外约束的变体．

习题

1. 将式（11.11）表示为式（11.15）形式，证明式（11.18）得出的 f 的梯度与算法 11.2 中计算的相同. 详细解释为什么矩阵 $\nabla_s h(\boldsymbol{x},\boldsymbol{s})$ 对于式（11.11）中的特定函数 h 是非奇异的.
2. 以类似于图 11.1 的格式绘制嵌套函数［见式（11.1）］和渐进式函数［见式（11.4）］的计算图.
3. 将式（11.19）表示为式（11.15）形式，推导出关于 $\boldsymbol{x}_1,\boldsymbol{x}_2,\cdots,\boldsymbol{x}_l$ 的梯度表达式，其中，状态 $\boldsymbol{s}_i$ 被消除.
4. 考虑一个具有 ResNet 结构的 DNN，其中不仅有相邻层之间的连接，而且还有跳过一层的连接，将第 i 层神经元的变换输出连接到第 $i+2$ 层的输入. 写下这种情况下式（11.11）的扩展. 通过使用 11.5.2 节的隐函数定理，导出目标函数关于 DNN 参数的全导数表达式.

附　录

一些背景信息

这个附录汇总了本书分析所需的一些背景信息，包括定义、各章中所描述结论的证明，以及一些基础性结论，如线性规划对偶性和凸集的可分性．

附录 A.1　定义和基本概念

集合

我们假设已经熟悉开集、闭集和紧集的概念．一个点 $\boldsymbol{x}$ 到一个集合 C 的距离为

$$\operatorname{dist}(\boldsymbol{x},C)=\inf_{y\in C}\|\boldsymbol{x}-\boldsymbol{y}\| \tag{A.1}$$

集合 C 的闭包是所有使得 $\operatorname{dist}(\boldsymbol{x},C)=0$ 的点 $\boldsymbol{x}$ 的集合，用 $\operatorname{cl}(C)$ 表示．集合 C 的内部是包含在 C 中的最大开集，用 $\operatorname{int}(C)$ 表示．

当 $\boldsymbol{x}\in C,\boldsymbol{y}\in C\Rightarrow\alpha\boldsymbol{x}+(1-\alpha)\boldsymbol{y}\in C$ 对于所有 $\alpha\in[0,1]$ 成立时，集合 C 是凸集．当 $\boldsymbol{x}\in C,\boldsymbol{y}\in C\Rightarrow\alpha\boldsymbol{x}+(1-\alpha)\boldsymbol{y}\in C$ 对于所有 $\alpha\in\mathbf{R}$ 成立时，集合 C 是仿射集．

一个集合 C 的仿射包是指包含集合 C 的最小仿射集，用 $\operatorname{aff}(C)$ 表示．以下是仿射包的明确定义：

$$\operatorname{aff}(C):=\left\{\sum_{i=1}^{m}\alpha_i\boldsymbol{x}^i \mid \sum_{i=1}^{m}\alpha_i=1,\boldsymbol{x}^i\in C,i=1,2,\cdots,m\right\} \tag{A.2}$$

集合 C 的相对内部是指当把集合 C 视为其仿射包的子集时的内部，用 $\operatorname{ri}(C)$ 表示．可以明确定义为

$$\operatorname{ri}(C):=\{\boldsymbol{x}\in\operatorname{aff}(C)\mid\exists\epsilon>0,\ 使得\ \|\boldsymbol{y}-\boldsymbol{x}\|<\epsilon,\ \boldsymbol{y}\in\operatorname{aff}(C)\Rightarrow\boldsymbol{y}\in C\} \tag{A.3}$$

举个例子，集合$C:=[0,1]\times(0,1]\times\{1\}\subset\mathbf{R}^3$，其拥有仿射包$\operatorname{aff}(C)=\mathbf{R}^2\times\{1\}$，且有相对内部$\operatorname{ri}(C)=(0,1)\times(0,1)\times\{1\}$.

当Ω是一个凸集时，该集合乘上一个非负标量的定义如下所示：

$$\alpha\Omega:=\{\alpha\boldsymbol{v}:\boldsymbol{v}\in\Omega\}$$

几个凸集$\Omega_i(i=1,2,\cdots,m)$相加的定义如下所示：

$$\sum_{i=1}^{m}\Omega_i:=\left\{\sum_{i=1}^{m}\boldsymbol{v}^i:\boldsymbol{v}^i\in\Omega_i,i=1,2,\cdots,m\right\}$$

如果$\boldsymbol{x}\in C\Rightarrow\alpha\boldsymbol{x}\in C$对于所有$\alpha>0$成立，那么集合 C 是一个锥 . 锥 C 的极C°的定义是$C^\circ:=\{\boldsymbol{y}|\boldsymbol{y}^{\mathrm{T}}\boldsymbol{x}\leqslant 0$ 对于所有 $\boldsymbol{x}\in C$ 成立 $\}$.

阶符号

给定两个非负标量序列$\{\eta_k\}$和$\{\zeta_k\}$，其中，$\zeta_k\to\infty$，如果对于所有足够大的 k，存在一个常数 M，使得$\eta_k\leqslant M\zeta_k$，则我们定义$\eta_k=O(\zeta_k)$. 如果$\zeta_k\to 0$，我们有类似的定义 .

对于前述非负标量序列$\{\eta_k\}$和$\{\zeta_k\}$，如果当$k\to\infty$时，$\eta_k/\zeta_k\to 0$，我们定义$\eta_k=o(\zeta_k)$. 如果$\eta_k=O(\zeta_k)$且$\zeta_k=O(\eta_k)$，我们则定义$\eta_k=\Omega(\zeta_k)$.

对于非负序列$\{\eta_k\}$，如果$\eta_k\to 0$，我们定义$\eta_k=o(1)$.

我们有时（如 2.2 节）在使用阶符号时并没有明确定义出$\{\eta_k\}$和$\{\zeta_k\}$这样的序列 . 例如，考虑式（2.6），即

$$f(\boldsymbol{x}+\boldsymbol{p})=f(\boldsymbol{x})+\nabla f(\boldsymbol{x})^{\mathrm{T}}\boldsymbol{p}+o(\|\boldsymbol{p}\|)$$

这种用法可以与我们之前的定义相调和，即考虑一个向量序列$\{\boldsymbol{p}^k\}$，$\|\boldsymbol{p}^k\|\to 0$. 我们有

$$f\left(\boldsymbol{x}+\boldsymbol{p}^k\right)=f(\boldsymbol{x})+\nabla f(\boldsymbol{x})^{\mathrm{T}}\boldsymbol{p}^k+o\left(\|\boldsymbol{p}^k\|\right)$$

其中，符号$o(\cdot)$跟之前的定义一样 . 更为具体地讲，如果我们定义

$$\boldsymbol{r}^k:=f\left(\boldsymbol{x}+\boldsymbol{p}^k\right)-f(\boldsymbol{x})-\nabla f(\boldsymbol{x})^{\mathrm{T}}\boldsymbol{p}^k$$

我们有$\|\boldsymbol{r}^k\|=o\left(\|\boldsymbol{p}^k\|\right)$.

序列的收敛性

给定一个点序列$\{\boldsymbol{x}^k\}_{k=0,1,2,\cdots}(\boldsymbol{x}^k\in\mathbf{R}^n)$对于所有 k 成立 . 如果对于任意$\epsilon>0$，存在k_ϵ，

使得$\| \boldsymbol{x}^k - \bar{\boldsymbol{x}} \| \leqslant \epsilon$对于所有$k > k_\epsilon$成立，则称$\bar{\boldsymbol{x}}$是该序列的极限．我们将其表示为$\bar{\boldsymbol{x}} = \lim_{k\to\infty} \boldsymbol{x}^k$．

如果对于任意索引K以及任意$\epsilon > 0$，存在$k > K$，使得$\| \boldsymbol{x}^k - \bar{\boldsymbol{x}} \| \leqslant \epsilon$，则称$\bar{\boldsymbol{x}}$是序列$\{\boldsymbol{x}^k\}$的聚点．当该条件成立时，我们就可以定义一个无穷索引集$S \subset \{1,2,\cdots\}$，使得$\lim_{k\to\infty, k\in\mathcal{S}} \boldsymbol{x}^k = \bar{\boldsymbol{x}}$．

当$\bar{\boldsymbol{x}} = \lim_{k\to\infty} \boldsymbol{x}^k$时，如果存在$\rho \in (0,1)$，使得对于所有足够大的$k$，我们有

$$\frac{\| \boldsymbol{x}^{k+1} - \bar{\boldsymbol{x}} \|}{\| \boldsymbol{x}^k - \bar{\boldsymbol{x}} \|} \leqslant \rho$$

如果存在一个正标量序列$\{\eta_k\}$使得$\{\eta_k\}$以Q线性收敛到零点，且对于所有k，$\| \boldsymbol{x}^k - \bar{\boldsymbol{x}} \| \leqslant \eta_k$成立，那么，我们称$\{\boldsymbol{x}^k\}$以$Q$线性收敛到$\bar{\boldsymbol{x}}$．

线性代数

一个对称矩阵$\boldsymbol{A} \in S\mathbf{R}^{n\times n}$可以特征值分解为$\boldsymbol{A} = \sum_{i=1}^{n} \lambda_i \boldsymbol{u}^i (\boldsymbol{u}^i)^{\mathrm{T}}$，其中，$\{\boldsymbol{u}^1, \boldsymbol{u}^2, \cdots, \boldsymbol{u}^n\}$是一个相互规范正交的特征向量集合，$\lambda_i = \lambda_i(\boldsymbol{A})$通常是以非增顺序排列的（实数）特征值．我们定义$\lambda_{\max}(\boldsymbol{A}) = \max_{i=1,2,\cdots,n} \lambda_i(\boldsymbol{A})$，$\lambda_{\min}(\boldsymbol{A}) = \min_{i=1,2,\cdots,n} \lambda_i(\boldsymbol{A})$．对于这样的矩阵，迹等于特征值之和，即

$$\operatorname{trace}(\boldsymbol{A}) = \sum_{i=1}^{n} A_{ii} = \sum_{i=1}^{n} \lambda_i(\boldsymbol{A}) \tag{A.4}$$

詹森（Jensen）不等式和积分范数不等式

詹森不等式可以用几种形式表示，下述形式是其中一种．设$(\Omega, \mathcal{A}, \mu)$是一个概率空间，使得$\mu(\Omega) = 1$．假设$g$是一个$\mu$可积的实值函数，且$\varphi$是一个实线上的凸函数．那么我们有

$$\varphi\left(\int_{\Omega} g(\boldsymbol{s}) \mathrm{d}\mu(\boldsymbol{s})\right) \leqslant \int_{\Omega} \varphi\left(g(\boldsymbol{s}) \mathrm{d}\mu(\boldsymbol{s})\right) \tag{A.5}$$

注意，这个积分表示一个期望值，那么通过改写函数g为一个随机变量X，我们可以将结果重写为如下形式：

$$\varphi(E(X)) \leqslant E(\varphi(X)) \tag{A.6}$$

一个与此密切相关的分析如下：设$(\Omega, \mathcal{A}, \mu)$是一个度量空间，函数$f: S \to X$可积，其中，$X$是具有范数$\|\cdot\|$的巴拿赫空间．那么，我们有

$$\| \int_S f(\boldsymbol{s}) \mathrm{d}\mu(\boldsymbol{s}) \| \leqslant \int_S \| f(\boldsymbol{s}) \| \mathrm{d}\mu(\boldsymbol{s}) \tag{A.7}$$

向量函数的泰勒定理

泰勒定理是平滑优化的一个基础性结果，因为它使我们能够使用函数f在特定点的导数信息来估计其在附近点的情况．我们在第2章中讨论了平滑函数$f:\mathbf{R}^n \to \mathbf{R}$的泰勒定理．这里，我们介绍一个用于向量函数的变体$F:\mathbf{R}^n \to \mathbf{R}^n$，它在分析非线性方程组时很有用．

定理 A.1 设$F:\mathbf{R}^n \to \mathbf{R}^n$是具有连续可微雅可比矩阵$J(\boldsymbol{x})$的非线性方程组．那么对于任意$\boldsymbol{x},\boldsymbol{p} \in \mathbf{R}^n$，我们有

$$F(\boldsymbol{x}+\boldsymbol{p}) - F(\boldsymbol{x}) = \int_0^1 J(\boldsymbol{x}+t\boldsymbol{p})\boldsymbol{p}\mathrm{d}t$$

隐函数定理

隐函数定理描述了一个向量函数$\boldsymbol{s}(\boldsymbol{x}) \in \mathbf{R}^p$关于其向量参数$\boldsymbol{x} \in \mathbf{R}^n$的敏感性，其中，函数和参数之间存在着隐含关系，该关系是以另一个向量函数$\boldsymbol{h}(\boldsymbol{x},\boldsymbol{s}(\boldsymbol{x}))=\mathbf{0}$来定义的，而$\boldsymbol{h} \in \mathbf{R}^p$和 $\boldsymbol{s}$ 具有相同的维度．

我们将结果严格表述如下［有关证明，请参见 Lang（1983，P.131）］．

定理 A.2 设$\boldsymbol{h}:\mathbf{R}^n \times \mathbf{R}^p \to \mathbf{R}^p$是一个使得以下三个条件成立的函数：

(i) $\boldsymbol{h}(\boldsymbol{x}^*,\boldsymbol{s}^*)=\mathbf{0}$对于某个$\boldsymbol{s}^* \in \mathbf{R}^p$和$\boldsymbol{x}^* \in \mathbf{R}^p$成立．

(ii) $\boldsymbol{h}(\cdot,\cdot)$在某个$(\boldsymbol{x}^*,\boldsymbol{s}^*)$邻域连续可微．

(iii) $\nabla_s \boldsymbol{h}(\boldsymbol{x}^*,\boldsymbol{s}^*) \in \mathbf{R}^{p\times p}$是非奇异的．

那么，存在分别包含$\boldsymbol{s}^*$和$\boldsymbol{x}^*$的开集$\mathcal{N}_s \in \mathbf{R}^p$和$\mathcal{N}_x \in \mathbf{R}^n$，以及一个定义唯一的连续函数$\boldsymbol{s}(\cdot):\mathbf{R}^n \to \mathbf{R}^p$，使得$\boldsymbol{s}(\boldsymbol{x}^*)=\boldsymbol{s}^*$且$\boldsymbol{h}(\boldsymbol{x},\boldsymbol{s}(\boldsymbol{x}))=\mathbf{0}$对于所有$\boldsymbol{x} \in \mathcal{N}_x$成立．该函数 $\boldsymbol{s}$ 的梯度定义为

$$\nabla \boldsymbol{s}(\boldsymbol{x}) = -\nabla_x \boldsymbol{h}(\boldsymbol{x},\boldsymbol{s}(\boldsymbol{x}))\left[\nabla_s \boldsymbol{h}(\boldsymbol{x},\boldsymbol{s}(\boldsymbol{x}))\right]^{-1}$$

如果 $\boldsymbol{h}$ 是关于其两个参数$r \geqslant 1$次连续可微的，那么，$\boldsymbol{s}(\boldsymbol{x})$也是关于$\boldsymbol{x}$ r 次连续可微的．

附录 A.2 收敛速率和迭代复杂度

我们在这里展示如何利用线性和次线性收敛速率，来获得将相关数值减小到小于某个给定阈值$\epsilon > 0$所需要的迭代次数的下界．该下界通常被称作算法的迭代复杂度．

用$\{\tau_k\}$表示一个相关的非负标量序列，且$\tau_k \to 0$．我们有$\tau_k = f(\boldsymbol{x}^k) - f^*$（即该函数在第$k$次迭代时的值与其最优值的差），或$\tau_k = \|\nabla f(\boldsymbol{x}^k)\|$（梯度的范数），抑或是$\tau_k = \text{dist}(\boldsymbol{x}^k, \mathcal{S})$（当前迭代$\boldsymbol{x}^k$与解集间的距离）这三种情况作为例子．我们使用$\epsilon > 0$来描述$\tau_k$的目标值，然后得到保证$\tau_k \leqslant \epsilon$的迭代次数$k$的表达式．

假设我们可以证明对于某个标量$A > 0$和$B \geqslant 0$，有以下次线性收敛形式：

$$\tau_k \leqslant \frac{A}{k+B}, \quad k = 1, 2, \cdots$$

通过简单的变换可知，当$k \geqslant (A/\epsilon) - B$时，我们有$\tau_k \leqslant \epsilon$．

假设我们有一种更慢的次线性收敛形式，即

$$\tau_k \leqslant \frac{A}{\sqrt{k+B}}, \quad k = 1, 2, \cdots$$

在这种情况下，对于所有$k \geqslant (A/\epsilon)^2 - B$，我们可以保证$\tau_k \leqslant \epsilon$．

假设我们能够证明序列$\{\tau_k\}$以Q线性收敛到零，也就是说，

$$\tau_{k+1} \leqslant (1-\phi)\tau_k, \quad \phi \in (0,1) \tag{A.8}$$

通过递归地使用式(A.8)，我们有

$$\tau_k \leqslant (1-\phi)^{k-1}\tau_1, \quad k = 1, 2, \cdots$$

因此，我们可以在如下条件下保证$\tau_T \leqslant \epsilon$：

$$(1-\phi)^{T-1}\tau_1 \leqslant \epsilon$$

当$\tau_1 \leqslant \epsilon$时，$T = 1$就足够了，我们不需要进一步迭代．否则，在不等式两边同时除以τ_1并取对数，我们可以得到等价条件

$$(T-1)\log(1-\phi) \leqslant \log(\epsilon/\tau_1)$$

现在利用$\log(1+t) \leqslant t$对于所有$t > -1$成立的事实，我们找到该不等式的充分条件，即

$$-(T-1)\phi \leqslant \log(\epsilon/\tau_1)$$

或者等价地有

$$T \geqslant \frac{1}{\phi}\left|\log(\epsilon/\tau_1)\right| + 1 \tag{A.9}$$

注意，阈值ϵ仅出现在K的估计的对数项中，而更重要的是决定其线性收敛速率的有关ϕ的项.

附录 A.3 算法 3.1 是一种有效的线搜索技术

我们在这里证明算法 3.1 能成功地找到一个满足弱 Wolfe 条件的α值，除非函数f在$\boldsymbol{d}$方向是无下界的.［此证明改编自（Burke 和 Engle，2018）的引理 4.2.］

定理 A.3 假设函数$f:\mathbf{R}^n\to\mathbf{R}$是连续可微的，且$\boldsymbol{x},\boldsymbol{d}\in\mathbf{R}^n$使得$\nabla f(\boldsymbol{x})^{\mathrm{T}}\boldsymbol{d}<0$. 那么，在算法 3.1 中必定出现以下两种可能情况中的一种：

(i) 该算法在满足弱 Wolfe 条件［见式（3.26）］的有限值α处终止.

(ii) 该算法不会在有限值处终止. 在该情况下，U永远不会设置为有限值，L在第一次迭代中设置为 1，并且在每次后续迭代中翻倍，而对于该算法生成的α序列，$f(\boldsymbol{x}+\alpha\boldsymbol{d})\to-\infty$.

证明 假设算法没有在有限值处终止. 如果U从来都不是有限的，那么，L在第一次迭代时被设置为 1（否则算法就会终止）且α被设置为 2. 事实上，α在后续的每一步都会翻倍. 此外，对于所有这样的α，条件$f(\boldsymbol{x}+\alpha\boldsymbol{d})\leqslant f(\boldsymbol{x})+c_1\alpha\nabla f(\boldsymbol{x})^{\mathrm{T}}$都成立. 这意味着对于趋近$\infty$的某些$\alpha$值序列，$f(\boldsymbol{x}+\alpha\boldsymbol{d})$趋近于$-\infty$. 因此，这属于情况 (ii).

现在假设有限终止没有发生，但在某个迭代中将U设置为有限值. 用l表示算法 3.1 中的迭代，用L_l、α_l和U_l表示迭代l开始时的参数值，且我们有初始值$L_0=0,\alpha_0=1,U_0=\infty$. 注意，$L_l<\alpha_l<U_l$. 因为$U_l$最终对于$l$是有限的，所以对于所有的$l$，有$L_l<\alpha_l<U_l$，并且由于区间$[L_l,U_l]$在$U_l$变为有限后的每一次迭代中都减半，因此，存在一个$\bar{\alpha}$值，使得

$$L_l\uparrow\bar{\alpha},\quad \alpha_l\to\bar{\alpha},\quad U_l\downarrow\bar{\alpha} \tag{A.10}$$

如果对于所有l，$L_l=0$，那么，我们有$\bar{\alpha}=0$且

$$\frac{f\left(\boldsymbol{x}+\alpha_l\boldsymbol{d}\right)-f(\boldsymbol{x})}{\alpha_l}>c_1\nabla f(\boldsymbol{x})^{\mathrm{T}}\boldsymbol{d},\quad l=0,1,2,\cdots$$

因此，当$l\to\infty$时，我们有$\nabla f(\boldsymbol{x})^{\mathrm{T}}\boldsymbol{d}\geqslant c_1\nabla f(\boldsymbol{x})^{\mathrm{T}}\boldsymbol{d}$，这与$c_1\in(0,1)$且$\nabla f(\boldsymbol{x})^{\mathrm{T}}\boldsymbol{d}<0$相悖. 因此，存在一个索引$l_0$，使得$L_l>0$对于所有$l\geqslant l_0$都成立.

现在我们考虑所有$l>l_0$的索引，我们有如下三个条件：

$$f\left(\boldsymbol{x}+L_l\boldsymbol{d}\right) \leqslant f(\boldsymbol{x})+c_1 L_l \nabla f(\boldsymbol{x})^{\mathrm{T}}\boldsymbol{d} \tag{A.11a}$$

$$f\left(\boldsymbol{x}+U_l\boldsymbol{d}\right) > f(\boldsymbol{x})+c_1 U_l \nabla f(\boldsymbol{x})^{\mathrm{T}}\boldsymbol{d} \tag{A.11b}$$

$$\nabla f\left(\boldsymbol{x}+L_l\boldsymbol{d}\right)^{\mathrm{T}}\boldsymbol{d} < c_2 \nabla f(\boldsymbol{x})^{\mathrm{T}}\boldsymbol{d} \tag{A.11c}$$

式（A.11b）成立，因为每个U_l的值被定义为满足第一个“假设”测试的α值，即$f(\boldsymbol{x}+\alpha\boldsymbol{d}) > f(\boldsymbol{x})+c_1\alpha\nabla f(\boldsymbol{x})^{\mathrm{T}}\boldsymbol{d}$. 类似地，式（A.11a）成立，因为每个$L_l$的值都被定义为第一个“假设”测试失败时的$\alpha$值，即$f(\boldsymbol{x}+\alpha\boldsymbol{d}) > f(\boldsymbol{x})+c_1\alpha\nabla f(\boldsymbol{x})^{\mathrm{T}}\boldsymbol{d}$. 式（A.11c）成立，因为每个$L_l$都被定义为“否则假设”条件成立时的$\alpha$值，即$\nabla f(\boldsymbol{x}+\alpha\boldsymbol{d})^{\mathrm{T}}\boldsymbol{d} < c_2\nabla f(\boldsymbol{x})^{\mathrm{T}}\boldsymbol{d}$.

通过对式（A.11c）中l取极限，即$l\to\infty$，我们有

$$\nabla f(\boldsymbol{x}+\bar{\alpha}\boldsymbol{d})^{\mathrm{T}}\boldsymbol{d} \leqslant c_2\nabla f(\boldsymbol{x})^{\mathrm{T}}\boldsymbol{d} \tag{A.12}$$

通过结合式（A.11a）和式（A.11b）并使用均值定理，我们有

$$c_1\left(U_l-L_l\right)\nabla f(\boldsymbol{x})^{\mathrm{T}}\boldsymbol{d} \leqslant f\left(\boldsymbol{x}+U_l\boldsymbol{d}\right)-f\left(\boldsymbol{x}+L_l\boldsymbol{d}\right)=\left(U_l-L_l\right)\nabla f\left(\boldsymbol{x}+\hat{\alpha}_l\boldsymbol{d}\right)^{\mathrm{T}}\boldsymbol{d}$$

对于某个$\hat{\alpha}_l\in\left(L_l,U_l\right)$及所有$l>l_0$成立. 通过除以$U_l-L_l$并对表达式求极限，我们得到$c_1\nabla f(\boldsymbol{x})^{\mathrm{T}}\boldsymbol{d} \leqslant \nabla f\left(\boldsymbol{x}+\bar{\alpha}\boldsymbol{d}\right)^{\mathrm{T}}\boldsymbol{d}$. 这与式（A.12）相矛盾，因为$\nabla f(\boldsymbol{x})^{\mathrm{T}}\boldsymbol{d}<0$且$0<c_1<c_2$. 我们的结论是，如果$U$在某个迭代中被设置为一个有限值，那么一定会发生有限终止. 当有限终止发生时，α的最终值将满足弱 Wolfe 条件［见式（3.26）］，所以，这属于情况 (i). ■

附录 A.4　线性规划对偶性及择一定理

线性规划的对偶性结果对于证明约束优化的最优性条件很重要，并且其本身也具有重要的意义. 我们首先讨论弱对偶定理和强对偶定理，然后讨论使用这些定理来证明所谓的择一定理.（在约束优化理论中使用的著名的 Farkas 定理就是这样一个定理.）

考虑以下标准形式的线性规划问题：

$$\min_{\boldsymbol{x}} \boldsymbol{c}^{\mathrm{T}}\boldsymbol{x}$$
$$\text{约束条件：}\boldsymbol{A}\boldsymbol{x}=\boldsymbol{b},\boldsymbol{x}\geqslant\boldsymbol{0} \tag{A.13}$$

其中，$\boldsymbol{A}\in\mathbf{R}^{m\times n},\boldsymbol{c}\in\mathbf{R}^n,\boldsymbol{b}\in\mathbf{R}^m,\boldsymbol{x}\in\mathbf{R}^n$. 如果不存在$\boldsymbol{x}\in\mathbf{R}^n$满足约束条件$\boldsymbol{A}\boldsymbol{x}=\boldsymbol{b},\boldsymbol{x}\geqslant\boldsymbol{0}$，则

称该问题不可行．如果存在一个向量序列$\{\boldsymbol{x}^k\}_{k=1,2,\cdots}$是可行的（即$\boldsymbol{A}\boldsymbol{x}^k=\boldsymbol{b},\boldsymbol{x}^k\geqslant\boldsymbol{0}$），且$\boldsymbol{c}^{\mathrm{T}}\boldsymbol{x}^k\to-\infty$，则称该问题是无界的．

式（A.13）的对偶线性规划为

$$\max_{\boldsymbol{\lambda},\boldsymbol{s}}\ \boldsymbol{b}^{\mathrm{T}}\boldsymbol{\lambda}$$

$$\text{约束条件：}\boldsymbol{A}^{\mathrm{T}}\boldsymbol{\lambda}+\boldsymbol{s}=\boldsymbol{c},\boldsymbol{s}\geqslant\boldsymbol{0}\tag{A.14}$$

有时为了表达的紧性，将“对偶松弛”变量$\boldsymbol{s}$从公式中删除，从而等价地将其写为

$$\max_{\boldsymbol{\lambda}}\ \boldsymbol{b}^{\mathrm{T}}\boldsymbol{\lambda}$$

$$\text{约束条件：}\boldsymbol{A}^{\mathrm{T}}\boldsymbol{\lambda}\leqslant\boldsymbol{c}\tag{A.15}$$

线性规划中的两个基本定理将原始问题和对偶问题联系了起来．第一个定理被称为弱对偶，它有一个简单的证明．

定理 A.4　假设$\boldsymbol{x}$对于式（A.13）是可行的，且$(\boldsymbol{\lambda},\boldsymbol{s})$对于式（A.14）是可行的，那么$\boldsymbol{b}^{\mathrm{T}}\boldsymbol{\lambda}\leqslant\boldsymbol{c}^{\mathrm{T}}\boldsymbol{x}$．

证明

$$\boldsymbol{c}^{\mathrm{T}}\boldsymbol{x}=\left(\boldsymbol{A}^{\mathrm{T}}\boldsymbol{\lambda}+\boldsymbol{s}\right)^{\mathrm{T}}\boldsymbol{x}=\boldsymbol{\lambda}^{\mathrm{T}}(\boldsymbol{A}\boldsymbol{x})+\boldsymbol{s}^{\mathrm{T}}\boldsymbol{x}\geqslant\boldsymbol{b}^{\mathrm{T}}\boldsymbol{\lambda}$$

（该不等式由原始可行性条件$\boldsymbol{A}\boldsymbol{x}=\boldsymbol{b}$得出并利用了$\boldsymbol{s}\geqslant\boldsymbol{0}$和$\boldsymbol{x}\geqslant\boldsymbol{0}$的事实，从而有$\boldsymbol{s}^{\mathrm{T}}\boldsymbol{x}\geqslant0$．）■

第二个对偶定理被称为强对偶定理，其证明要比弱对偶困难得多．

定理 A.5　考虑原始－对偶问题对［见式（A.13）和式（A.14）］，以下三个断言中仅有一个是真的：

(i) 式（A.13）和式（A.14）都是可行的，都有解，且两个问题的目标函数值在最优值点上是相等的．

(ii) 式（A.13）和式（A.14）中只有一个是可行的，而另一个是无界的．

(iii) 式（A.13）和式（A.14）都是不可行的．

这个结果有几个相关的结论．例如，它告诉我们，不可能出现这样的情况，即原始－对偶问题对中的一个问题有最优解而另一个问题是不可行的或无界的．它还告诉我们，如果一个原始－对偶问题对中的一个问题是无界的，那么另一个问题则是不可行的．

一个常见的证明方法（此处省略）是利用单纯形法的性质．通过使用传统的单纯形法表格和枢轴规则的表述，可以证明，当应用适当的反循环规则时，该方法将在上述三种状态之一终止．

强对偶可以用于证明择一定理，其通常是一对条件，每个条件都涉及线性等式和不等式，而其中只有一个条件成立．一个这样的择一定理是 Farkas 引理，它被用来证明约束优化的一阶最优性条件，即 Karush-Kuhn-Tucker（KKT）条件．

引理 A.6（Farkas 引理）　给定一个向量集$\{\boldsymbol{a}^i \in \mathbf{R}^n \mid i=1,2,\cdots,K\}$和一个向量$\boldsymbol{b} \in \mathbf{R}^n$，那么，以下两个断言中恰好只有一个为真：

Ⅰ．存在非负系数$\lambda_i \geqslant 0, i=1,2,\cdots,K$，使得$\boldsymbol{b}=\sum_{i=1}^{K} \lambda_i \boldsymbol{a}^i$．也就是说，$\boldsymbol{b}$ 在由$\{\boldsymbol{a}^i \in \mathbf{R}^n \mid i=1,2,\cdots,K\}$定义的锥中．

Ⅱ．存在$\boldsymbol{s} \in \mathbf{R}^n$使得$\boldsymbol{b}^{\mathrm{T}} \boldsymbol{s}<0$且$\left(\boldsymbol{a}^i\right)^{\mathrm{T}} \boldsymbol{s} \geqslant 0$对于所有$i=1,2,\cdots,K$成立．

证明　将向量$\boldsymbol{a}^i$组合为一个$n \times K$矩阵$\boldsymbol{A}:=\left[\boldsymbol{a}^1, \boldsymbol{a}^2, \cdots, \boldsymbol{a}^K\right]$，我们考虑以下线性规划问题：

$$\min_{\boldsymbol{\lambda}} \mathbf{0}^{\mathrm{T}} \boldsymbol{\lambda}$$

$$\text{约束条件：} \boldsymbol{A}\boldsymbol{\lambda}=\boldsymbol{b}, \boldsymbol{\lambda} \geqslant \mathbf{0} \tag{A.16}$$

该线性规划问题是式（A.13）中 $\boldsymbol{c}$=0 的形式．它的对偶问题是

$$\max_{\boldsymbol{t}} \boldsymbol{b}^{\mathrm{T}} \boldsymbol{t}$$

$$\text{约束条件：} \boldsymbol{A}^{\mathrm{T}} \boldsymbol{t} \leqslant \mathbf{0} \tag{A.17}$$

由于对偶问题总是可行的（$\boldsymbol{t}=0$满足约束条件）．我们通过定理 A.5 可知，只有两种可能结果：要么式（A.16）是不可行的且式（A.17）是无界的（定理 A.5 的第二种情况），要么式（A.16）和式（A.17）都是可行的且最优目标函数相等．这两种结果的第一个对应于引理的情况Ⅱ：不存在向量$\boldsymbol{\lambda} \geqslant 0$，使得$\boldsymbol{A}\boldsymbol{\lambda}=\boldsymbol{b}$，但因为式（A.17）无上界，所以我们可以找到 $\boldsymbol{t}$，使得$\boldsymbol{b}^{\mathrm{T}} \boldsymbol{t}>0$且$(\boldsymbol{a}^i)^{\mathrm{T}} \boldsymbol{t} \leqslant 0$对于所有$i=1,2,\cdots,K$成立．我们令$\boldsymbol{s}=-\boldsymbol{t}$就能得到情况Ⅱ．这第二种结果就对应于情况Ⅰ：式（A.16）可行就意味着存在$\boldsymbol{\lambda} \geqslant 0$，使得$\boldsymbol{b}=\sum_{i=1}^{K} \boldsymbol{a}^i \lambda_i$．　■

另一个择一定理被称为 Gordan 定理，它在证明关于凸集之间的分离超平面的结论时很有用．我们将在 A.6 节中用到这个定理．

定理 A.7（Gordan 定理）　给定一个矩阵 $\boldsymbol{A}$，以下两个断言恰好有一个是真的：

$$\text{对于某个向量 } \boldsymbol{y}，\boldsymbol{A}^{\mathrm{T}} \boldsymbol{y}>\mathbf{0} \tag{Ⅰ}$$

$$\text{对于某个向量 } \boldsymbol{x}\text{，} \boldsymbol{Ax}=\boldsymbol{0}, \boldsymbol{x}\geqslant \boldsymbol{0}, \boldsymbol{x}\neq \boldsymbol{0} \qquad (\text{Ⅱ})$$

证明 定义 $\boldsymbol{1}$ 为向量 $(1,1,\cdots,1)$，其元素数量与 $\boldsymbol{A}$ 的列数相同．我们注意到式（Ⅰ）等价于以下线性规划问题有解：

$$\min_{\boldsymbol{y}} \boldsymbol{0}^{\mathrm{T}}\boldsymbol{y}$$

$$\text{约束条件：} \boldsymbol{A}^{\mathrm{T}}\boldsymbol{y}\geqslant \boldsymbol{1} \qquad (\text{P})$$

式（P）的对偶问题是

$$\max_{\boldsymbol{x}} \boldsymbol{1}^{\mathrm{T}}\boldsymbol{x}$$

$$\text{约束条件：} \boldsymbol{Ax}=\boldsymbol{0}, \boldsymbol{x}\geqslant \boldsymbol{0} \qquad (\text{D})$$

我们现在从强对偶性进行论证．首先假设式（Ⅰ）为真．然后根据需要将 $\boldsymbol{y}$ 缩放为一个正标量，我们可以认为式（P）是可行的，因此，其有一个解且目标函数值为 0. 那么根据强对偶性，式（D）也有一个解且目标函数值为 0. 但是，这也意味着式（Ⅱ）不能为真，因为如果任意 $\boldsymbol{x}$ 满足式（Ⅱ），就代表式（D）是可行的且有一个严格大于零的目标函数值——大于目标函数的最大值．因此，我们已经证明，如果式（Ⅰ）为真，则式（Ⅱ）一定为假．

现在假设式（Ⅰ）为假．那么式（P）没有可行解［因为如果存在可行解，那么它必定满足式（Ⅰ）］．因此，根据对偶性，式（D）要么不可行，要么无界．由于式（D）显然不是不可行的（向量 $\boldsymbol{x}=\boldsymbol{0}$ 就是一个可行点），所以，其必定是无界的．特别是，必定存在一个向量 $\boldsymbol{x}$，使得 $\boldsymbol{Ax}=\boldsymbol{0}, \boldsymbol{x}\geqslant \boldsymbol{0}$ 且 $\boldsymbol{1}^{\mathrm{T}}\boldsymbol{x}>0$．根据 $\boldsymbol{1}^{\mathrm{T}}\boldsymbol{x}>0$，我们可以推断 $\boldsymbol{x}\neq 0$．因此，式（Ⅱ）成立． ■

附录 A.5 限制可行方向

我们现在引入这样一个概念，其将可行方向限制在一个闭凸集 Ω 上，并推导出 $\min\limits_{\boldsymbol{x}\in\Omega} f(\boldsymbol{x})$ 的另一个一阶最优性条件，这在接下来的分析中很有用．（这个概念在非凸可行集的情况下也很有用，而我们在本书中不考虑这些情况．）

定义 A.8 如果存在一个向量序列 $\boldsymbol{t}^i\to\boldsymbol{t}$ 以及一个正标量序列 $\alpha_i\to 0$，使得 $\boldsymbol{x}+\alpha_i\boldsymbol{t}^i\in\Omega$，我们称 $\boldsymbol{t}\in\mathbf{R}^n$ 为集合 Ω 在一个点 $\boldsymbol{x}\in\Omega$ 上的限制可行方向．

图 A.1 显示了在具有弯曲边界的集合 Ω 上的一些限制可行方向．

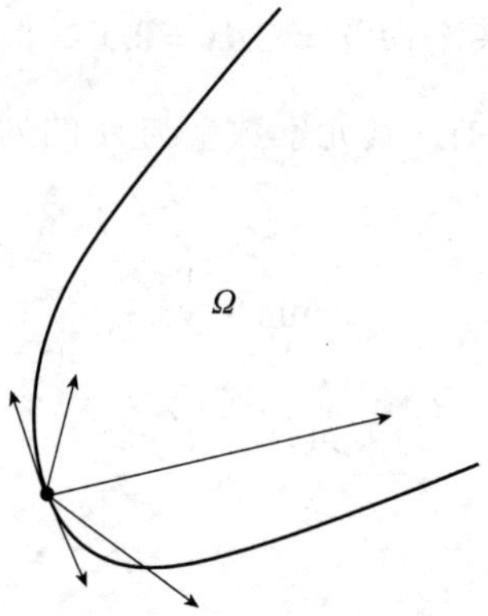

图 A.1　限制可行方向

以下结果建立了闭凸集Ω上法锥和限制可行方向之间的关系．

定理 A.9　给定闭凸集Ω和一个点$\boldsymbol{x}^* \in \Omega$，我们有$-\boldsymbol{y} \in N_\Omega(\boldsymbol{x}^*)$，当且仅当$\boldsymbol{y}^{\mathrm{T}}\boldsymbol{t} \geqslant 0$对于所有$\Omega$在$\boldsymbol{x}^*$点处的限制方向成立．

证明　首先假设$-\boldsymbol{y} \in N_\Omega(\boldsymbol{x}^*)$，那么$\boldsymbol{y}^{\mathrm{T}}\left(\boldsymbol{x}-\boldsymbol{x}^*\right) \geqslant 0$对于所有$\boldsymbol{x} \in \Omega$成立．给定一个方向$\boldsymbol{t}$和相关序列$\boldsymbol{t}^i$以及$\alpha_i > 0$，我们有

$$\boldsymbol{y}^{\mathrm{T}}\left(\left(\boldsymbol{x}^* + \alpha_i \boldsymbol{t}^i\right) - \boldsymbol{x}^*\right) = \alpha_i \boldsymbol{y}^{\mathrm{T}}\boldsymbol{t}^i \geqslant 0$$

所以，我们除以α_i后得到$\boldsymbol{y}^{\mathrm{T}}\boldsymbol{t}^i \geqslant 0$对于所有$i$成立．通过对$i$取极限即$i \to \infty$，我们得到$\boldsymbol{y}^{\mathrm{T}}\boldsymbol{t} \geqslant 0$．

现在假设$\boldsymbol{y}^{\mathrm{T}}\boldsymbol{t} \geqslant 0$对于所有限制方向成立，且设$\boldsymbol{x}$为$\Omega$上任意一点．通过定义$\boldsymbol{t}^i \equiv \left(\boldsymbol{x}-\boldsymbol{x}^*\right)$和$\alpha_i = 1/i$，其中，$i \geqslant 1$，我们通过凸性可得$\boldsymbol{x}^* + \alpha_i \boldsymbol{t}^i = (1-1/i)\boldsymbol{x}^* + (1/i)\boldsymbol{x} \in \Omega$，所以，这个序列定义了限制方向$\boldsymbol{t} = \left(\boldsymbol{x}-\boldsymbol{x}^*\right)$．因此，我们有$\boldsymbol{y}^{\mathrm{T}}\left(\boldsymbol{x}-\boldsymbol{x}^*\right) \geqslant 0$对于所有$\boldsymbol{x} \in \Omega$成立，那么$-\boldsymbol{y} \in N_\Omega(\boldsymbol{x}^*)$．　■

附录 A.6　分离结果

这里我们讨论分离结果．这是关于是否存在一个分离两个凸集X和Y的超平面，使得X在该超平面的一侧而Y在另一侧的经典结果．这些结果对于推导出凸优化问题的最优性条件至关重要．我们在第 10 章中的讨论就依赖这些结果．

我们从一个关于紧集的结果开始讨论．

引理 A.10 假设$\varLambda$是一个紧集. 令$\varLambda_{\boldsymbol{x}}$（$\boldsymbol{x}\in X$）为一个关于某个索引集$X$的$\varLambda$子集的集合且在$\varLambda$中都是闭集. 如果对于每个由点$\boldsymbol{x}^1,\boldsymbol{x}^2,\cdots,\boldsymbol{x}^m\in X$所组成的有限集，我们都有$\bigcap_{i=1}^m \varLambda_{\boldsymbol{x}^i}\neq\varnothing$，那么$\bigcap_{x\in X}\varLambda_{\boldsymbol{x}}\neq\varnothing$.

证明 我们应用反证法. 由于每个$\varLambda_{\boldsymbol{x}}$在$\varLambda$中都是闭集，那么它的补集$\varLambda_{\boldsymbol{x}}^c$在$\varLambda$中则是开集. 如果$\bigcap_{x\in X}\varLambda_{\boldsymbol{x}}=\varnothing$，那么$\{\varLambda_{\boldsymbol{x}}^c\mid \boldsymbol{x}\in X\}$是$\varLambda$的开集覆盖. 因此，根据 Heine-Borel 定理，存在一个有限子覆盖，即一个由点$\boldsymbol{x}^1,\boldsymbol{x}^2,\cdots,\boldsymbol{x}^m\in X$所组成的集合，使得$\bigcup_{i=1}^m \varLambda_{\boldsymbol{x}^i}^c=\varLambda$. 那么可以推导出$\bigcap_{i=1}^m \varLambda_{\boldsymbol{x}^i}=\varnothing$，这与假设矛盾. ■

利用这一结果，我们可以证明，任何不包含原点的凸集都可以被包含在一个经过原点的半空间内.

引理 A.11 令X是任意一个非空凸集，满足$\mathbf{0}\notin X$. 那么存在一个非零向量$\bar{\boldsymbol{t}}\in\mathbf{R}^n$，使得$\bar{\boldsymbol{t}}\boldsymbol{x}\leqslant 0$对于所有$\boldsymbol{x}\in X$成立.

证明 定义$\varLambda:=\{\boldsymbol{v}\in\mathbf{R}^n\mid \|\boldsymbol{v}\|_2=1\}$，且对于所有$\boldsymbol{x}\in X$，定义

$$\varLambda_{\boldsymbol{x}}:=\{\boldsymbol{v}\in\varLambda\mid \boldsymbol{v}^{\mathrm{T}}\boldsymbol{x}\leqslant 0\}$$

显然$\varLambda_{\boldsymbol{x}}$对于所有$\boldsymbol{x}\in X$是紧的. 现在令$\boldsymbol{x}^1,\boldsymbol{x}^2,\cdots,\boldsymbol{x}^m$为任意$X$中的向量组成的有限集. 因为$\mathbf{0}\notin X$，所以 0 不在向量$\boldsymbol{x}^1,\boldsymbol{x}^2,\cdots,\boldsymbol{x}^m$的凸包中. 也就是说，定义矩阵$\boldsymbol{A}$，其列为$\boldsymbol{x}^1,\boldsymbol{x}^2,\cdots,\boldsymbol{x}^m$，那么不存在向量$\boldsymbol{p}\in\mathbf{R}^m$使得$\boldsymbol{A}\boldsymbol{p}=\mathbf{0}$，$\boldsymbol{p}\geqslant\mathbf{0}$，$\mathbf{1}^{\mathrm{T}}\boldsymbol{p}=1$（其中，$\mathbf{1}$为包含$m$个分量的向量，且每个分量都是 1）. 因此，不存在$\bar{\boldsymbol{p}}$，使得

$$\boldsymbol{A}\bar{\boldsymbol{p}}=\mathbf{0},\bar{\boldsymbol{p}}\geqslant\mathbf{0},\bar{\boldsymbol{p}}\neq\mathbf{0}$$

因为如果这样的$\bar{\boldsymbol{p}}$存在，那么$\boldsymbol{p}=\bar{\boldsymbol{p}}/\left(\mathbf{1}^{\mathrm{T}}\bar{\boldsymbol{p}}\right)$就有不应有的性质. 由 Gordan 定理（见定理 A.7）可知，必定存在一个向量$\boldsymbol{t}$，使得$\boldsymbol{A}^{\mathrm{T}}\boldsymbol{t}>\mathbf{0}$，也就是说，$(\boldsymbol{x}^i)^{\mathrm{T}}\boldsymbol{t}>0,\ i=1,2,\cdots,m$. 所以，我们有$-\boldsymbol{t}/\|\boldsymbol{t}\|_2\in\bigcap_{i=1,2,\cdots,m}\varLambda_{\boldsymbol{x}^i}$. 因此，其满足引理 A.10 的条件，从而必定存在一个向量$\bar{\boldsymbol{t}}$，使得$\|\bar{\boldsymbol{t}}\|_2=1$且$\bar{\boldsymbol{t}}^{\mathrm{T}}\boldsymbol{x}\leqslant 0$对于所有$\boldsymbol{x}\in X$成立. ■

不等式$\bar{\boldsymbol{t}}^{\mathrm{T}}\boldsymbol{x}\leqslant 0$不一定是严格的. 例如，$X\subset\mathbf{R}^2$是一个由不包含半直线$\left\{(x_1,x_2)^{\mathrm{T}}:x_1\leqslant 0\right\}$的整个左半平面$\left\{(0,x_2)^{\mathrm{T}}:x_2\leqslant 0\right\}$所组成的凸集. $\bar{\boldsymbol{t}}$的唯一可能选择是$\bar{\boldsymbol{t}}=(\beta,0)^{\mathrm{T}}$，$\beta>0$，且所有这些选择都对于某个$\boldsymbol{x}\in X$，有$\bar{\boldsymbol{t}}^{\mathrm{T}}\boldsymbol{x}=0$. 然而额外假设$X$的封闭性，我们就可以得到严格的分离.

引理 A.12 令X是一个非空闭凸集，且$\mathbf{0} \notin X$. 那么存在$\bar{\boldsymbol{t}} \in \mathbf{R}^n$和$\alpha > 0$，使得$\bar{\boldsymbol{t}}^{\mathrm{T}} \boldsymbol{x} \leqslant -\alpha$对于所有$\boldsymbol{x} \in X$成立.

证明 回顾式（7.2）中定义的投影算子，我们假设$P_X(\mathbf{0}) \neq 0$.（如果$P_X(\mathbf{0}) = 0$，我们将得到$0 \in \mathrm{cl}(X) = X$，根据假设这为假.）我们通过在式（7.3）中设$\boldsymbol{y} = 0$，我们有$(0 - P_X(\mathbf{0}))^{\mathrm{T}} (\boldsymbol{z} - P_X(\mathbf{0})) \leqslant 0$对于所有$\boldsymbol{z} \in X$成立. 这就意味着$P_X(\mathbf{0})^{\mathrm{T}} \boldsymbol{z} \geqslant \| P_X(\mathbf{0}) \|_2^2 > 0$. 我们通过取$\bar{\boldsymbol{t}} = -P(\mathbf{0})$和$\alpha = \| P(\mathbf{0}) \|_2^2$就得到所需结论. ■

了解了点和凸集之间的分离问题后，我们将讨论两个闭凸集之间的分离. 事实证明分离是可能的，但是严格的分离需要其中一个集合的紧性这一额外条件. 我们在接下来的两个结果中展示这些事实.

定理 A.13（闭凸集的分离） 设X和Y为两个非空的不相交的闭凸集. 那么这些集合可被分离. 也就是说，存在$\boldsymbol{c} \in \mathbf{R}^n$，$\boldsymbol{c} \neq \mathbf{0}$和$\alpha \in \mathbf{R}$，使得$\boldsymbol{c}^{\mathrm{T}} \boldsymbol{x} - \alpha \leqslant 0$对于所有$\boldsymbol{x} \in X$成立，且$\boldsymbol{c}^{\mathrm{T}} \boldsymbol{y} - \alpha \geqslant 0$对于所有$\boldsymbol{y} \in Y$成立.

证明 我们定义集合$X - Y$如下：

$$X - Y := \{\boldsymbol{x} - \boldsymbol{y} : \boldsymbol{x} \in X, \boldsymbol{y} \in Y\} \tag{A.18}$$

一个基本的论证表明$X - Y$是凸集. 因为X和Y不相交，所以有$\mathbf{0} \notin X - Y$. 我们因此可以应用引理 A.11 推导出存在$\boldsymbol{c} \neq \mathbf{0}$，使得$\boldsymbol{c}^{\mathrm{T}}(\boldsymbol{x} - \boldsymbol{y}) \leqslant 0$对于所有$\boldsymbol{x} \in X, \boldsymbol{y} \in Y$成立. 通过任意选择一个$\hat{\boldsymbol{x}} \in X$，我们得到对于所有$\boldsymbol{y} \in Y$，$\boldsymbol{c}^{\mathrm{T}} \boldsymbol{y}$有下界$\boldsymbol{c}^{\mathrm{T}} \hat{\boldsymbol{x}}$. 因此，$\boldsymbol{c}^{\mathrm{T}} \boldsymbol{y}$在$\boldsymbol{y} \in Y$有下确界. 我们用$\alpha$表示这个下确界，且注意，$\boldsymbol{c}^{\mathrm{T}} \boldsymbol{y} \geqslant \alpha$对于所有$\boldsymbol{y} \in Y$成立. 此外，由于$\boldsymbol{c}^{\mathrm{T}} \boldsymbol{x} \leqslant \boldsymbol{c}^{\mathrm{T}} \boldsymbol{y}$对于所有$\boldsymbol{x} \in X, \boldsymbol{y} \in Y$成立，所以，我们必定也有$\boldsymbol{c}^{\mathrm{T}} \boldsymbol{x} \leqslant \alpha$. 我们可以得出结论，对于这些定义的$\boldsymbol{c}$和$\alpha$，我们所需的不等式是满足的. ■

我们进一步讨论式（A.18）中定义的集合$X - Y$的性质，其中，X和Y都是闭凸集. 注意，$X - Y$是凸的，但是不一定是闭的. 考虑下面关于$\mathbf{R}^2$中两个闭凸集的例子：

$$X = \{(x_1, x_2) \mid x_1 > 0, x_2 \geqslant 1/x_1\}, \quad Y = \{(y_1, y_2) \mid y_1 > 0, y_2 \leqslant -1/y_1\}$$

并且我们定义序列$\{\boldsymbol{x}^k\}$和$\{\boldsymbol{y}^k\}$如下所示：

$$\boldsymbol{x}^k := (k, 1/k)^{\mathrm{T}} \in X, \ k \geqslant 1$$

$$\boldsymbol{y}^k := (k, -1/k) \in Y, \ k \geqslant 1$$

根据定义序列$\boldsymbol{z}^k := \boldsymbol{x}^k - \boldsymbol{y}^k = (0, 2/k) \in X - Y$，且$\boldsymbol{z}^k \to (0,0)^{\mathrm{T}}$，但是$(0,0)^{\mathrm{T}} \notin X - Y$. 因此，

$X-Y$在这个例子中不是闭集．但是通过增加一个紧性假设，我们可以得到$X-Y$的封闭性，从而是一个严格分离结果．

定理 A.14（严格分离） 设X和Y为两个非空的不相交的闭凸集，且X是紧的．那么这两个集合可以严格分离，也就是说，存在$\boldsymbol{c}\in\mathbf{R}^n$，$\alpha\in\mathbf{R}$和$\epsilon>0$，使得$\boldsymbol{c}^{\mathrm{T}}\boldsymbol{x}-\alpha\leqslant-\epsilon$对于所有$\boldsymbol{x}\in X$成立，且$\boldsymbol{c}^{\mathrm{T}}\boldsymbol{y}-\alpha\geqslant\epsilon$对于所有$\boldsymbol{y}\in Y$成立．

证明 我们首先证明$X-Y$的封闭性．设$\boldsymbol{z}^k$是一个$X-Y$中的序列，使得对于某个$\boldsymbol{z}$有$\boldsymbol{z}^k\to\boldsymbol{z}$．如果我们能证明$\boldsymbol{z}\in X-Y$，那么封闭性就得到证明．根据$X-Y$的定义，我们可以找到两个序列$\{\boldsymbol{x}^k\},\boldsymbol{x}^k\in X$和$\left\{\boldsymbol{y}^k\right\},\boldsymbol{y}^k\in Y$，使得$\boldsymbol{z}^k:=\boldsymbol{x}^k-\boldsymbol{y}^k$．因为$X$是紧的，如果有必要的话，我们可以取一个子序列，得到对于某个$\boldsymbol{x}$，有$\boldsymbol{x}^k=\boldsymbol{z}^k+\boldsymbol{y}^k\to\boldsymbol{x}$．因此，我们有$\boldsymbol{y}^k=\boldsymbol{x}^k-\boldsymbol{z}^k\to\boldsymbol{x}-\boldsymbol{z}$，并且根据$Y$的封闭性，我们有$\boldsymbol{x}-\boldsymbol{z}\in Y$．因此，$\boldsymbol{z}=\boldsymbol{x}-(\boldsymbol{x}-\boldsymbol{z})\in X-Y$，也就证明了$X-Y$的封闭性，以及其是非空且凸的．

由于$\boldsymbol{0}\notin X-Y$，我们使用引理 A.12 来选择一个非零$\bar{\boldsymbol{t}}\in\mathbf{R}^n$和$\beta>0$，使得$\bar{\boldsymbol{t}}^{\mathrm{T}}(\boldsymbol{x}-\boldsymbol{y})\leqslant-\beta$对于所有$\boldsymbol{x}\in X$，$\boldsymbol{y}\in Y$成立．固定某个$\bar{\boldsymbol{y}}\in Y$，我们有$\bar{\boldsymbol{t}}^{\mathrm{T}}\boldsymbol{x}\leqslant-\beta+\bar{\boldsymbol{t}}^{\mathrm{T}}\bar{\boldsymbol{y}}$对于所有$\boldsymbol{x}\in X$成立．因此，$\bar{\boldsymbol{t}}^{\mathrm{T}}\boldsymbol{x}$对于所有$\boldsymbol{x}\in X$有上界，从而存在一个足够大的值$\gamma$，使得$\bar{\boldsymbol{t}}^{\mathrm{T}}\boldsymbol{x}\leqslant\gamma$．类似地，我们可以证明$\bar{\boldsymbol{t}}^{\mathrm{T}}\boldsymbol{y}$对于所有$\boldsymbol{y}\in Y$有下界，从而存在一个足够小的值$\delta$，使得$\bar{\boldsymbol{t}}^{\mathrm{T}}\boldsymbol{y}\geqslant\delta$．此外，我们有$\gamma+\beta\leqslant\delta$．因此，对于所有$\boldsymbol{x}\in X$，$\boldsymbol{y}\in Y$，我们有

$$\bar{\boldsymbol{t}}^{\mathrm{T}}\boldsymbol{x}\leqslant\gamma<\gamma+\beta/2<\gamma+\beta\leqslant\bar{\boldsymbol{t}}^{\mathrm{T}}\boldsymbol{y}$$

我们通过设$\boldsymbol{c}=\bar{\boldsymbol{t}},\alpha=\gamma+\beta/2$以及$\epsilon=\beta/2$就能得到所需证明的结论． ■

凸集的支撑超平面

我们现在证明分离超平面定理的一个几乎直接的结果．该结果被称为支撑超平面定理，其被用于讨论 8.1 节中子梯度的存在性．我们首先需要给出以下定义：给定一个集合$X\subset\mathbf{R}^n$，如果点$\boldsymbol{x}$不在$\operatorname{int}(X)$中，那么，我们称$\boldsymbol{x}\in X$是一个边界点，也就是说，对于$\boldsymbol{x}\in X$以及任意$\epsilon>0$，存在$\boldsymbol{y}\notin X$且$\|\boldsymbol{y}-\boldsymbol{x}\|<\epsilon$．

定理 A.15（支撑超平面定理） 设X是一个非空凸集，令$\boldsymbol{x}$是X中任意一个边界点．那么存在一个非零$\boldsymbol{c}\in\mathbf{R}^n$以及$\alpha\in\mathbf{R}$，使得$\boldsymbol{c}^{\mathrm{T}}\boldsymbol{x}=\alpha$，但是对于所有$\boldsymbol{z}\in X$，有$\boldsymbol{c}^{\mathrm{T}}\boldsymbol{z}\leqslant\alpha$．（我们称由$\boldsymbol{c}^{\mathrm{T}}\boldsymbol{x}=\alpha$所定义的平面为支撑超平面．）

证明 如果集合X存在内部$\operatorname{int}(X)$，那么$\boldsymbol{x}\notin\operatorname{int}(X)$．我们使用引理 A.11 将 0 和$\operatorname{int}(X)-\{\boldsymbol{x}\}$分离开来．该结果表明，存在一个非零$\bar{\boldsymbol{t}}\in\mathbf{R}^n$，使得$\bar{\boldsymbol{t}}^{\mathrm{T}}(\boldsymbol{z}-\boldsymbol{x})\leqslant0$对于所有$\boldsymbol{z}\in\operatorname{int}(X)$成立．因此，$\bar{\boldsymbol{t}}^{\mathrm{T}}(\boldsymbol{z}-\boldsymbol{x})\leqslant0$对于所有$\boldsymbol{z}\in\operatorname{cl}(X)$也成立，因为$X\subset\operatorname{cl}(X)$．我们通过

设$\boldsymbol{c}=\bar{\boldsymbol{t}}, \alpha=\bar{\boldsymbol{t}}^{\mathrm{T}}\boldsymbol{x}$即可得到所需结论 .

如果集合 X 的内部不存在，那么该集合是包含在一个超平面中 . 也就是说，存在非零$\boldsymbol{c}\in\mathbf{R}^n$以及$\alpha\in\mathbf{R}$使得$X\subset\{\boldsymbol{z}\mid\boldsymbol{c}^{\mathrm{T}}\boldsymbol{z}=\alpha\}$. 这些 $\boldsymbol{c}$ 和α就显然满足我们需求 . ■

从超平面上分离凸集

给定集合C_1和C_2，如果存在一个定义为$\boldsymbol{c}^{\mathrm{T}}\boldsymbol{x}=\alpha$的分离超平面，使得$C_1$和$C_2$并不都包含在这个超平面中，那么我们称$C_1$和$C_2$被恰当分离 . 回顾式（A.3）中关于集合 C 的相对内部的定义，关于恰当分离，我们有以下结果 .

定理 A.16（Rockafellar，1970，定理 11.3）　*设C_1和C_2是非空凸集 . 这两个集合可以被恰当分离，当且仅当它们的相对内部$\mathrm{ri}(C_1)$和$\mathrm{ri}(C_2)$是不相交的 .*

我们参考 Rockafellar（1970）的证明，该证明需要依赖许多其他结论 . 我们有以下推论 .

推论 A.17　*假设C_1是一个非空凸集，C_2是一个子空间，且$\mathrm{ri}(C_1)$和C_2不相交 . 那么存在一个向量$\boldsymbol{c}$，使得对于所有$\boldsymbol{x}\in C_2$，有$\boldsymbol{c}^{\mathrm{T}}\boldsymbol{x}=0$，且对于所有$\boldsymbol{x}\in C_1$，有$\boldsymbol{c}^{\mathrm{T}}\boldsymbol{x}\leqslant 0$，同时对于某个$\boldsymbol{x}\in C_1$，该不等号是严格的 .*

证明　因为C_2是一个子空间，我们有$C_2=\mathrm{aff}(C_2)=\mathrm{ri}(C_2)$. 因此$\mathrm{ri}(C_1)$和$\mathrm{ri}(C_2)$是不相交的，于是我们可以使用定理 A.16 来推出C_1和C_2是可恰当分离的 . 用$(\boldsymbol{c},\alpha)$来定义一个恰当分离超平面，即对于所有$\boldsymbol{x}\in C_1$，有$\boldsymbol{c}^{\mathrm{T}}\boldsymbol{x}\leqslant\alpha$，对于所有$\boldsymbol{x}\in C_2$，有$\boldsymbol{c}^{\mathrm{T}}\boldsymbol{x}\geqslant\alpha$. 因为C_2是一个子空间，所以有$\mathbf{0}\in C_2$，从而$\alpha\leqslant 0$. 事实上，对于所有$\boldsymbol{x}\in C_2$，我们必定有$\boldsymbol{c}^{\mathrm{T}}\boldsymbol{x}=0$.（如果这不为真，也就是说，对于某些$\boldsymbol{x}\in C_2$，$\boldsymbol{c}^{\mathrm{T}}\boldsymbol{x}>0$，根据对于所有$\beta\in\mathbf{R}$，$\beta\boldsymbol{x}\in C_2$，我们有$\{\boldsymbol{c}^{\mathrm{T}}\boldsymbol{x}\mid\boldsymbol{x}\in C_2\}=(-\infty,\infty)$，这与$\alpha$的存在性相悖 .）如果$\alpha<0$，通过$C_1$的非空性，所需结论显然成立 . 如果$\alpha=0$，我们有分离超平面$\boldsymbol{c}^{\mathrm{T}}\boldsymbol{x}=0$包含$C_2$. 因此，由于C_1和C_2被该超平面恰当分离，所以该超平面不能同时包含C_1和C_2 . 从而对于某个$\boldsymbol{x}\in C_1$，有$\boldsymbol{c}^{\mathrm{T}}\boldsymbol{x}<0$. ■

仿射空间与凸集交点的法锥

我们现在重述定理 10.4，并提供一个证明 . 该定理是一个关于式（10.1）的可行集的法锥的关键结果 .

定理 A.18　*假设$\mathcal{X}\in\mathbf{R}^n$是一个闭凸集，且对于某个$A\in\mathbf{R}^{m\times n}, \boldsymbol{b}\in\mathbf{R}^m$，令$\mathcal{A}:=\{\boldsymbol{x}\mid A\boldsymbol{x}=\boldsymbol{b}\}$. 定义$\Omega:=\mathcal{X}\cap\mathcal{A}$. 那么对于任意$\boldsymbol{x}\in\Omega$，我们有*

$$N_{\Omega}(\boldsymbol{x}) \supset N_{\mathcal{X}}(\boldsymbol{x})+\{\boldsymbol{A}^{\mathrm{T}}\boldsymbol{\lambda} \mid \boldsymbol{\lambda} \in \mathbf{R}^{m}\} \tag{A.19}$$

此外，如果集合$\mathrm{ri}(\mathcal{X})\bigcap\mathcal{A}$是非空的，则该结果的左右两侧相等，也就是说，

$$N_{\Omega}(\boldsymbol{x}) = N_{\mathcal{X}}(\boldsymbol{x})+\{\boldsymbol{A}^{\mathrm{T}}\boldsymbol{\lambda} \mid \boldsymbol{\lambda} \in \mathbf{R}^{m}\} \tag{A.20}$$

证明 为了证明式（A.19），取任意$\boldsymbol{z}\in\Omega$，注意，$\boldsymbol{z}-\boldsymbol{x}\in\mathrm{null}(\boldsymbol{A})$，从而$(\boldsymbol{z}-\boldsymbol{x})^{\mathrm{T}}\boldsymbol{A}^{\mathrm{T}}\boldsymbol{\lambda}=\boldsymbol{\lambda}^{\mathrm{T}}\boldsymbol{A}(\boldsymbol{z}-\boldsymbol{x})=0$对于所有$\boldsymbol{\lambda}\in\mathbf{R}^{m}$成立．对于任意$\boldsymbol{u}\in N_{\mathcal{X}}(\boldsymbol{x})$，根据$N_{\mathcal{X}}(\boldsymbol{x})$的定义，我们有$(\boldsymbol{z}-\boldsymbol{x})^{\mathrm{T}}\boldsymbol{u}\leqslant 0$．由此可知，

$$(\boldsymbol{z}-\boldsymbol{x})^{\mathrm{T}}\left(\boldsymbol{u}+\boldsymbol{A}^{\mathrm{T}}\boldsymbol{\lambda}\right)\leqslant 0$$

从而对于任意$\boldsymbol{u}\in N_{\mathcal{X}}(\boldsymbol{x})$以及任意$\lambda\in\mathbf{R}^{m}$，有$\boldsymbol{u}+\boldsymbol{A}^{\mathrm{T}}\boldsymbol{\lambda}\in N_{\Omega}(\boldsymbol{x})$．

对于式（A.20）中“$\subset$”的断言，我们任意选择一个$\boldsymbol{v}\in N_{\Omega}(\boldsymbol{x})$，然后我们的目标是证明$\boldsymbol{v}\in N_{\mathcal{X}}(\boldsymbol{x})+N_{\mathcal{A}}(\boldsymbol{x})$．根据$\boldsymbol{v}$的选择，对于所有$\boldsymbol{z}\in\Omega=\mathcal{X}\bigcap\mathcal{A}$，我们有$\boldsymbol{v}^{\mathrm{T}}(\boldsymbol{z}-\boldsymbol{x})\leqslant 0$．我们定义如下集合：

$$\begin{aligned}
C_1 &= \{(\boldsymbol{y},\mu)\in\mathbf{R}^{n+1} \mid \boldsymbol{y}=\boldsymbol{z}-\boldsymbol{x}, \boldsymbol{z}\in\mathcal{X}, \mu\leqslant\boldsymbol{v}^{\mathrm{T}}\boldsymbol{y}\}\\
C_2 &= \{(\boldsymbol{y},\mu)\in\mathbf{R}^{n+1} \mid \boldsymbol{y}\in\mathrm{null}(\boldsymbol{A}), \mu=0\}
\end{aligned}$$

注意，C_2是一个子空间，C_1是非空闭凸集．并且注意，$\mathrm{ri}(C_1)$和C_2是不相交的，因为如果存在一个向量$(\hat{\boldsymbol{y}},\hat{\mu})\in\mathrm{ri}(C_1)\bigcap C_2$，我们将得到$\hat{\boldsymbol{z}}=\boldsymbol{x}+\hat{\boldsymbol{y}}\in\mathcal{X}$以及$\boldsymbol{A}\hat{\boldsymbol{z}}=\boldsymbol{A}\boldsymbol{x}=\boldsymbol{b}$，从而$\hat{\boldsymbol{z}}\in\Omega$．此外，我们将有$\boldsymbol{v}^{\mathrm{T}}\hat{\boldsymbol{y}}>\hat{\mu}=0$，那么$\boldsymbol{v}^{\mathrm{T}}(\hat{\boldsymbol{z}}-\boldsymbol{x})>0$，与$\boldsymbol{v}\in N_{\Omega}(\boldsymbol{x})$矛盾．我们现在应用推论 A.17 来推导向量$(\boldsymbol{w},\gamma)\in\mathbf{R}^{n}\times\mathbf{R}$的存在性，使得

$$\inf_{(\boldsymbol{y},\mu)\in C_1}\boldsymbol{w}^{\mathrm{T}}\boldsymbol{y}+\gamma\mu<\sup_{(\boldsymbol{y},\mu)\in C_1}\boldsymbol{w}^{\mathrm{T}}\boldsymbol{y}+\gamma\mu\leqslant 0 \tag{A.21}$$

而

$$\boldsymbol{w}^{\mathrm{T}}\boldsymbol{u}=0, \boldsymbol{u}\in\mathrm{null}(\boldsymbol{A}) \tag{A.22}$$

后一个等式意味着对于某$\boldsymbol{\lambda}\in\mathbf{R}^{m}$，$\boldsymbol{w}=\boldsymbol{A}^{\mathrm{T}}\boldsymbol{\lambda}$．

注意，$\gamma\geqslant 0$，因为否则的话，我们通过令μ趋近于$-\infty$可以得到$\sup\limits_{(\boldsymbol{y},\mu)\in C_1}\boldsymbol{w}^{\mathrm{T}}\boldsymbol{y}+\gamma\mu=\infty$．同样，不能有$\gamma=0$，证明如下．如果$\gamma=0$，我们从式（A.21）将会得到$\inf\limits_{(\boldsymbol{y},\mu)\in C_1}\boldsymbol{w}^{\mathrm{T}}\boldsymbol{y}<\sup\limits_{(\boldsymbol{y},\mu)\in C_1}\boldsymbol{w}^{\mathrm{T}}\boldsymbol{y}\leqslant 0$，因此，特别是对于某$\boldsymbol{z}\in\mathcal{X}$，我们有$\boldsymbol{w}^{\mathrm{T}}(\boldsymbol{z}-\boldsymbol{x})<0$．对于任意点$\tilde{\boldsymbol{x}}\in\mathrm{ri}(\mathcal{X})$，

我们有$\boldsymbol{w}^{\mathrm{T}}(\tilde{\boldsymbol{x}}-\boldsymbol{x})<0$. 应用反证法，如果$\boldsymbol{w}^{\mathrm{T}}(\tilde{\boldsymbol{x}}-\boldsymbol{x})\geqslant 0$，我们将发现对于小的正数$\alpha$和$\boldsymbol{z}-\boldsymbol{x}\in \operatorname{aff}(C_1)$，有$\tilde{\boldsymbol{x}}-\alpha(\boldsymbol{z}-\boldsymbol{x})\in C_1$，从而根据式（A.21）可得$\boldsymbol{w}^{\mathrm{T}}(\tilde{\boldsymbol{x}}-\alpha(\boldsymbol{z}-\boldsymbol{x})-\boldsymbol{x})\leqslant 0$. 另外，我们有$\boldsymbol{w}^{\mathrm{T}}(\tilde{\boldsymbol{x}}-\alpha(\boldsymbol{z}-\boldsymbol{x})-\boldsymbol{x})=\boldsymbol{w}^{\mathrm{T}}(\tilde{\boldsymbol{x}}-\boldsymbol{x})-\alpha\boldsymbol{w}^{\mathrm{T}}(\boldsymbol{z}-\boldsymbol{x})>0$，矛盾！因此$\boldsymbol{w}^{\mathrm{T}}(\tilde{\boldsymbol{x}}-\boldsymbol{x})<0$对于所有$\tilde{\boldsymbol{x}}\in \operatorname{ri}(\mathcal{X})$成立. 从式（A.22）可以得出$\tilde{\boldsymbol{x}}-\boldsymbol{x}\notin \operatorname{null}(\boldsymbol{A})$，从而$\boldsymbol{A}\tilde{\boldsymbol{x}}\neq \boldsymbol{A}\boldsymbol{x}=\boldsymbol{b}$. 那么不存在点$\tilde{\boldsymbol{x}}\in \operatorname{ri}(C)\bigcap \mathcal{A}$，所以不可能有$\gamma=0$.

因此，式 (A.21) 中的γ是严格的正数. 取任意$\boldsymbol{z}\in\mathcal{X}$，根据式（A.21），通过在$C_1$的定义中设$\mu=\boldsymbol{v}^{\mathrm{T}}\boldsymbol{y}=\boldsymbol{v}^{\mathrm{T}}(\boldsymbol{z}-\boldsymbol{x})$，我们有

$$\boldsymbol{w}^{\mathrm{T}}(\boldsymbol{z}-\boldsymbol{x})+\gamma\mu=\boldsymbol{w}^{\mathrm{T}}(\boldsymbol{z}-\boldsymbol{x})+\gamma\boldsymbol{v}^{\mathrm{T}}(\boldsymbol{z}-\boldsymbol{x})=(\boldsymbol{w}+\gamma\boldsymbol{v})^{\mathrm{T}}(\boldsymbol{z}-\boldsymbol{x})\leqslant 0$$

所以，我们有$\boldsymbol{w}+\gamma\boldsymbol{v}\in N_{\mathcal{X}}(\boldsymbol{x})$且$(1/\gamma)\boldsymbol{w}+\boldsymbol{v}=(1/\gamma)(\boldsymbol{w}+\gamma\boldsymbol{v})\in N_{\mathcal{X}}(\boldsymbol{x})$. 由于我们在式（A.22）中已经得到，对于某个$\boldsymbol{\lambda}\in\mathbf{R}^m$，$\boldsymbol{w}=\boldsymbol{A}^{\mathrm{T}}\boldsymbol{\lambda}$，我们有

$$\boldsymbol{v}=\big((1/\gamma)\boldsymbol{w}+\boldsymbol{v}\big)-(1/\gamma)\boldsymbol{w}\in N_{\mathcal{X}}(\boldsymbol{x})+N_{\mathcal{A}}(\boldsymbol{x})$$

这就得到所需证明的结论. ■

附录 A.7　退化二次函数的界

我们在这里证明一些关于非强凸的凸二次函数的结论. 我们在此表明，此类函数满足 PL 性质［见式（3.45）］. 因此，应用于这些问题的算法与其应用于强凸函数时具有相似的性能. 标准收敛分析中的凸性模 m 可以用二次函数的黑塞矩阵的最小非零特征值来替代.

首先考虑 3.8 节中出现的函数$f(\boldsymbol{x})=\dfrac{1}{2}\boldsymbol{x}^{\mathrm{T}}\boldsymbol{A}\boldsymbol{x}$，其中，$\boldsymbol{A}$ 是$n\times n$半正定矩阵，秩$r\leqslant n$，其特征值$\lambda_1\geqslant\lambda_2\geqslant\cdots\geqslant\lambda_r>0$. f满足式（3.45）且$m=\lambda_r$. 为了证明这一结论，我们将$\boldsymbol{A}$进行如下特征值分解：

$$\boldsymbol{A}=\sum_{i=1}^{r}\lambda_i\boldsymbol{u}^i\left(\boldsymbol{u}^i\right)^{\mathrm{T}}$$

其中，$\{\boldsymbol{u}^1,\boldsymbol{u}^2,\cdots,\boldsymbol{u}^r\}$ 是规范正交的特征向量集. 然后我们有

$$\|\nabla f(\boldsymbol{x})\|^2=\|\boldsymbol{A}\boldsymbol{x}\|^2=\|\sum_{i=1}^{r}\boldsymbol{u}^i\lambda_i(\boldsymbol{u}^i)^{\mathrm{T}}\boldsymbol{x}\|^2=\sum_{i=1}^{r}\lambda_i^2\left[(\boldsymbol{u}^i)^{\mathrm{T}}\boldsymbol{x}\right]^2$$

同时，我们有

$$f(\boldsymbol{x})-f(\boldsymbol{x}^*)=\frac{1}{2}\boldsymbol{x}^{\mathrm{T}}\boldsymbol{A}\boldsymbol{x}=\frac{1}{2}\sum_{i=1}^{r}\lambda_i\left[(\boldsymbol{u}^i)^{\mathrm{T}}\boldsymbol{x}\right]^2$$

从而有

$$2\lambda_r\left(f(\boldsymbol{x})-f(\boldsymbol{x}^*)\right)=\lambda_r\sum_{i=1}^{r}\lambda_i\left[(\boldsymbol{u}^i)^{\mathrm{T}}\boldsymbol{x}\right]^2\leqslant\sum_{i=1}^{r}\lambda_i^2\left[(\boldsymbol{u}^i)^{\mathrm{T}}\boldsymbol{x}\right]^2=\|\nabla f(\boldsymbol{x})\|^2$$

如此就得到所需结论 .

接下来，我们回顾 5.2.2 节中的 Kaczmarz 法，它是一种应用于以下函数的随机梯度法：

$$f(\boldsymbol{x})=\frac{1}{2N}\|\boldsymbol{A}\boldsymbol{x}-\boldsymbol{b}\|^2$$

其中，$\boldsymbol{A}\in\mathbf{R}^{N\times n}$，且存在点$\boldsymbol{x}^*$（可能不是唯一的）使得$f(\boldsymbol{x}^*)=0$，即$\boldsymbol{A}\boldsymbol{x}^*=\boldsymbol{b}$.（为了简化论述，我们假设$N\geqslant n$. ）我们在 5.4.2 节中断言对于任意 $\boldsymbol{x}$，存在点$\boldsymbol{x}^*$，使得$\boldsymbol{A}\boldsymbol{x}^*=\boldsymbol{b}$，其中

$$\|\boldsymbol{A}\boldsymbol{x}-\boldsymbol{b}\|^2\geqslant\lambda_{\min,\mathrm{nz}}\|\boldsymbol{x}-\boldsymbol{x}^*\|^2$$

$\lambda_{\min,\mathrm{nz}}$是矩阵$\boldsymbol{A}^{\mathrm{T}}\boldsymbol{A}$的最小非零特征值 . 我们通过将 $\boldsymbol{A}$ 进行如下奇异值分解来完成证明：

$$\boldsymbol{A}=\sum_{i=1}^{n}\sigma_i\boldsymbol{u}_i\boldsymbol{v}_i^{\mathrm{T}}$$

其中，奇异值σ_i满足

$$\sigma_1\geqslant\sigma_2\geqslant\cdots\sigma_r>\sigma_{r+1}=\cdots=\sigma_n=0$$

所以 r 是 $\boldsymbol{A}$ 的秩 . 左奇异向量$\{\boldsymbol{u}_1,\boldsymbol{u}_2,\cdots,\boldsymbol{u}_n\}$形成一个在$\mathbf{R}^N$上的规范正交集，而右奇异向量$\{\boldsymbol{v}_1,\boldsymbol{v}_2,\cdots,\boldsymbol{v}_n\}$形成一个在$\mathbf{R}^n$上的规范正交集 . $\boldsymbol{A}^{\mathrm{T}}\boldsymbol{A}$的特征值是$\sigma_i^2,i=1,2,\cdots,n$，从而$\boldsymbol{A}^{\mathrm{T}}\boldsymbol{A}$的秩是 r，其最小的非零特征值是$\lambda_{\min,\mathrm{nz}}=\sigma_r^2$.

$\boldsymbol{A}\boldsymbol{x}=\boldsymbol{b}$的解$\boldsymbol{x}^*$有如下形式：

$$\boldsymbol{x}^*=\sum_{i=1}^{r}\frac{\boldsymbol{u}_i^{\mathrm{T}}\boldsymbol{b}}{\sigma_i}\boldsymbol{v}_i+\sum_{i=r+1}^{n}\tau_i\boldsymbol{v}_i$$

其中，$\tau_{r+1},\cdots,\tau_d$是任意系数 . 给定 $\boldsymbol{x}$，我们设$\tau_i=\boldsymbol{v}_i^{\mathrm{T}}\boldsymbol{x},i=r+1,\cdots,n$.（我们将证明这个选

择使得距离$\| \boldsymbol{x}-\boldsymbol{x}^* \|$最小化留作练习．）然后我们有

$$\begin{aligned}
\| \boldsymbol{A}\boldsymbol{x}-\boldsymbol{b} \|^2 &= \| \boldsymbol{A}\left(\boldsymbol{x}-\boldsymbol{x}^*\right) \|^2 \\
&= \| \sum_{i=1}^{n} \sigma_i \boldsymbol{u}_i \boldsymbol{v}_i^{\mathrm{T}} \left(\boldsymbol{x}-\boldsymbol{x}^*\right) \|^2 \\
&= \| \sum_{i=1}^{r} \sigma_i \boldsymbol{u}_i \boldsymbol{v}_i^{\mathrm{T}} \left(\boldsymbol{x}-\boldsymbol{x}^*\right) \|^2 \\
&\geqslant \sigma_r^2 \sum_{i=1}^{r} \left[\boldsymbol{v}_i^{\mathrm{T}} \left(\boldsymbol{x}-\boldsymbol{x}^*\right) \right]^2 \\
&= \lambda_{\min,\mathrm{nz}} \sum_{i=1}^{n} \left[\boldsymbol{v}_i^{\mathrm{T}} \left(\boldsymbol{x}-\boldsymbol{x}^*\right) \right]^2 \\
&= \lambda_{\min,\mathrm{nz}} \| \boldsymbol{x}-\boldsymbol{x}^* \|^2
\end{aligned}$$

最后一步是根据$[\boldsymbol{v}_1, \boldsymbol{v}_2, \cdots, \boldsymbol{v}_n]$是一个$n \times n$的正交矩阵的事实得出的．

参考文献

Allen-Zhu, Z. 2017. Katyusha: The first direct acceleration of stochastic gradient methods. *Journal of Machine Learning Research*, **18**(1), 8194–8244.

Attouch, H., Chbani, Z., Peypouquet, J., and Redont, P. 2018. Fast convergence of inertial dynamics and algorithms with asymptotic vanishing viscosity. *Mathematical Programming*, **168**(1–2), 123–175.

Beck, A., and Teboulle, M. 2003. Mirror descent and nonlinear projected subgradient methods for convex optimization. *Operations Research Letters*, **31**, 167–175.

Beck, A., and Teboulle, M. 2009. A Fast iterative shrinkage-threshold algorithm for linear inverse problems. *SIAM Journal on Imaging Sciences*, **2**(1), 183–202.

Beck, A., and Tetruashvili, L. 2013. On the convergence of block coordinate descent type methods. *SIAM Journal on Optimization*, **23**(4), 2037–2060.

Bertsekas, D. P. 1976. On the Goldstein-Levitin-Polyak gradient projection method. *IEEE Transactions on Automatic Control*, **AC-21**, 174–184.

Bertsekas, D. P. 1982. *Constrained Optimization and Lagrange Multiplier Methods*. New York: Academic Press.

Bertsekas, D. P. 1997. A new class of incremental gradient methods for least squares problems. *SIAM Journal on Optimization*, **7**(4), 913–926.

Bertsekas, D. P. 1999. *Nonlinear Programming*. Second edition. Belmont, MA: Athena Scientific.

Bertsekas, D. P. 2011. Incremental gradient, subgradient, and proximal methods for convex optimization: A survey. Pages 85–119 of: Sra, S., Nowozin, S., and Wright, S. J. (eds), *Optimization for Machine Learning*. NIPS Workshop Series. Cambridge, MA: MIT Press.

Bertsekas, D. P., and Tsitsiklis, J. N. 1989. *Parallel and Distributed Computation: Numerical Methods*. Englewood Cliffs, NJ: Prentice Hall.

Bertsekas, D. P., Nedić, A., and Ozdaglar, A. E. 2003. *Convex Analysis and Optimization*. Optimization and Computation Series. Belmont, MA: Athena Scientific.

Blatt, D., Hero, A. O., and Gauchman, H. 2007. A convergent incremental gradient method with a constant step size. *SIAM Journal on Optimization*, **18**(1), 29–51.

Bolte, J., and Pauwels, E. 2021. Conservative set valued fields, automatic differentiation, stochastic gradient methods, and deep learning. *Mathematical Programming*, **188**(1), 19–51.

Boser, B. E., Guyon, I. M., and Vapnik, V. N. 1992. A training algorithm for optimal margin classifiers.

Pages 144–152 of: *Proceedings of the Fifth Annual Workshop on Computational Learning Theory*. Pittsburgh, PA: ACM Press.

Boyd, S., and Vandenberghe, L. 2003. *Convex Optimization*. Cambridge: Cambridge University Press.

Boyd, S., Parikh, N., Chu, E., Peleato, B., and Eckstein, J. 2011. Distributed optimization and statistical learning via the alternating direction methods of multipliers. *Foundations and Trends in Machine Learning*, **3**(1), 1–122.

Bubeck, S., Lee, Y. T., and Singh, M. 2015. A geometric alternative to Nesterov's accelerated gradient descent. Technical Report arXiv:1506.08187. Microsoft Research.

Burachik, R. S., and Jeyakumar, V. 2005. A Simple closure condition for the normal cone intersection formula. *Transactions of the American Mathematical Society*, **133**(6), 1741–1748.

Burer, S., and Monteiro, R. D. C. 2003. A nonlinear programming algorithm for solving semidefinite programs via low-rank factorizations. *Mathematical Programming, Series B*, **95**, 329–257.

Burke, J. V., and Engle, A. 2018. Line search methods for convex-composite optimization. Technical Report arXiv:1806.05218. Department of Mathematics, University of Washington.

Candès, E., and Recht, B. 2009. Exact matrix completion via convex optimization. *Foundations of Computational Mathematics*, **9**, 717–772.

Chouzenoux, E., Pesquet, J.-C., and Repetti, A. 2016. A block coordinate variable metric forward-backward algorithm. *Journal of Global Optimization*, **66**, 457–485.

Conn, A. R., Gould, N. I. M., and Toint, P. L. 1992. *LANCELOT: A Fortran Package for Large-Scale Nonlinear Optimization*. Springer Series in Computational Mathematics, vol. 17. Heidelberg: Springer-Verlag.

Cortes, C., and Vapnik, V. N. 1995. Support-vector networks. *Machine Learning*, **20**, 273–297.

Danskin, J.M. 1967. *The Theory ofMax-Min and Its Application toWeapons Allocation Problems*. Springer.

Davis, D., Drusvyatskiy, D., Kakade, S., and Lee, J. D. 2020. Stochastic subgradient method converges on tame functions. *Foundations of Computational Mathematics*, **20**(1), 119–154.

Defazio, A., Bach, F., and Lacoste-Julien, S. 2014. SAGA: A fast incremental gradient method with support for non-strongly convex composite objectives. Pages 1646–1654 of: *Advances in Neural Information Processing Systems, November 2014, Montreal, Canada*.

Dem'yanov, V. F., and Rubinov, A. M. 1967. The minimization of a smooth convex functional on a convex set. *SIAM Journal on Control*, **5**(2), 280–294.

Dem'yanov, V. F., and Rubinov, A. M. 1970. *Approximate Methods in Optimization Problems*. Vol. 32. New York: Elsevier.

Drusvyatskiy, D., Fazel, M., and Roy, S. 2018. An optimal first order method based on optimal quadratic averaging. *SIAM Journal on Optimization*, **28**(1), 251–271.

Dunn, J. C. 1980. Convergence rates for conditional gradient sequences generated by implicit step length rules. *SIAM Journal on Control and Optimization*, **18**(5), 473–487.

Dunn, J. C. 1981. Global and asymptotic convergence rate estimates for a class of projected gradient processes. *SIAM Journal on Control and Optimization*, **19**(3), 368–400.

Eckstein, J., and Bertsekas, D. P. 1992. On the Douglas-Rachford splitting method and the proximal point algorithm for maximal monotone operators. *Mathematical Programming*, **55**, 293–318.

Eckstein, J., and Yao, W. 2015. Understanding the convergence of the alternating direction method of multipliers: Theoretical and computational perspectives. *Pacific Journal of Optimization*, **11**(4), 619–644.

Fercoq, O., and Richtarik, P. 2015. Accelerated, parallel, and proximal coordinate descent. *SIAM Journal on Optimization*, **25**, 1997–2023.

Fletcher, R., and Reeves, C. M. 1964. Function minimization by conjugate gradients. *Computer Journal*, **7**, 149–154.

Frank, M., and Wolfe, P. 1956. An algorithm for Quadratic Programming. *Naval Research Logistics Quarterly*, **3**, 95–110.

Gabay, D., and Mercier, B. 1976. A dual algorithm for the solution of nonlinear variational problems via finite element approximations. *Computers and Mathematics with Applications*, **2**, 17–40.

Gelfand, I. 1941. Normierte ringe. *Recueil Mathématique [Matematicheskii Sbornik]*, **9**, 3–24.

Glowinski, R., and Marrocco, A. 1975. Sur l'approximation, par elements finis d'ordre un, en al resolution, par penalisation-dualité, d'une classe dre problems de Dirichlet non lineares. *Revue Francaise d'Automatique, Informatique, et Recherche Operationelle*, **9**, 41–76.

Goldstein, A. A. 1964. Convex programming in Hilbert space. *Bulletin of the American Mathematical Society*, **70**, 709–710.

Goldstein, A. A. 1974. On gradient projection. Pages 38–40 of: *Proceedings of the 12th Allerton Conference on Circuit and System Theory, Allerton Park, Illinois.*

Golub, G. H., and van Loan, C. F. 1996. *Matrix Computations.* Third edition. Baltimore: The Johns Hopkins University Press.

Griewank, A., and Walther, A. 2008. *Evaluating Derivatives: Principles and Techniques of Algorithmic Differentiation*. Second edition. Frontiers in Applied Mathematics. Philadelphia, PA: SIAM.

Hestenes, M. R. 1969. Multiplier and gradient methods. *Journal of Optimization Theory and Applications*, **4**, 303–320.

Hestenes, M., and Steifel, E. 1952. Methods of conjugate gradients for solving linear systems. *Journal of Research of the National Bureau of Standards*, **49**(6), 409–436.

Hu, B., Wright, S. J., and Lessard, L. 2018. Dissipativity theory for accelerating stochastic variance reduction: A unified analysis of SVRG and Katyusha using semidefinite programs. Pages 2038–2047 of: *International Conference on Machine Learning (ICML).*

Jaggi, M. 2013. Revisiting Frank-Wolfe: Projection-free sparse convex optimization. Pages 427–435 of: *International Conference on Machine Learning (ICML).*

Jain, P., Netrapalli, P., Kakade, S. M., Kidambi, R., and Sidford, A. 2018. Accelerating stochastic gradient descent for least squares regression. Pages 545–604 of: *Conference on Learning Theory (COLT).*

Johnson, R., and Zhang, T. 2013. Accelerating stochastic gradient descent using predictive variance reduction. Pages 315–323 of: *Advances in Neural Information Processing Systems.*

Kaczmarz, S. 1937. Angenäherte Auflösung von Systemen linearer Gleichungen. *Bulletin International de l'Académie Polonaise des Sciences et des Lettres. Classe des Sciences Mathématiques et Naturelles. Série A, Sciences Mathématiques*, **35**, 355–357.

Karimi, H., Nutini, J., and Schmidt, M. 2016. Linear convergence of gradient and proximal-gradient methods under the Polyak-Łojasiewicz condition. Pages 795–811 of: *Joint European Conference on Machine*

Learning and Knowledge Discovery in Databases. Springer.

Kiwiel, K. C. 1990. Proximity control in bundle methods for convex nondifferentiable minimization. *Mathematical Programming*, **46**(1–3), 105–122.

Kurdyka, K. 1998. On gradients of functions definable in o-minimal structures. *Annales de l'Institut Fourier*, **48**, 769–783.

Lang, S. 1983. *Real Analysis*. Second edition. Reading, MA: Addison-Wesley.

Le Roux, N., Schmidt, M., and Bach, F. 2012. A stochastic gradient method with an exponential convergence_rate for finite training sets. *Advances in Neural Information Processing Systems*, **25**, 2663–2671.

Lee, C.-P., and Wright, S. J. 2018. Random permutations fix a worst case for cyclic coordinate descent. *IMA Journal of Numerical Analysis*, **39**, 1246–1275.

Lee, Y. T., and Sidford, A. 2013. Efficient accelerated coordinate descent methods and faster algorithms for solving linear systems. Pages 147–156 of: *2013 IEEE 54th Annual Symposium on Foundations of Computer Science*. IEEE.

Lemaréchal, C. 1975. An extension of Davidon methods to non differentiable problems. Pages 95–109 of: *Nondifferentiable Optimization*. Springer.

Lemaréchal, C., Nemirovskii, A., and Nesterov, Y. 1995. New variants of bundle methods. *Mathematical Programming*, **69**(1–3), 111–147.

Lessard, L., Recht, B., and Packard, A. 2016. Analysis and design of optimization algorithms via integral quadratic constraints. *SIAM Journal on Optimization*, **26**(1), 57–95.

Levitin, E. S., and Polyak, B. T. 1966. Constrained minimization problems. *USSR Journal of Computational Mathematics and Mathematical Physics*, **6**, 1–50.

Li, X., Zhao, T., Arora, R., Liu, H., and Hong, M. 2018. On Faster convergence of cyclic block coordinate descent-type methods for strongly convex minimization. *Journal of Machine Learning Research*, **18**, 1–24.

Liu, J., and Wright, S. J. 2015. Asynchronous stochastic coordinate descent: Parallelism and convergence properties. *SIAM Journal on Optimization*, **25**(1), 351–376.

Liu, J.,Wright, S. J., Ré, C., Bittorf, V., and Sridhar, S. 2015. An asynchronous parallel stochastic coordinate descent algorithm. *Journal of Machine Learning Research*, **16**, 285–322.

Łojasiewicz, S. 1963. Une propriété topologique des sous-ensembles analytiques réels. *Les Équations aus Dériveés Partielles*, **117**, 87–89.

Lu, Z., and Xiao, L. 2015. On the complexity analysis of randomized block-coordinate descent methods. *Mathematical Programming, Series A*, **152**, 615–642.

Luo, Z.-Q., Sturm, J. F., and Zhang, S. 2000. Conic convex programming and self-dual embedding. *Optimization Methods and Software*, **14**, 169–218.

Maddison, C. J., Paulin, D., Teh, Y. W., O'Donoghue, B., and Doucet, A. 2018. Hamiltonian descent methods. arXiv preprint arXiv:1809.05042.

Nemirovski, A., Juditsky, A., Lan, G., and Shapiro, A. 2009. Robust stochastic approximation approach to stochastic programming. *SIAM Journal on Optimization*, **19**(4), 1574–1609.

Nesterov, Y. 1983. A method for unconstrained convex problem with the rate of convergence $O(1/k^2)$. *Doklady AN SSSR*, **269**, 543–547.

Nesterov, Y. 2004. *Introductory Lectures on Convex Optimization: A Basic Course*. Boston: Kluwer Academic Publishers.

Nesterov, Y. 2012. Efficiency of coordinate descent methods on huge-scale optimization problems. *SIAM Journal on Optimization*, **22**(January), 341–362.

Nesterov, Y. 2015. Universal gradient methods for convex optimization problems. *Mathematical Programming*, **152**(1–2), 381–404.

Nesterov, Y., and Nemirovskii, A. S. 1994. *Interior Point Polynomial Methods in Convex Programming*. Philadelphia, PA: SIAM.

Nesterov, Y., and Stich, S. U. 2017. Efficiency of the accelerated coordinate descent method on structured optimization problems. *SIAM Journal on Optimization*, **27**(1), 110–123.

Nocedal, J., and Wright, S. J. 2006. *Numerical Optimization*. Second edition. New York: Springer.

Parikh, N., and Boyd, S. 2013. Proximal algorithms. *Foundations and Trends in Optimization*, **1**(3), 123–231.

Polyak, B. T. 1963. Gradient methods for minimizing functionals (in Russian). *Zhurnal Vychislitel'noi Matematiki i Matematicheskoi Fiziki*, 643–653.

Polyak, B. T. 1964. Some methods of speeding up the convergence of iteration methods. *USSR Computational Mathematics and Mathematical Physics*, **4**, 1–17.

Powell, M. J. D. 1969. A method for nonlinear constraints in minimization problems. Pages 283–298 of: Fletcher, R. (ed), *Optimization*. New York: Academic Press.

Rao, C. V., Wright, S. J., and Rawlings, J. B. 1998. Application of interior-point methods to model predictive control. *Journal of Optimization Theory and Applications*, **99**, 723–757.

Recht, B., Fazel,M., and Parrilo, P. 2010. Guaranteed Minimum-rank solutions to linear matrix equations via nuclear norm minimization. *SIAM Review*, **52**(3), 471–501.

Richtarik, P., and Takac, M. 2014. Iteration complexity of a randomized blockcoordinate descent methods for minimizing a composite function. *Mathematical Programming, Series A*, **144**(1), 1–38.

Richtarik, P., and Takac, M. 2016a. Distributed coordinate descent method for learning with big data. *Journal of Machine Learning Research*, **17**, 1–25.

Richtarik, P., and Takac, M. 2016b. Parallel coordinate descent methods for big data optimization. *Mathematical Programming, Series A*, **156**, 433–484.

Robbins, H., and Monro, S. 1951. A stochastic approximation method. *Annals of Mathematical Statistics*, **22**(3), 400–407.

Rockafellar, R. T. 1970. *Convex Analysis*. Princeton, NJ: Princeton University Press.

Rockafellar, R. T. 1973. The multiplier method of Hestenes and Powell applied to convex programming. *Journal of Optimization Theory and Applications*, **12**(6), 555–562.

Rockafellar, R. T. 1976a. Augmented Lagrangians and applications of the proximal point algorithm in convex programming. *Mathematics of Operations Research*, **1**, 97–116.

Rockafellar, R. T. 1976b. Monotone operators and the proximal point algorithm. *SIAM Journal on Control and Optimization*, **14**, 877–898.

Rosenblatt, F. 1958. The perceptron: A probabilistic model for information storage and organization in the brain. *Psychological Review*, **65**(6), 386.

Shalev-Shwartz, S., Singer, Y., Srebro, N., and Cotter, A. 2011. Pegasos: Primal estimated sub-gradient solver for SVM. *Mathematical Programming*, **127**(1), 3–30.

Shi, B., Du, S. S., Jordan, M. I., and Su, W. J. 2018. Understanding the acceleration phenomenon via high-resolution differential equations. arXiv preprint arXiv:1810.08907.

Sion, M. 1958. On general minimax theorems. *Pacific Journal of Mathematics*, **8**(1), 171–176.

Stellato, B., Banjac, G., Goulart, P., Bemporad, A., and Boyd, S. 2020. OSQP: An operator splitting solver for quadratic programs. *Mathematical Programming Computation*, **12**(4), 637–672.

Strohmer, T., and Vershynin, R. 2009. A randomized Kaczmarz algorithm with exponential convergence. *Journal of Fourier Analysis and Applications*, **15**(2), 262.

Su,W., Boyd, S., and Candès, E. 2014. A differential equation for modeling Nesterov's accelerated gradient method: Theory and insights. Pages 2510–2518 of: *Advances in Neural Information Processing Systems*.

Sun, R., and Hong, M. 2015. Improved iteration complexity bounds of cyclic block coordinate descent for convex problems. Pages 1306–1314 of: *Advances in Neural Information Processing Systems*.

Teo, C. H., Vishwanathan, S. V. N., Smola, A., and Le, Q. V. 2010. Bundle methods for regularized risk minimization. *Journal of Machine Learning Research*, **11**(1), 311–365.

Tibshirani, R. 1996. Regression shrinkage and selection via the LASSO. *Journal of the Royal Statistical Society B*, **58**, 267–288.

Todd, M. J. 2001. Semidefinite optimization. *Acta Numerica*, **10**, 515–560.

Tseng, P., and Yun, S. 2010. A coordinate gradient descent method for linearly constrained smooth optimization and support vector machines training. *Computational Optimization and Applications*, **47**(2), 179–206.

Vandenberghe, L. 2016. *Slides for EE236C: Optimization Methods for Large-Scale Systems*.

Vandenberghe, L., and Boyd, S. 1996. Semidefinite programming. *SIAM Review*, **38**, 49–95.

Vapnik, V. 1992. Principles of risk minimization for learning theory. Pages 831–838 of: *Advances in Neural Information Processing Systems*.

Vapnik, V. 2013. *The Nature of Statistical Learning Theory*. Berlin: Springer Science & Business Media.

Wibisono, A., Wilson, A. C., and Jordan, M. I. 2016. A variational perspective on accelerated methods in optimization. *Proceedings of the National Academy of Sciences*, **113**(47), E7351–E7358.

Wolfe, P. 1975. A method of conjugate subgradients for minimizing nondifferentiable functions. Pages 145–173 of: *Nondifferentiable Optimization*. Springer.

Wright, S. J. 1997. *Primal-Dual Interior-Point Methods*. Philadelphia, PA: SIAM.

Wright, S. J. 2012. Accelerated block-coordinate relaxation for regularized optimization. *SIAM Journal on Optimization*, **22**(1), 159–186.

Wright, S. J. 2018. Optimization algorithms for data analysis. Pages 49–97 of: Mahoney, M., Duchi, J. C., and Gilbert, A. (eds), *The Mathematics of Data*. IAS/Park City Mathematics Series, vol. 25. AMS.

Wright, S. J., and Lee, C.-P. 2020. Analyzing random permutations for cyclic coordinate descent. *Mathematics of Computation*, **89**, 2217–2248.

Wright, S. J., Nowak, R. D., and Figueiredo, M. A. T. 2009. Sparse reconstruction by separable approximation. *IEEE Transactions on Signal Processing*, **57**(August), 2479–2493.

Zhang, T. 2004. Solving large scale linear prediction problems using stochastic gradient descent algorithms. Page 116 of: *Proceedings of the Twenty-First International Conference on Machine Learning*.